Herbert Pfaff-Schley   Lutz Schimmelpfeng (Hrsg.)

EDV-Einsatz in Umweltschutz und Landschaftsplanung

Datengrundlagen, Landschaftsplanung,
Abfallentsorgung, Integration

Mit 77 Abbildungen

Springer-Verlag
Berlin Heidelberg New York
London Paris Tokyo
Hong Kong Barcelona
Budapest

Dipl.-Geogr. Herbert Pfaff-Schley
Dr. Lutz Schimmelpfeng
Umweltinstitut Offenbach GmbH
Nordring 82 B
63067 Offenbach/Main

ISBN-13:978-3-540-57366-1   e-ISBN-13:978-3-642-78602-0
DOI: 10.1007/978-3-642-78602-0

CIP-Eintrag beantragt

Einbandgestaltung: E. Kirchner, Heidelberg
Satz: Reproduktionsfertige Vorlage vom Autor
30/3145-5 4 3 2 1 0 - Gedruckt auf säurefreiem Papier

Vorwort

Umweltschutz ist heute ohne den Einsatz der elektronischen Datenverarbeitung nicht mehr möglich. Die Zeiten, in denen Aktenvorgänge und Umweltdaten in Hängeordnern aufbewahrt wurden, sollten lange vorbei sein. Heute gilt es, schnellen Zugriff auf umweltrelevante Daten und Vorgänge zu haben sowie Umweltauswirkungen graphisch aufbereiten und rechnergestützt bewerten zu können.

Seit 1989 führt das Umweltinstitut Offenbach regelmäßig Fachtagungen zu aktuellen Umweltproblemen durch. Daneben werden EDV-Lösungen im Umweltbereich angeboten, so z.B. PC-Programme zur Erfassung von Altlasten, zur Bearbeitung von stillgelegten Industrie- und Gewerbebetrieben sowie und zur ersten Gefährdungseinschätzung von Altstandorten. Bei der Verknüpfung von Theorie und Praxis fiel das Informationsdefizit über Anwendungserfahrungen von EDV-Systemen im Umweltschutz auf. Das Umweltinstitut hat deshalb mit seiner Veranstaltungsreihe "EDV-Einsatz im Umweltschutz" den Dialog zwischen Anwendern und Anbietern forciert.

Die zweitägige Fachtagung **"EDV-Einsatz in Umweltschutz und Landschaftsplanung"**, die das Umweltinstitut Offenbach am 17. und 18. Juni 1993 in Offenbach a.M. veranstaltete, beleuchtete vier Bereiche der EDV-Anwendung: **Datengrundlagen, Landschaftsplanung, Abfallentsorgung und Integration von Umweltdaten**.

Vorgestellt wurden unter anderem Geo-Informationssysteme für die Landschaftsplanung, Bodeninformationssysteme, Abwicklungs- und Planungssysteme für die Entsorgung von Haus- und Sonderabfall, Altlasteninformationssysteme, Austausch von Umweltdaten und Datenintegration im kommunalen und betrieblichen Umweltschutz sowie konkrete Beispiele konkreter Anwendungen.

Die Textfassungen der Vorträge werden in dem vorliegenden Buch in ergänzter und teilweise überarbeiteter Form vorgestellt. Sie geben einen Überblick über die derzeitigen Anforderungen des Umweltschutzes mit dem Schwerpunkt Landschaftspflege an EDV-Systeme sowie über schon entwickelte und angewendete Lösungen.

Die Sammlung und Überarbeitung der Manuskripte besorgte Frau Claudia Hartel.

Das Umweltinstitut Offenbach wird die Reihe "EDV-Einsatz im Umweltschutz" fortführen.

Offenbach, Juli 1993   Herbert Pfaff-Schley
                                        Dr. Lutz Schimmelpfeng

INHALT

Vorwort   3
Herbert Pfaff-Schley
Dr. Lutz Schimmelpfeng

EDV-Einsatz in Umweltschutz und Landschaftsplanung/Umweltinformatik   7
Armin Doll

Aufbereitung von Fernerkundungsdaten für die Umweltplanung   11
Achim Schulz

**ATKIS und seine interdisziplinären Anwendungsmöglichkeiten in anderen
Fachinformationssystemen**   29
Ralf Borchert

**Zugang zu behördlichen Daten über die Umwelt im Spannungsfeld
zwischen Informationsanspruch und Datenschutz**   43
Thomas Rahner

**Optimierung EDV-gestützter Informations- und Datenverarbeitung unter
vorrangigem Einsatz von Standardsoftware**   51
Hermann A. Bumb
Frank Hirschberger

**Geoinformationssysteme in der Landschaftsplanung - Auswahlkriterien
für Hard- und Software**   67
Karl Tiller

**WOCAD - ein System für graphische Erfassung und Verwaltung -
Geographisches Auskunftssystem**   91
Hans-Jürgen Wohlleben

**SORT, ein Computerprogramm zur Bearbeitung und zur Analyse floristischer
und faunistischer Artenlisten und Tabellen im wissenschaftlichen und
gutachterlichen Bereich**   107
Walter Durka
Werner Ackermann

**Interaktive Informationssysteme zu den Themen:
Gewässerschutz
Abfall/Altlasten
Immissionsschutz
Umwelthaftung**   123
Carolin von Armin

Kostengünstige Entsorgung von Sonderabfall - Simulation der Logistik   131
Hubert Bischoff

EDV-gestützte Abwicklungs- und Planungssysteme für die Hausmüllsammlung   137
Peter Freckmann

EDV-Einsatz bei der Handhabung von Sonderabfall: Sammlung/Transport,
Zwischenlagerung, Behandlung   143
Stefan Orgass

Austausch von Umweltdaten als Voraussetzung für die Integration verschiedener
Anwender in eine gemeinsame Aufgabenstellung am Beispiel der Datenschnitt-
stelle "Sickerwasser"   167
Markus Wahl

Altlasteninformationssystem (AIS) zum Management von Altlastverdachtsflächen   181
Hans-Walter Borries

Bodeninformationssystem des Landes Nordrhein-Westfalen (BIS NRW)
Realisierung des Prototyps   189
Volker Thiele
Bernhard Gollan

Umweltbewertung durch Farn- und Gefäßpflanzen mit Hilfe des DV-Systems
EVA   197
Klaus Mindrup
Andreas Otto

Baumkataster - ein Umweltinformationssystem für stadtnahe Baumbestände   205
Rolf Puruckherr

Autorenverzeichnis   209

EDV-Einsatz in Umweltschutz und Landschaftsplanung
Umweltinformatik

Dipl.-Biol. Armin Doll

1 Einführung

Umweltinformatik (UI) befaßt sich mit Anwendungen der Informatik für den Umweltschutz. Als Angewandte Informatik sammelt, ordnet, bewertet und entwickelt sie Methoden, Verfahren und Techniken der Informatik und bietet sie den Anwendern an. Vereinfacht ausgedrückt findet sie ihre fachlichen Erkenntnisfragen im Umwelt- und Naturschutz; neue Methoden und Instrumente (Computer, Mikroelektronik) findet sie in der Informatik und Kommunikationstechnik.

"Umweltinformatik läßt sich als eine neuartige spezielle Angewandte Informatikdisziplin für den Umweltbereich definieren, die mit Methoden und Techniken der Informatik diejenigen maschinellen Informationsverarbeitungsverfahren analysiert und gestaltet, die einen Beitrag zur Untersuchung, Behebung, Vermeidung bzw. Minimierung von Umweltschäden und -belastungen leisten können." (PAGE 1993)

2 Aus- und Weiterbildung im Bereich Umweltinformatik

Der Bedarf an Aus- und Weiterbildung in UI ist groß. Je nach Tätigkeitsmerkmalen ergeben sich unterschiedliche Qualifikationsprofile. DOLL (1993b) unterscheidet zwischen Anwendern, Systementwicklern und Methodenentwicklern.

UI-Anwender sind Umweltfachleute, die in der Lage sind, die Werkzeuge der Informationstechnologie für ihre fachliche Arbeit im Umweltschutz intelligent und effektiv einzusetzen. Die UI-Anwendungsspezialisten bleiben Geographen, Landesplaner und so weiter, bedienen sich aber der vielfältigen Möglichkeiten der Informationstechnik. Anwender sind die zahlenmäßig größte Gruppe. "Ziel der Systementwickung ist die Erstellung gut strukturierter, effektiver und anwenderfreundlicher Computeranwendungen für den Umweltschutz. Bei der ingenieurmäßigen Vorgehensweise werden anerkannte Planungs- und Entwicklungsmethoden eingesetzt." Systementwickler sind vielfach "angelernte Computerfachleute". Mathematiker und Informatiker werden sich eher für die Entwicklung neuer Methoden und Verfahren interessieren.

3 EDV-Einsatz in Umweltschutz und Landschaftsplanung

Das Umweltinstitut Offenbach GmbH richtet seit 1989 Tagungen, Ausstellungen und Fortbildungsveranstaltungen zu Themen des Umweltschutzes aus, die sich vor allem an Mitarbeiterinnen und Mitarbeiter von Fachbehörden, Ingenieur- und Planungsbüros und Kommunalvertreter wenden.

Die Fachtagung "EDV-Einsatz in Umweltschutz und Landschaftsplanung" will bewährte Techniken und neue Entwicklungen aufzeigen. Um die Praxisrelevanz zu betonen, haben wir bewußt den Begriff "EDV" gewählt, der von Informatikern oft abfällig benutzt wird. Es werden auch solche Fragen behandelt, die mit dem EDV-Einsatz in Zusammenhang stehen, aber nicht Gegenstand der Informatik im engeren Sinne sind. Hauptzielgruppe sind Anwenderinnen und Anwender, die mit kleineren (PC) und mittleren Computersystemen (Workstations) arbeiten. Am häufigsten werden sicherlich die Büroanwendungen Textverarbeitung, Datenbank und Geschäftsgrafik eingesetzt. Ihre Anwendung ist so selbstverständlich geworden, daß sie meist nicht erwähnt werden. Wir haben einen Vortrag aufgenommen, der sich mit den Einsatzmöglichkeiten von Standardsoftware befaßt. Ein weiterer Beitrag stellt ein PC-gestütztes Informationssystem zum Umweltrecht vor.

Die Vorträge der Fachtagung sind vier Schwerpunktthemen zugeordnet: Datengrundlagen, Landschaftsplanung, Abfallentsorgung und Integration.

3.1 Datengrundlagen

Datenverarbeitung ist nur auf der Grundlage zuverlässiger Daten sinnvoll. Die Datenerhebung ist Sache der Anwender, die für die Auswahl geeigneter Erhebungsmethoden und die Richtigkeit der Daten verantwortlich sind.

Eine wichtige Datenquelle sind Fernerkundungsdaten, die für die Umweltplanung aufbereitet werden müssen. Fast immer werden auch topographische Karten als Grundlage benötigt. Eigene Digitalisierung von Geometriedaten ist sehr zeitaufwendig und teuer. Das "Amtliche Topographisch-Kartographische Informationssystem (ATKIS)" verspricht hier bald Abhilfe.

Der Zugang zu Daten über die Umwelt steht im Spannungsfeld zwischen dem Recht auf informationelle Selbstbestimmung (Datenschutz) und den Rechtsansprüchen der Betroffenen auf Akteneinsicht. Rechtsanwalt Thomas RAHNER erläutert die veränderte rechtliche Situation, die am   01. Januar 1993 mit der EG-Richtlinie über den freien Zugang zu Informationen über die Umwelt eingetreten ist.

3.2 Landschaftsplanung

Landschaftsplanung ist ein "raumbezogenes Planungsinstrument zur Verwirklichung der Ziele von Naturschutz und Landschaftspflege". Landschaftspflege ist die "Gesamtheit der Maßnahmen zur Sicherung der nachhaltigen Nutzungsfähigkeit der Naturgüter sowie der Vielfalt, Eigenart und Schönheit von Natur und Landschaft" und Naturschutz die "Gesamtheit der Maßnahmen zur Erhaltung und Förderung von Pflanzen und Tieren wildlebender Arten, ihrer Lebensgemeinschaften und natürlichen Lebensgrundlagen" (Begriffe aus Ökologie, Umweltschutz und Landnutzung 1984).

Die Landschaftsplanung ist ein zentraler Bestandteil des Umweltschutzes. Im Gegensatz zum technischen Umweltschutz, der vielfach versucht, entstandene Schäden im Nachhinein zu beseitigen, setzten Naturschutz und Landschaftspflege konsequent auf Vermeidung und Vorsorge. Sie können somit als Vorbild für die übrigen Bereiche des Umweltschutzes dienen.

Geoinformationssysteme sind für die Verwaltung und Bearbeitung der raumbezogenen Daten der Landschaftsplanung sehr bedeutsam. Darüber hinaus werden spezielle Programme zur Auswertung von Vegetationstabellen und Artenlisten genutzt.

3.3 Abfallentsorgung

"Beim Umgang mit Abfällen, bei einzelnen Abfallgeschäften sind Gewinnspannen üblich, wie sie bei keinem anderen legalen Geschäft derzeit zu erwirtschaften sind." Aber "eine Abfallindustrie löst die Umweltprobleme nicht. Sie verhindert lediglich die Produktion umweltverträglicher Güter" behauptet Rolf GREINER in der Frankfurter Rundschau. Dennoch werden hier mehrere Anwendungen vorgestellt, die die Abfallentsorgung unterstützen sollen.

3.4 Integration

Eines der wichtigsten Themen der Umweltinformatik ist augenblicklich die Integration unterschiedlicher Umweltschutzanwendungen. Die Integration muß auf verschiedenen Ebenen stattfinden, wobei die wichtigste, und wahrscheinlich am schwersten zu erreichende, die Integration der Fachbegriffe ist. Diese Aufgabe ist nicht neu. Sie kann nur von den beteiligten Fachdisziplinen, eventuell zusammen mit der Informationswissenschaft, gelöst werden. Während die Fachtermini bisher kontextabhängig definiert werden konnten, verleiten die neuen Informationstechniken dazu, Informationen aus ihrem Zusammenhang zu reißen und mit Begriffen aus anderen Bereichen zu verknüpfen. Mißverständnissen und vielleicht auch Mißbrauch ist somit Tür und Tor geöffnet. Es bedarf eines disziplinierten und selbstreflektiven Umgangs mit den Daten. Die Informatik kann nur den Anstoß dazu geben, ein fachübergreifendes Begriffsgebäude zu schaffen, denn als Methodenwissenschaft ist sie blind gegenüber den Dateninhalten.

Literatur

DOLL, A. (1993a): GI-Arbeitskreis Ausbildung im Bereich Umweltinformatik. - In: JAESCHKE, A. & KÄMPKE, T. & PAGE, B. & RADERMACHER, F. J.: Informatik für den Umweltschutz: 267-272. - Berlin, Heidelberg . (Springer). - [in Anlehnung an DWORATSCHEK, S. (1986): Grundlagen der Datenverarbeitung. - Berlin (Walter de Gruyter).]

DOLL, A. (1993b): Umweltinformatik Ausbildung. - Computer Zeitung. - Stuttgart - [in Druck]

PAGE, B. (1993): Methodische Anforderungen an die Angewandte Informatik aus dem Umweltschutz. - In: Angewandte Informatik für den Umweltschutz. - Schriftenreihe Verwaltungsinformatik. - (Decker & Müller). - [in Druck]

Begriffe aus Ökologie, Umweltschutz und Landnutzung. (1984) - Dachverband wissenschaftlicher Gesellschaften der Agrar-, Forst-, Ernährungs- Veterinär- und Umweltforschung & Akademie für Naturschutz und Landschaftspflege (Hrsg.) - 44 S.; München, Laufen (Selbstverlag).

GREINER, R. (1993): Eine Abfallindustrie löst die Umweltprobleme nicht. - Frankfurter Rundschau, 20. Juli 1993: 10.

AUFBEREITUNG VON FERNERKUNDUNGSDATEN FÜR DIE UMWELTPLANUNG

Dr. Achim Schulz

1 Einführung

Unsere Umweltprobleme stellen sich sehr komplex dar. Wir können sie insgesamt nur lösen, indem wir unter Berücksichtigung der ökologischen Wirkungsgefüge planen und handeln. Eine unabdingbare Voraussetzung hierfür ist jedoch u.a. ein multifunktionales Umweltdatensystem, das die notwendige Fülle von Informationen gegliedert nach bestimmten, der planungsrelevanten Problemstellung jeweils variabel angepaßten, Kriterien abrufbereit vorhält und darstellt.

In einem solchen System - einem Geographischen Informationssystem - können einzelne Datenebenen überlagert und miteinander verbunden werden. Eine einzelne Datenebene, die in sich noch weiter aufgegliedert sein kann, ist z.B. eine Flächennutzungsaufnahme, eine ökologisch orientierte Oberflächenstrukturdarstellung unter bestimmten Einzelaspekten, ein Lärm- und ein Emissionskataster, eine Baum- und eine Grünflächendatei etc.

Aus der Überlagerung und Verschneidung von Datenebenen lassen sich Korrelationen, d.h. Zusammenhänge, auch Wirkungszusammenhänge und Beziehungen zwischen den einzelnen ökologischen Bedingungen und Faktoren, wissenschaftlich und planungsrelevant ableiten und ergründen.

So z.B. zeitliche und räumliche Beziehungen zwischen Klimaablauf, örtlichen Standortbedingungen, Immissionen und der Verteilung von Baumschäden. Die Einzeldaten und Informationen werden als Punkte, Linien, Flächen und/oder Rasterdateien aufgenommen und dargestellt (Abb. 1 nach MÜLLER 1986).

Die für den Anwender so erfreuliche Entwicklung des außerordentlich günstigen Preis-Leistungs-Verhältnisses gerade bei den Personalcomputern kommt den steigenden Anforderungen an eine planungsrelevante Datenaufbereitung entgegen.

Die Bearbeitung von Datenebenen setzt aber die Erfassung, Aufnahme und Integration dieser Ebenen in das Geographische Informationssystem voraus. Die Nutzung von Fernerkundungsdaten zur Ableitung von Basisdatenebenen, die später z.B. durch terrestrische Erhebungen u.a. weiter differenziert und ergänzt werden können, bietet eine Reihe von wesentlichen Vorteilen:

1.   Dokumentation eines relativ großen Raumes zu einem einheitlichen Aufnahmezeitpunkt

2.   Relativ niedrige Aufnahmekosten pro Flächeneinheit

3.   Vergleichsmöglichkeiten durch Zeitreihenaufnahmen

4.   Möglichkeit der Ableitung von x, y und z Raumkoordinaten in unterschiedlichen Landessystemen

5.   Dreidimensionale Betrachtungsmöglichkeiten

6.   Erfassung von Spektralbereichen jenseits der für das menschliche Auge sichtbaren Wellenbereiche

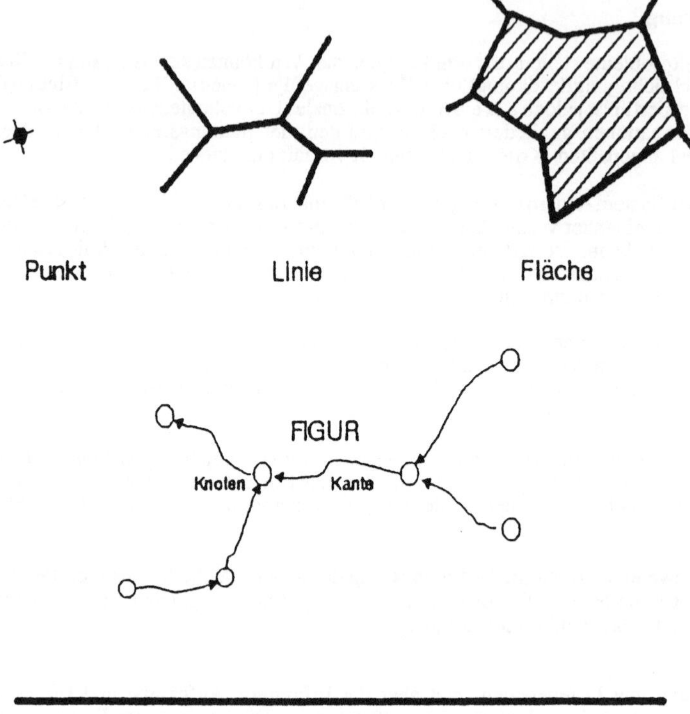

Rasterdateien

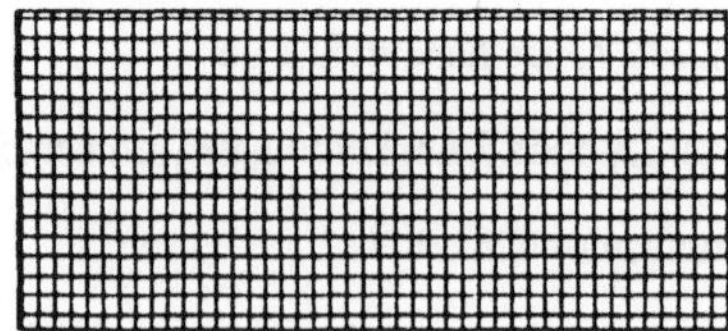

Abb 1: Geographische Datentypen, Vektordarstellung

Die Luft- und Satellitenbildauswertung in Verbindung mit graphischer Datenverarbeitung wird schon seit längerem erfolgreich u.a. bei Flächennutzungskartierungen als Instrument der Kommunal- und Regionalplanung, bei Strukturanalysen und bei ökologischen Datenerfassungen eingesetzt, z.B. im Rahmen von Landschaftsplanung, agrarstruktureller Vorplanung, ökologischen Beweissicherungen, Bestandsaufnahmen in der forstlichen Praxis und für klimaökologische Fragestellungen.

Der Einsatz von Fernerkundungsdaten in Verbindung mit graphisch-numerischer Datenverarbeitung zur Schaffung einer flächendeckenden Informations- und Bewertungsgrundlage für eine Flächennutzungsplanung u.ä. sollte zur Erreichung eines größtmöglichen - auch ökonomischen - Nutzens folgende Anforderungen erfüllen:

- weitgehende Nutzung vorhandener Luftbilder, Kartenunterlagen, angepaßter Hardware und Programme,

- Möglichkeit der Ergänzung und Überlagerung von Informationen während der Erhebung oder nachträglich,

- Nutzung vorhandener Datenbanken, soweit sie schon aufgebaut sind, wie z.B. das Automatisierte Liegenschaftskataster, das Statistische Informationssystem zur Bodennutzung u.a. über möglichst funktionierende Schnittstellen,

- rechnergestützte Flächenbilanz und Ausgabe von flächenbezogenen Kenngrößen,

- Flächenkontrolle über die Flächennutzungsdaten der Gemeinden (Flächenstatistik),

- Möglichkeit der automatisierten Berechnung von Flächen unter den Bedingungen Flächengröße und -form, verschiedene Flächenansprüche und Art der angrenzenden Nutzungen,

- Möglichkeit der schnellen und gezielten Auswahl von weitergehend zu untersuchenden Problembereichen,

- angepaßte und rasche Verfügbarkeit von Daten in ausgewählter Form als thematische Karten, Listen, Diagramme,

- vereinfachte Fortführung nach der Ersterhebung,

- zentrale Speicherung und Aktualisierung mit dezentralen Zugriffsmöglichkeiten,

- Ausgabe von automatisch gezeichneten thematischen Karten als Planungsunterlagen und für die Öffentlichkeitsarbeit.

Im Falle sich überlagernder Planungsgegenstände und unterschiedlicher Bezugseinheiten sichern Fernerkundung und graphische Datenverarbeitung Flächendeckung und Aktualität ebenso wie Zuordnungskontrolle und Plausibilität.

Voraussetzung ist aber die möglichst exakte Erfassung und Abgrenzung der Punkt-, Linien- und Flächenkoordinaten aus den Fernerkundungsdatenträgern. Sehr hohe Genauigkeiten werden durch photogrammetrische Verfahren oder - soweit vorhanden - auch unter Nutzung von Orthophotos erzielt.

Besteht erst das Gerüst einer Bestandsaufnahme von Flächennutzungen und/oder Oberflächenstrukturen nach Art und Lage, können sektorale und örtliche Informationen als Flächenattribute ergänzt werden. So erlaubt sich auch die Einbeziehung unvollständiger Daten, von Daten verschiedener Erhebungszeitpunkte und sonstiger Hinweise zu Einzelflächen nur bei einem flächendeckenden Bezugssystem.

Informationen über die Bodenoberfläche sollen zunächst in themenbezogenen eigenständigen Flächendateien bzw. Informationsebenen abgelegt werden. So kann es unter anderem die

Informationsebenen "Oberflächenstrukturen", "Realnutzung", "Zerschneidungseffekte linienhafter Infrastruktur", "Oberflächenstrahlungstemperaturen" und "Höhenlinien" geben.

2 FLÄCHENNUTZUNGSKARTIERUNGEN

Luftbilder im Einsatz für die Flächennutzungsplanung

Für die Stadt-, Regional- und Landesplanung ist die Erhebung der Flächennutzung aus dem Luftbild zu einer wichtigen Grundlage geworden. Die Realnutzungserhebung und die daraus abgeleiteten Auswertungen durch Flächenbilanzierungen u.ä. liefern Grunddaten für Stadtplanung, Strukturentwicklungs- und Bauleitpläne, Verkehrs- und Landschaftspläne etc. Die Erhebungen werden in Abhängigkeit von den Fragestellungen in unterschiedlichen Maßstäben und nach unterschiedlichen Differenzierungen vorgenommen, wobei die Realnutzungskartierungen wiederum Grundlage für weitere Erhebungen bzw. Auswertungen wie z.B. zur Energieversorgung sein können. Ein Beispiel für eine projektierte bundesweite Realnutzungskartierung ist das STABIS (Statistisches Informationssystem zur Bodennutzung, Deggau, M. et al.1989)) des Statistischen Bundesamtes (Abb. 2) mit insgesamt 80 unterschiedenen Realnutzungsarten.

3 ERFASSUNG VON ANTHROPOGENEM ENERGIEVERBRAUCH

Energieversorgung planungsgerecht präsentiert

Energieversorgungsplanung setzt Wissen darüber voraus, wo, wieviel und womit Haushalte und Kleinverbraucher heizen, denn für Raumwärme wird bei ihnen der größte Teil der Energie verbraucht. In Innenstädten und Mehrfamilienhausgebieten etwa, überall dort, wo hohe Wärmebedarfsdichten auftreten, lohnt sich potentiell der Netzausbau leitungsgebundener Energieträger.

Für einen ersten Überblick über den Wärmebedarf und die Struktur der gegenwärtigen Versorgung wurde bereits in den 80er Jahren im Rahmen eines Forschungsprojekts des BMFT ein mehrgliedriges Erhebungsverfahren entwickelt und später immer weiter differenziert. Ein Luftbild und EDV-gestütztes Verfahren ermittelt auf der Grundlage von Siedlungstypen aus dem Zusammenhang von Siedlungsstruktur und Wärmebedarfsdichte heraus flächendeckend den Wärmebedarf von Bau-blöcken als Grundlage für örtliche und regionale Energieversorgungskonzepte.

Im größeren Maßstabsbereich auf Gebäudeebene sind ebenfalls entsprechende Auswertungen möglich. Schließlich kann aus einer umfangreichen Koordinaten- und Datenbank ein Wärmeatlas entstehen, der über zahlreiche Gebäudemerkmale hinaus den Normwärmebedarf des Einzelgebäudes mit Angaben über die Art der Wärmeversorgung enthält.

Das Verfahren läßt sich auch für den Aufbau digitaler Leitungskataster, Emissionskataster/ Luftreinhalteplanung und zur Ermittlung des effektiven Heizungsenergieverbrauches nutzen und erweitern (Beispiel s. Abb. 3).

14

Systematik der Bodennutzungen

Stand 1.4.1989

1 Baulich geprägte Flächen einschließlich Versorgungsflächen
   11 Wohnflächen
      111 Wohnen in offener, niedriger Bebauung
      112 Wohnen in geschlossener, niedriger Bebauung
      113 Wohnen in offener, hoher Bebauung
      114 Wohnen in geschlossener, hoher Bebauung
      115 Wohnen in Hochhausbebauung
   12 Flächen mit gemischter Nutzung
      121 Gemischte Nutzung städtischer Prägung
      122 Gemischte Nutzung ländlicher Prägung
   13 Flächen von Einzelanwesen
      131 Landwirtschaftliche Einzelanwesen
      132 Sonstige Einzelanwesen
   14 Industrie- und Gewerbeflächen
      141 Industrie
      142 Einkaufszentren
      143 Sonstiges Gewerbe
      144 Lagerflächen
   15 Flächen besonderer baulicher Prägung
      151 Verwaltung, Sicherheit und Ordnung
      152 Gesundheit und Soziales
      153 Bildung, Forschung und Kultur
      154 Wochenend- und Ferienhausbebauung
      159 Sonstige baulich geprägte Flächen
   16 Versorgungsflächen
      161 Energieversorgung
      162 Wasserversorgung
      163 Sonstige Versorgung
2 Aufschüttungs-, Abgrabungs- und Entsorgungsflächen
   21 Aufschüttungen
   22 Abgrabungen
   23 Entsorgung von Abwasser
   24 Entsorgung sonstiger Abfälle
3 Verkehrsflächen
   31 Straßen
      311 Bundesautobahnen
      312 Bundesstraßen
      313 Hauptverkehrszüge
   32 Plätze
      321 Parkplätze
      322 Verkehrsplätze
   33 Bahngelände
      331 Schienenverkehrsflächen
      332 Bahnbetriebsgelände
   34 Luftverkehrsflächen
   35 Schiffsverkehrsflächen
   36 Seilbahn- und Skilifttrassen
   37 Verkehrsbegleitgrün
4 Freizeit- und Erholungsflächen
   41 Sport-, Spiel- und Freizeitanlagen
   42 Grün- und Parkanlagen
   43 Kleingartenanlagen
   44 Campingplätze
   45 Friedhöfe

Abb. 2: Statistisches Informationssystem zur Bodennutzung STABIS

5 Landwirtschaftsflächen
        51 Ackerland
                        511 Nicht offen entwässertes Ackerland
                        512 Offen entwässertes Ackerland
                        513 Freilandgartenbauflächen
                        514 Unterglasgartenbauflächen
                        515 Anbauflächen von Sonderkulturen
        52 Wiesen und Weiden
                        521 Nicht offen entwässerte Wiesen und Weiden
                        522 Offen entwässerte Wiesen und Weiden
        53 Obstbauflächen und Baumschulen
                        531 Intensiv-Obstanbau
                        532 Streuobstanbau
                        533 Baumschulen
        54 Weinbauflächen

6 Waldflächen und Gehölze
        61 Laubwald
        62 Nadelwald
        63 Mischwald
        64 Aufforstungsflächen
        65 Gehölze

7 Wasserflächen
        71 Flüsse und Bäche
        72 Kanäle, Vorfluter und Gräben
        73 Häfen
        74 Seen, Teiche und Altarme
                        741 Naturnahe Seen, Teiche und Altarme
                        742 Naturferne Seen, Teiche und Altarme
                        743 Seen, Teiche und Altarme, nicht differenzierbar

8 Feuchtgebiete, Trockenstandorte, Flächen mit lückiger Vegetation
        81 Hoch- und Übergangsmoore
        82 Sümpfe, Rohrichte und Seggenriede
        83 Verlandungsbereiche
        84 Küstenbereiche
                        841 Sandstrande
                        842 Salzwiesen
                        843 Küstendünen
                        844 Küstendeiche
        85 Heiden, Magerrasen und Moorheiden
        86 Felsstandorte
                        861 Felsstandorte mit Vegetation
                        862 Felsstandorte ohne Vegetation
        87 Gletscher und Dauerschneegebiete

9 Brachflächen
        91 Brachflächen in Wohn- und Mischgebieten
        92 Brachflächen in Industrie- und Gewerbegebieten
        93 Brachliegende Verkehrsflächen
                        931 Brachlieg. Schienenverkehrsfl. und Straßen
                        932 Sonstige brachliegende Verkehrsflächen
        94 Nicht mehr genutzte landwirtschaftliche Flächen
        95 Sonstige Brachflächen

Fortsetzung Abb. 2: Statistisches Informationssystem zur Bodennutzung STABIS

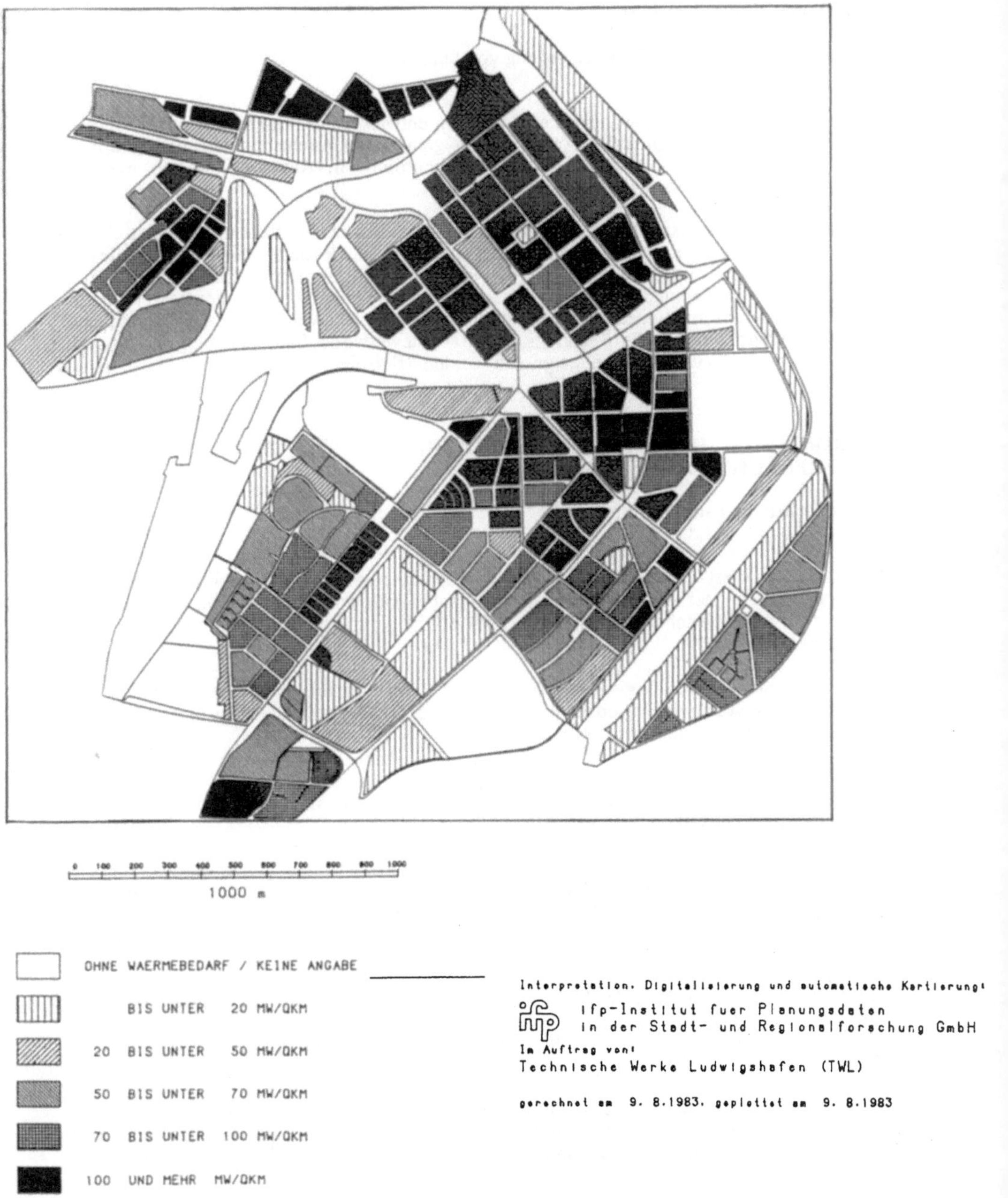

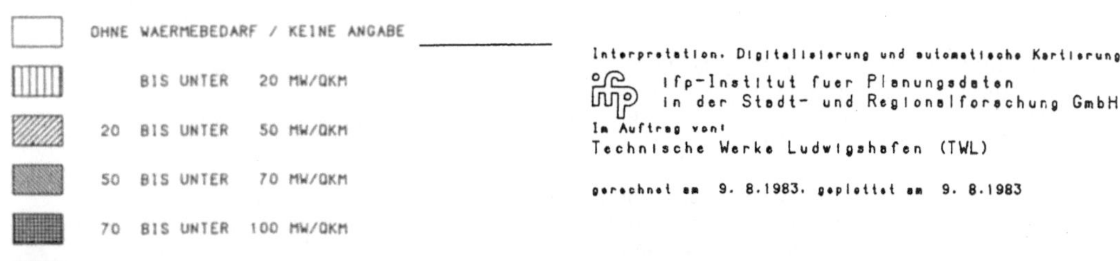

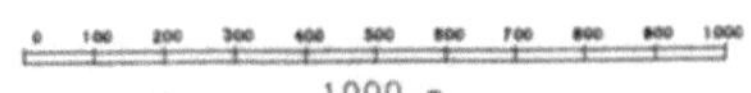

**Abb. 3: Ludwigshafen am Rhein, Wärmebedarfsberechnung aus Luftbildern
Wärmedichte pro Block**

17

4 KÖH-WERT-VERFAHREN

Planungskennzahlen zur Grünversorgung von Städten

Hier wurde ein Verfahren der angewandten Fernerkundung entwickelt, mit dessen Hilfe innerstädtische Oberflächenstrukturen unter k̲limatisch-ö̲kologisch-h̲ygienischen Gesichtspunkten aufgenommen, bewertet und rechnergestützt in Form von Flächenbilanzen, Karten, Grafiken u.ä. als Planungsgrundlage ausgegeben werden.

Unter klimaökologischen Aspekten werden grundsätzlich städtische Oberflächen als Gunstflächen (Grünflächen, Bäume u.ä.) und als Ungunstflächen (Straßen, Gebäude) unterschieden. Mit Hilfe des KÖH-Wert-Verfahrens werden die Gunst- und Ungunstflächen differenziert bilanziert und in bezug auf ihre klimaökologischen und klimahygienischen Gunst- und Ungunstwirkungen bewertet. Auf der Grundlage dieser Informationen sind z.B. lokale Gründefizite nachweis- und quantifizierbar, und aus den Ergebnissen heraus können in Analogie zu den Dichtewerten der Bauleitplanung ökologische Kennzahlen zu den Bebauungsplänen festgesetzt werden (Beispiel s. Abb. 4).

5 ABGRENZUNG UND ERFASSUNG ÖKOLOGISCH ORIENTIERTER OBERFLÄCHENSTRUKTUREN

Biotopkartierung aus der Luft

Analog zum KÖH-Wert-Verfahren in den Siedlungsbereichen gilt es auch, ökologisch relevante Oberflächenstrukturen der dünner besiedelten Außenbereiche aufzunehmen, wobei es hierbei notwendigerweise zu Überschneidungen kommen kann (Übergansbereiche, Stadtbiotope, Bebauung im Außenbereich).

Eine solche Aufnahme von ökologisch relevanten Oberflächenstrukturen kann in relativ kurzer Zeit kostengünstig aus vorhandenen oder noch oder wieder zu erstellenden Farbinfrarot- oder Colorluftaufnahmen vorgenommen werden.

Die Informationsmenge und Detailgenauigkeit ist hierbei vor allem von der Auflösung des Filmmaterials und dem verwendeten Bildmaßstab sowie von der Bandbreite eines zum Befliegungszeitpunkt erstellten Interpretationsschlüsssels abhängig.

Zusätzlich spielen noch die atmosphärischen Bedingungen und die phänologische Entwicklung der Vegetation in Abhängigkeit von der Jahreszeit eine wichtige Rolle. Eine solche Aufnahme der Oberflächenstrukturen aus den Luftbildern kann und will aber nicht z.B. Artenzusammensetzungen mit detaillierten pflanzensoziologischen Aussagen und der daraus abgeleiteten Bewertung oder andere nur durch intensive terrestrische Aufnahmen feststellbare ökologische Details erfassen.

Eine luftbildgestützte Aufnahme der Makro-Oberflächenstrukturen und ihrer Nutzungen schafft aber die Basis für ggf. notwendige weitergehende Untersuchungen z.B. auch aufgrund aktueller Planungsanforderungen, indem sie die ökologische Grundausstattung der Landschaft mit ihren räumlichen Bezügen darstellt.

Aus dieser Darstellung gehen dann z.B. schon vorhandene oder Ansätze von noch auszubauenden Biotopvernetzungsstrukturen hervor. Ökologisch wertvolle, divers strukturierte Räume oder Raumeinheiten werden genauso - auch in ihrem räumlichen Bezug - erkennbar wie ökologische Defizitbereiche.

Darüber hinaus sind prinzipiell auch Qualitätsbeschreibungen und -bewertungen der Oberflächenstrukturen, z.B. nach Kriterien wie Nutzungsintensität (anthropogen), Naturnähe, Standortgerechtigkeit, Diversität (insbes. Artenreichtum, Bestandsaufbau) und Seltenheit möglich.

GUNST-FLÄCHEN	m²	Grundbewertung	ALTERNATIVER MULTIPLIKATOR Bei Beeinträchtigung des Gesundheits- und Vitalitätszustandes Schädigung 1/2	Schädigung 1/3	Schädigung 2/3	GEWICHTETE FLÄCHEN/ = GUNSTWERT
offene, wasserdurchlässige Flächen o. Veg.		1				
Wasserflächen		3				
Acker- und Feldflächen	2181	2	1			4362
Rasen, Wiesen, Grünland		2	1			
offene unversiegelte Flächen Summe m²	2181	GUNSTWERT unversiegelte Flächen ----->				4362
weniger wasserdurchl. Flächen o.Veg.	2611	0,5				1330
dt. Gleisanlagen	5350	0,5				4562
weitgehend wasserdurchlässige Flächen o. Veg.	803	1	1			803
weitgehend wasserdurchlässige Flächen m. Veg.	3579	1,5	1			6267
teilversiegelte Flächen Summe m²	11540	GUNSTWERT teilversiegelte Flächen ---->				12949
Sträucher, kleinere Bäume	227	$3^{1)}$		$2^{1)}$	$1^{1)}$	481
größere Bäume, Baumgruppen	3747	$4^{1)}$		$3^{1)}$	$2^{1)}$	11495
Vertikalbegrünung Kletterpflanzen		2	1			
Dachbegrünung		2-3	bzw. Bewertung nach Wuchsformat			
Sonderflächen Summe m²	3974	GUNSTWERT Sonderflächen ----->				11976
GUNSTWERT (gesamt) (GUNSTWERT unvers. Flächen + GUNSTWERT Sonderflächen + Gunstwert teilv. Flächen)						25686

UNGUNST-FLÄCHEN	m²	MULTI-PLI-KATOR	GEWICHTETE FLÄCHEN/= UNGUNSTWERT
versiegelte Freiflächen	10731	2,5	26827
überbaute Flächen (Gebäude)	27541	Höhe in m	173049
versiegelte Flächen Summe m²	38272	UNGUNST-WERT	199876

GESAMTFLÄCHE (ohne Sonderflächen)	
	51995

1) Bei räumlichen Überschneidunen Bäume über anderen schon bewerteten Flächen) bei allen Bewertungsstufen jeweils ein Bewertungspunkt weniger

Abb. 4: Erhebungsbogen zur Ermittlung des KÖH-Wertes

Der in der Abb. 5 vorgestellte Flächenkatalog umreißt den groben Rahmen, nach dem eine derartige Flächenkartierung und Flächenbilanzierung vorgenommen werden kann. Er ist jedoch naturgemäß nicht als absolut zu betrachten, da zum einen gf. noch zusätzliche Strukturen entsprechend regionaler Besonderheiten mit aufgenommen werden können, andererseits aber auch einzelne Strukturen des Kataloges nicht (mehr) vorkommen oder aufgrund der Erkennbarkeit in Abhängigkeit von der Bildauflösung und der Bildqualität bei festgeschriebenem Feldvergleichsaufwand nicht (zweifelsfrei) herauszulösen sind. Die Differenzierungsmöglichkeiten aus - vor allem großmaßstäblichen - Luftbildern sind i.d.R. jedoch größer als in dieser Übersicht dargestellt.

```
1. Baumvegetationsstrukturen(ggf. mit Angaben zu Art, Alter
      Kronendach, Vitalität etc.)

      1.1 Wald,  größere Bäume, Baumreihen und -gruppen
          1.1.1 Besonders wertvolle großkronige Altbäume
          1.1.2 Überhälter
          1.1.3 Waldsäume
          1.1.4 Weichholzauenwald
          1.1.5 Hartholzauenwand
          1.1.6 Sonstige Waldbestände unterschieden nach vorher
                schenden Artenzusammensetzungen und Mischungsformen

      1.2 Sträucher, Hecken, kleinere Bäume
          1.2.1 Feldgehölze
          1.2.2 Gebüschsäume
          1.2.3 Aufforstungen
          1.2.4 Schling- und Kletterpflanzen

2. Heideflächen
   2.1 normal ausgeprägt
   2.2 verbuscht
   2.3 stark verbuscht

3. Rasen, Wiesen, Grünland u.a.
   3.1 Rasen
   3.2 Grünland
          3.2.1 Dauergrünland
          3.2.2 Wechselgrünland
          3.2.3 Feuchtwiesen
          3.2.4 Magerwiesen
          3.2.5 Obstwiesen
          3.2.6 Uferferne Hochstauden- und Hochgräserfluren
          3.2.7 Feldraine
          3.2.8 Trockenbiotope

4. Brachen, Sukzessionsflächen mit Ruderal- bzw. Spontan-
   vegetation

5. offene, wasserdurchlässige Flächen ohne Vegetation
   5.1 relativ unverdichtete Flächen
   5.2 relativ verdichtete Flächen (Wege- und Verkehrsflächen,
          technische Flächen  wie wassergebundene Decken u.ä.)

6. Feuchtgebiete
   6.1 Uferbereiche
   6.2 Versumpfungszonen
   6.3 Moore
   6.4 Quellmulden

7. Gewässer
   7.1 stehende Gewässer
   7.2 fließende Gewässer
   7.3 Kanäle


8. Acker- und Feldflächen
```

Abb. 5: Flächenkatalog für Flächenkartierung und -bilanzierung

        8.1 Hackfrüchte
        8.2 Getreide
        8.3 sonstige Feldfrüchte

    9. Garten- und Grabeland

    10. Hochstammobst
        10.1 über vegetationsfreien Flächen
        10.2 über Obstwiesen
        10.3 über sonstigen Flächen

    11. Weinbauflächen
        11.1 über vegetationsfreien Flächen
        11.2 über vegetationsbedeckten Flächen

    12. Sonderstrukturen
        12.1 Hohlwege
        12.2 Böschungen
        12.3 Trockenmauern, Feldsteinhaufen
        12.4 Felsen
        12.5 Windschutz-, Knickhecken
        12.6 Abbauflächen
        12.7 Sanddünen, -flächen
        12.8 sonstige

TEILVERSIEGELTE/VERSIEGELTE FLÄCHEN

    13. teilversiegelte Flächen mit Vegetation
        Pflastersteine mit Rasenfugen, Betonrasensteine

    14. teilversiegelte Flächen ohne Vegetation

    15. versiegelte (Frei-)Flächen
        15.1 wenig genutzte Verkehrsflächen
        15.2 stark genutzte Verkehrsflächen

    16. überbaute Flächen, Gebäude (aufgeteilt in Höhen bzw. Höhe
        klassen lt. KÖH-Wert-Modell)
        16.1 Wohngebäude und vergleichbare
        16.2 gewerbliche Gebäude mit niedrigen Emissionen
        16.3 gewerbliche Gebäude mit hohen Emissionen

Abb. 5: Flächenkatalog für Flächenkartierung und -bilanzierung

6   AUSWERTUNG VON SCANNERDATEN

Aus der geeigneten Kombination mehrerer Kanäle von multispektralen Flugzeugscanner- und/oder
Satellitenaufnahmen lassen sich grundsätzlich aktuell und rechnergestützt ebenfalls Informationen
zu den bereits besprochenen Themenfeldern Realnutzung, Klimaökologie und ökologische
Oberflächenstrukturen klassifizieren. Gegenüber der Luftbildaufnahme bieten die als Pixel in
diversen Grauabstufungen aufgenommen Scannerdaten den grundsätzlichen Vorteil der Erfassung
von Spektraldaten über den Bereich des sichtbaren Lichtes und des kurzwelligen Infrarots hinaus.
Dadurch werden für das Auge unsichtbare Zusatzinformationen sichtbar und sind für eine interaktive
Computeranalyse verwertbar. Sie haben jedoch in der Regel den Nachteil einer gegenüber den
Analogbildern geringeren Bildauflösung, so daß hier meistens auf kleineren Maßstabsebenen
gearbeitet wird.

6.1 Beispiel Thermalbefliegungen

Gewässer, Wald, Ackerflächen und Siedlungsgebiete besitzen ein ganz unterschiedliches Erwärmungs-und Abkühlungsverhalten und sie weisen dementsprechend z.T. stark differierende Temperaturen auf. So sind z.B. zwischen den luftaustauscharmen und sommerlich überhitzten, verdichteten Stadtgebieten und der umgebenden Landschaft Temperaturdifferenzen von bis zu rund 10 C nachweisbar. Für eine verantwortungsvolle Struktur- und Siedlungsplanung ist es deshalb sehr wichtig, Informationen über die Temperaturverteilung und lokale Luftaustauschsysteme über Thermalbilder sichtbar werden zu lassen.

Mit Hilfe eines Infrarot-Thermalscanners werden von einem Flugzeug aus Strahlungsdichten verschiedener Intensität von Geländeoberflächen zeilenweise abgetastet. Diese digitalen Informationen werden als einzelne Bildpunkte verarbeitet und geometrisch entzerrt. Durch die Eichung über zeitgleich aufgenommene Bodenmeßdaten und Farbcodierungen durch digitale Bildverarbeitung ist die Herstellung von Temperaturverteilungskarten verschiedener Tageszeiten und - daraus abgeleitet - auch von Temperaturdifferenzkarten möglich.

Die maximal sinnvolle Temperaturauflösung beträgt rund 0,2 C. Rechnergestützte Überlagerungen der Oberflächenstrahlungstemperatur zu den verschiedenen Aufnahmezeitpunkten mit der Topographie, der Flächennutzung und den Oberflächenstrukturen, den Höhenpunkten als Grundlage für 3D-Auswertungen usw. schaffen wertvolle Planungshinweise, die, wie z.B. in der Stadt Mainz, eine wesentliche Datengrundlage für einen Klimaökologischen Begleitplan zum Flächennutzungsplan bilden (Anwendungsbeispiele Abb. 6 und 7).

7 AUSBLICK: INHALTLICHE KOMPATIBILITÄT UNTERSCHIEDLICHER DATENEBENEN

Bei allen geodätisch-technischen Problemen, die bei der Verknüpfung unterschiedlicher Maßstabsebenen entstehen, sollte dennoch, zumindest soweit sinnvoll und möglich, ein inhaltlicher Bezug der einzelnen Datenebenen untereinander geschaffen werden. Durch eine solche inhaltliche Kompatibilität lassen sich durch die einzelnen Datenebenen hinweg inhaltliche Bezüge herstellen, die z.B. weitergehende Vergleiche und Datenanalysen ermöglichen, ohne daß neue Datenerhebungen notwendig werden. Ein solches System ermöglicht bei gleichen Aufnahmekosten einen größeren multifunktionalen Nutzen und ist somit insgesamt wesentlich kostengünstiger. Mehrfachkartierungen mit ähnlichen oder gleichen Inhalten, wie sie leider noch zur Zeit - auch aufgrund mangelnder Kommunikation und Kommunikationsmöglichkeiten - die Regel sind, können so vermieden werden.

Ein Beispiel für eine solche inhaltliche Abstimmung unterschiedlicher Datenebenen aufeinander mit den im Rahmen dieses Vortrags vorgestellten Anwendungen zeigen die Abbildungen 8 und 9. Weitere Erhebungsebenen wie insbesondere das CORINE-Landcover Projekt auf EG-Ebene und das bundesweit sich bereits z.Z. im Aufbau befindliche ATKIS-Projekt sind ebenfalls direkt in ein solches übergreifendes System einzugliedern. Im Interesse der Anwender und unserer Volkswirtschaft ist der strukturelle Aufbau eines solchen Systems über ein entsprechendes Koordinierungsprojekt mit festzulegenden Kartierungs- und Datenaufnahmestandards unverzüglich umzusetzen.

Als Eingabedatensätze fungieren die (neu) rektifizierten Strahlungsdaten der Thermalbefliegung Mainz 1988.

Arithmethisches Mittel: 12.6°; Standardabweichung: 2.3; Median   ; 95/100 Spanne

Graustufenzuordnung:
      weiß - 20° OSTEM
      grau - 14° OSTEM
      schwarz - 10° OSTEM

F. Dosch; 26.11.1991

Abb. 6: Klimaökologischer Begleitplan von Mainz
Morgentemperaturen

Als Eingabedatensätze fungieren die (neu) rektifizierten Strahlungsdaten der Thermalbefliegung Mainz 1988.

Arithmethisches Mittel: 16.1°; Standardabweichung: 2.2; Median   ; 95/100 Spanne

Graustufenzuordnung:
     weiß - 20° OSTEM
     grau - 17° OSTEM
     schwarz - 12° OSTEM

F. Dosch; 26.11.1991

Abb. 7: Klimaökologischer Begleitplan Mainz
Abendtemperaturen

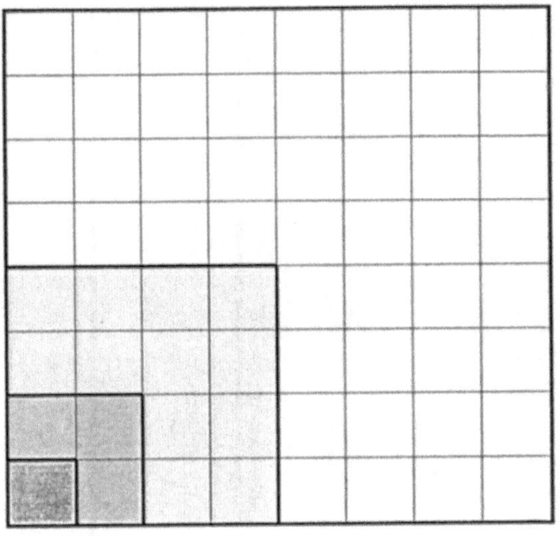

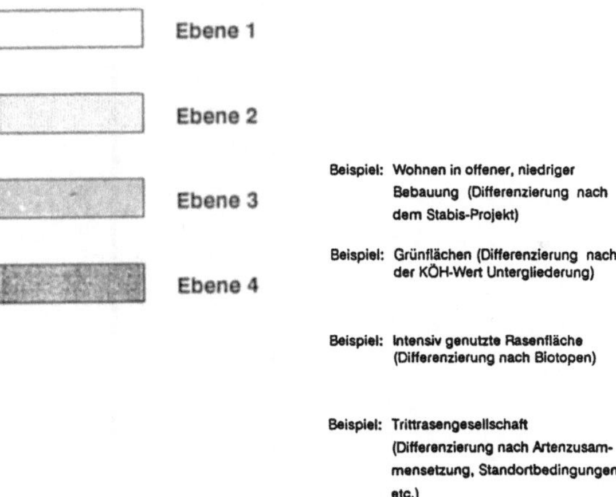

Abb. 8: Flächendifferenzierung nach Ebenen, schematische Darstellung

KÖH-Wert Untergliederung

		Merkmal	
Ebene 1	Systematik der Bodennutzungen des "Stabis"	**Gesamtfläche (2-D)**	100 · 200 · 300 · 400 · 500 · 600 · 700 · 800 · 900
Ebene 2	Ökologisch differenzierte Oberflächenstrukturen 1. Differenzierungsgrad	**Fläche (2-D) Realnutzungseinheit** — Offene Flächen (Wasserflächen, Grünflächen); Teilversiegelte Flächen (weitgehend durchlässige Flächen, weniger durchlässige Flächen); Versiegelte Flächen (versiegelte Freiflächen, Gebäudeflächen). **Raumbezogene Flächen (3-D)**: Bäume / Sträucher · Dachbegrünung · Fassadenbegrünung	
Ebene 2.1	Abflußbeiwert	**Oberflächlicher Abfluß von Niederschlagswasser**	0,00-0,05 · 0,05-0,25 · 0,25-0,50 · 0,50-0,70 · 0,70-0,85 · 0,85-1,00
Ebene 2.2	Energieverbrauch	**Energieverbrauch Gebäude**	
Ebene 3	Ökologisch diff. Oberflächenstrukturen 2. Differenzierungsgrad	**Ökologische Oberflächenstrukturen 1. Differenzierungsgrad** — auf Ebene 1 und 2 abgestimmter Schlüssel ist noch zu erarbeiten	
Ebene 4	Ökologisch diff. Oberflächenstrukturen 3. Differenzierungsgrad	**Ökologische Oberflächenstrukturen 2. Differenzierungsgrad** — auf Ebene 1,2 und 3 abgestimmter Schlüssel ist noch zu erarbeiten	

Bilanzebene	Bewertungs-ebene	Rechts-ebene	Datengrund-lage	Kosten
8. Stabis-Veröffentlichungen Auswertungen nach variablen Vorgaben, ökologische Auswertungen weitgehend generalisiert		Bundesgesetz	Luftbilder: Maßstab 1 : 32.000 TK 25 und sonstige Ausgabemaßstab: 1 : 25.000	
1. Flächenbilanzierungen nach variablen Vorgaben, incl. Ermittlung des Versiegelungsgrades 2. Energiebilanzrechnungen unter Berücksichtigung des Verdunstungsfaktors von Vegetationsflächen	KÖH-Wert nach standardisiertem Verfahren	Bundesbaugesetz Landesbauordnungen Ortssatzungen 1. Festsetzung von Flächenbilanzvorgaben 2. Festsetzung von zu erreichenden KÖH-Werten oder/und KÖH-Wert-Klassen	In Abhängigkeit von den Genauigkeits- bzw. Maßstabsanforderungen Ortsbegehungen/kartierungen ca. 1 : 100 bis 1 : 2.500 Luftbilder: Maßstab ca. 1 : 2.500 bis 1 : 50.000 Satellitenbilder: Maßstab ca. 1 : 100.000 und größer	
Ermittlung des oberflächigen Abflusses variabel vorzugebender Untersuchungs-/Planungseinheiten und Niederschlagsereignisse	Bewertung der Abflußmengen unter Annahme durchschnittlicher Niederschlagsereignisse	Festsetzung grundstücksbezogener maximaler Abflußmengen, g/s. Staffelung der Abwassergebühren	Luftbilder verschiedener Maßstäbe und/oder Feldvergleiche bzw. Ortsbegehungen	
Anthropogener Energieverbrauch für Gebäudeheizungen	Modifikation der Bewertung 'Baumasse' in Verbindung mit KÖH-Wert	Bundesimmissionsschutzgesetz, Festsetzung max. Energieverbrauchswerte	Luftbilder, Stadtwerke-Verbrauchsdaten	
Flächenbilanzierungen nach variablen Vorgaben	Bewertungen nach standardisierten und/oder nicht standardisierten Verfahren		Luftbilder verschiedener Maßstäbe und/oder Feldvergleiche bzw. Ortsbegehungen	
Flächenbilanzierungen nach variablen Vorgaben, z.B. auf der Grundlage pflanzensoziologischer Auswertungen	Bewertungen nach standardisierten und/oder nicht standardisierten Verfahren		Ortsbegehungen, terrestrische Aufnahmen	

Abb. 9: Inhaltliche Abstimmung unterschiedlicher Datenebenen

LITERATUR

DEGGAU, M. ET AL. 1989: Pilotstudie Statistisches Informationssystem zur Bodennutzung (STABIS) - Voruntersuchung. Schriftenreihe "Forschung" des Bundesministers für Raumordnung, Bauwesen und Städtebau, Bonn.

DOSCH, F.; HEIDT, V.; SCHRAMM, M.; SCHULZ, A. 1992: Klimaökologischer Begleitplan zum Flächennutzungsplan der Stadt Mainz. Mainz.

INSTITUT FÜR PLANUNGSDSATEN 1987: Wärmeatlas Ludwigshafen. Offenbach/M.

MÜLLER, K.-H. 1986: Stadtökologische Informationssysteme. Vortrag am Dt. Geographentag Berlin.

SCHULZ, A. 1986: Erfassung und Bewertung von landschafts- und stadtökologischen Obeflächenstrukturen aus Infrarotcolorbildern. Konzeptstudie zum Aufbau eines planungs- und verwaltungsorientierten Umweltinformationssytems für die Stadt Mainz. Mainz.

SCHULZ, A. 1991: Weiterentwicklung des KÖH-Wert-Modells als ökologisch orientiertes Planungsinstrument. Untersuchung im Rahmen des Forschungsschwerpunktes "Experimenteller Wohnungs- und Städtebau" des BMBau, Bonn. Forschungsfeld "Stadtökologie und umweltgerechtes Bauen", Bonn.

ATKIS und seine interdisziplinären Anwendungsmöglichkeiten in anderen Fachinformationssystemen

Dipl.-Ing. Ralf Borchert

Der Informationsdienstmarkt in Deutschland und darüber hinaus in Europa nimmt immer breiteren Raum ein. Geo-Informationssysteme gewinnen in diesem Markt zunehmend an Bedeutung, vorwiegend als Basis für Analysen im Bereich des Umwelt- und Naturschutzes, als computergestützte Grundlage für Planungs- und Infrastrukturmaßnahmen und Maßnahmen der Verkehrsentflechtung, Verkehrslenkung und dem Einsatz von Rettungs- bzw. Notrufleitsystemen. In einem dicht besiedelten Raum wie dem Gebiet der Bundesrepublik Deutschland ist es aus politischer und fachlicher Sicht notwendig, fundierte und tiefgreifende, gleichzeitig aber auch transparente und präsentable Analysen aus den genannten Bereichen im Rahmen einer leistungsfähigen Daseinsvorsorge für den Bürger treffen zu können.

Mitte der 80er Jahre wurde die sich abzeichnende Entwicklung auf dem Informationsdienstmarkt von den Vermessungsverwaltungen der Länder aufgegriffen und als Aufgabenstellung einer Arbeitsgruppe zugeführt. Diese Arbeitsgruppe entwickelte die Konzeption zum "Amtlichen Topographisch-Kartographischen Informationssystem (ATKIS)", das als bundesweites Projekt zur Einrichtung einer Geo-Basisdatenbank für Landschaftsinformationen der Vermessungsverwaltungen verstanden wird.

Inhalt und Aufbau von ATKIS

In ATKIS wird grundsätzlich unterschieden zwischen der Speicherung von Landschaftsdaten in einer Datenbank, dem "Digitalen Landschaftsmodell (DLM)" und dessen kartographischer Präsentation, dem "Digitalen Kartographischen Modell (DKM)". Im DLM werden Landschafts-Objektarten und deren Attribute gespeichert, im DKM werden diese Informationen kartographisch über Signaturierung und Generalisierung aufbereitet und als Ergebnis in einer Karte dargestellt. Karten der verschiedenen Maßstäbe sind bei den Landesvermessungsämtern traditionell unter fortlaufender Aktualisierung in Produktion, was dazu führte, daß sich beim Aufbau von ATKIS in erster Linie auf die Erzeugung des DLM-Datenbestandes konzentriert wird. Die kartographische Generalisierung und die Ableitung eines DKM muß z.Z. noch als Entwicklungsvorhaben gekennzeichnet werden. Erste Ergebnisse zeigen aber gute Aussichten, die Ableitung des DKM Mitte der 90er Jahre in Produktion nehmen zu können.

ATKIS-DLM-Datenbank

Bei der derzeit Priorität genießenden Aufgabe des Aufbaus der DLM-Datenbanken werden bei den Landesvermessungsämtern möglichst authentische und aktuelle Unterlagen in Form von Karten und Luftbildern der Maßstäbe 1:5 000 bis 1:25 000 ausgewertet. Die Erfassung der DLM-Daten muß dabei grundsätzlich in zwei wesentlichen Teilen unterschieden werden: der Interpretation und modellgerechten Strukturierung anhand des vorgegebenen ATKIS-Datenmodells und ATKIS-Objektartenkatalogs (ATKIS OK) (Anl. 1) und deren datentechnische Erfassung an der Workstation. Beim Hessischen Landesvermessungsamt wird der erste Schritt als Erfassung von "Informationsfolien" bezeichnet. Die Erfassung basiert auf aktuellen Orthophotos des Maßstabs 1:5 000, aktuellen Strichkarten 1:5 000, der TK 25, sowie Sekundärunterlagen wie Stadtplänen, Gemeindeverzeichnissen und Netzknotenkarten der Straßenbauverwaltung. Wesentliches Hilfsmittel zur Stukturierung der Daten ist der ATKIS-Objektartenkatalog, aus dem für eine erste Erfassungsstufe (ATKIS-DLM 25/1) 65 wesentliche Landschafts-Objektarten mit bis zu acht Attributen für eine bundeseinheitliche Erfassung ausgewählt wurden (Anl. 2). Die Auswahl dieser Objektarten führt zu einer flächendeckenden Erfassung und Darstellung des Landschaftsbildes in seinen wesentlichsten Landschaftsbestandteilen, wie z.B. Straßen, Wege, Gewässer, Eisenbahnlinien als linienförmigen Objekten und Vegetationsflächen, Siedlungsräume und Flächen besonderer funktionaler Prägung als flächenförmigen Objekten. Linienförmige Objekte werden dabei in ihrer Geometrie mit einer Genauigkeit von 3 m erfaßt, was dazu führt, daß diese Landschaftsinformationen später mit Eigentümerinformationen des Katasters verschnitten bzw. in Beziehung gesetzt werden können, ohne daß große geometrische Klaffungen auftreten.

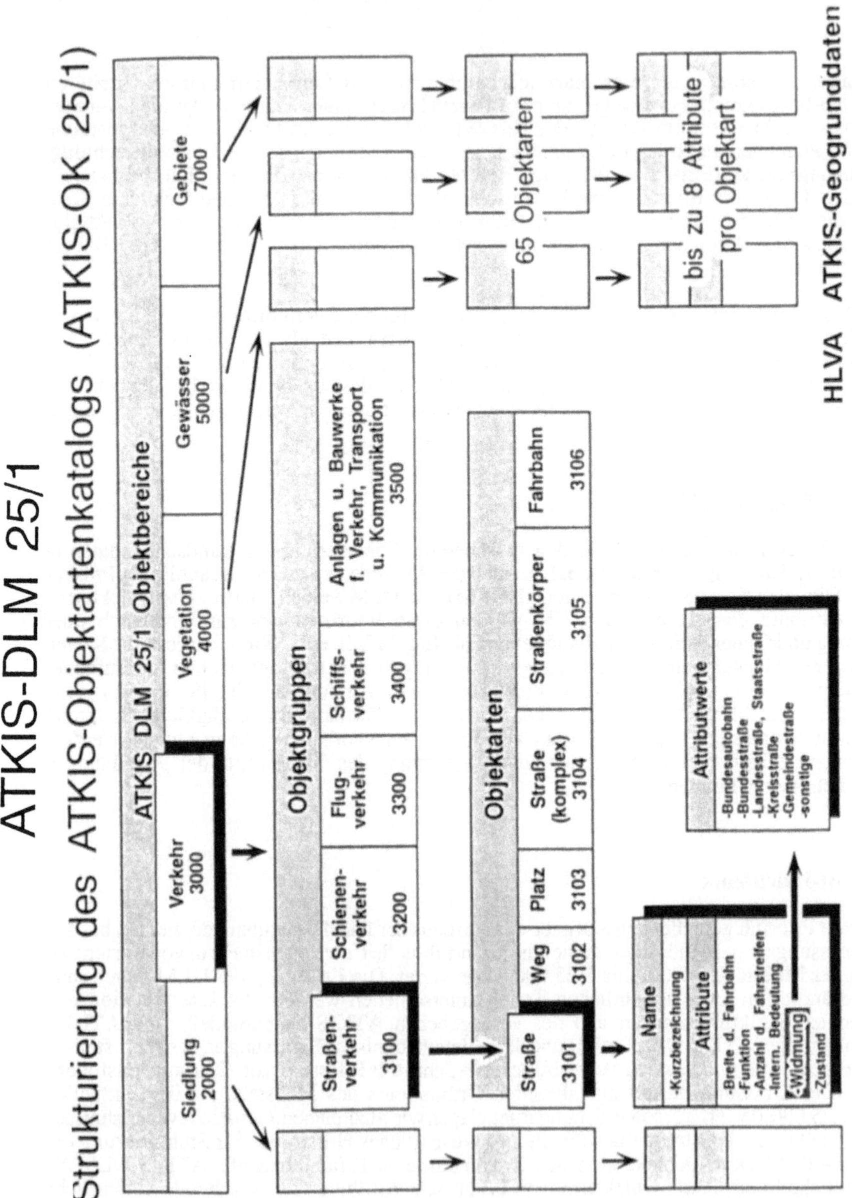

Anlage 1: Strukturierung des ATKIS-Objektkartenkatalogs (ATKIS-OK 25/1)

30

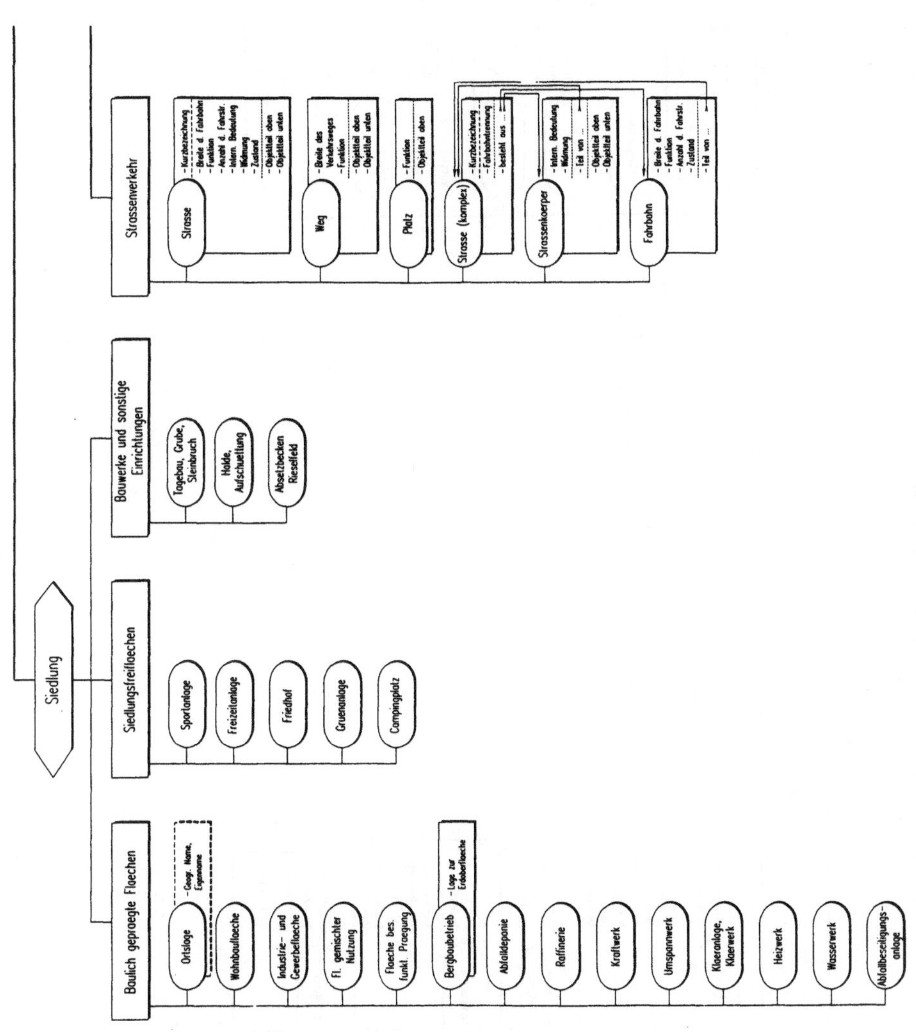

Anlage 2: ATKIS DLM 25/1 Hessen

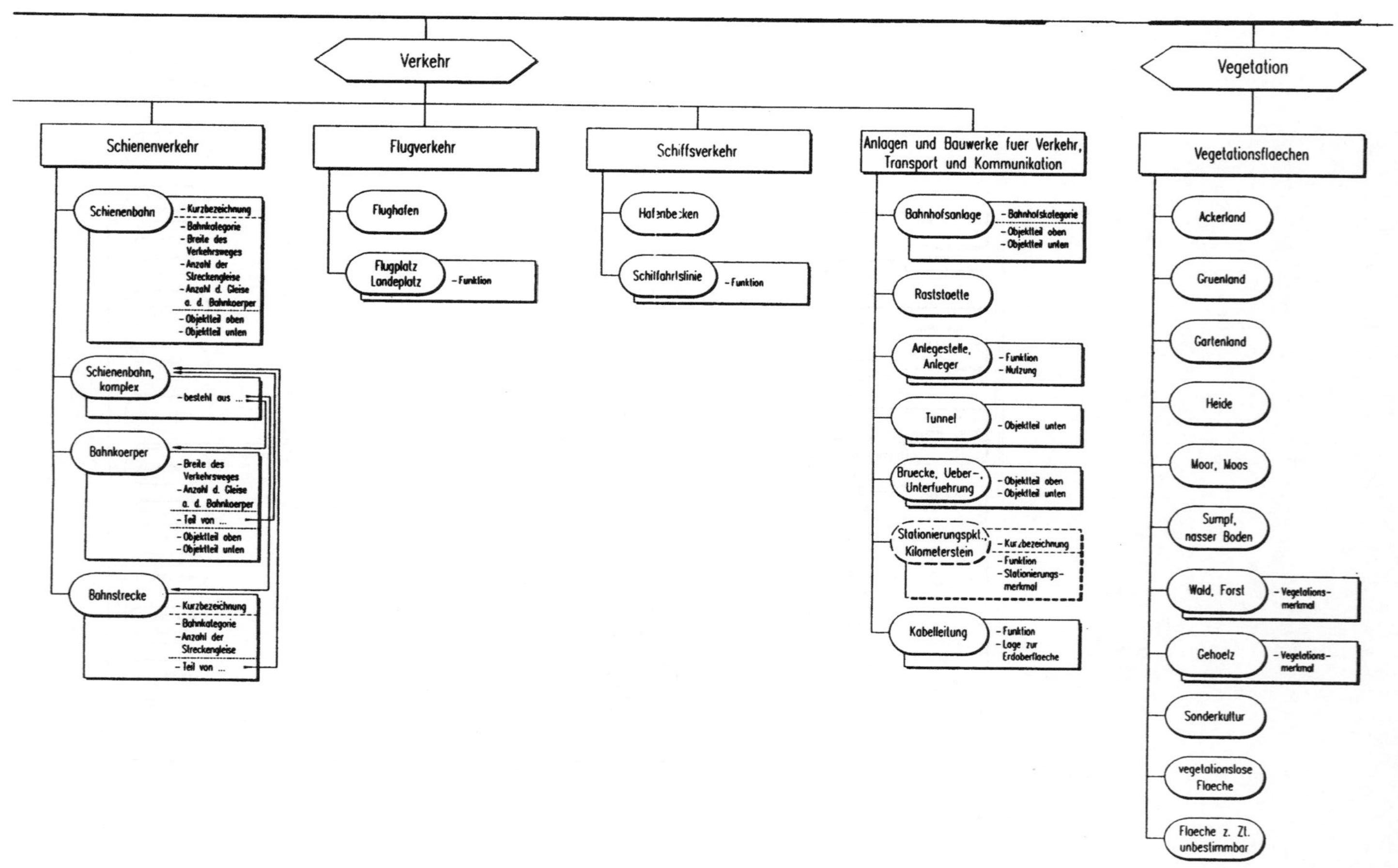

Fortsetzung Anlage 2

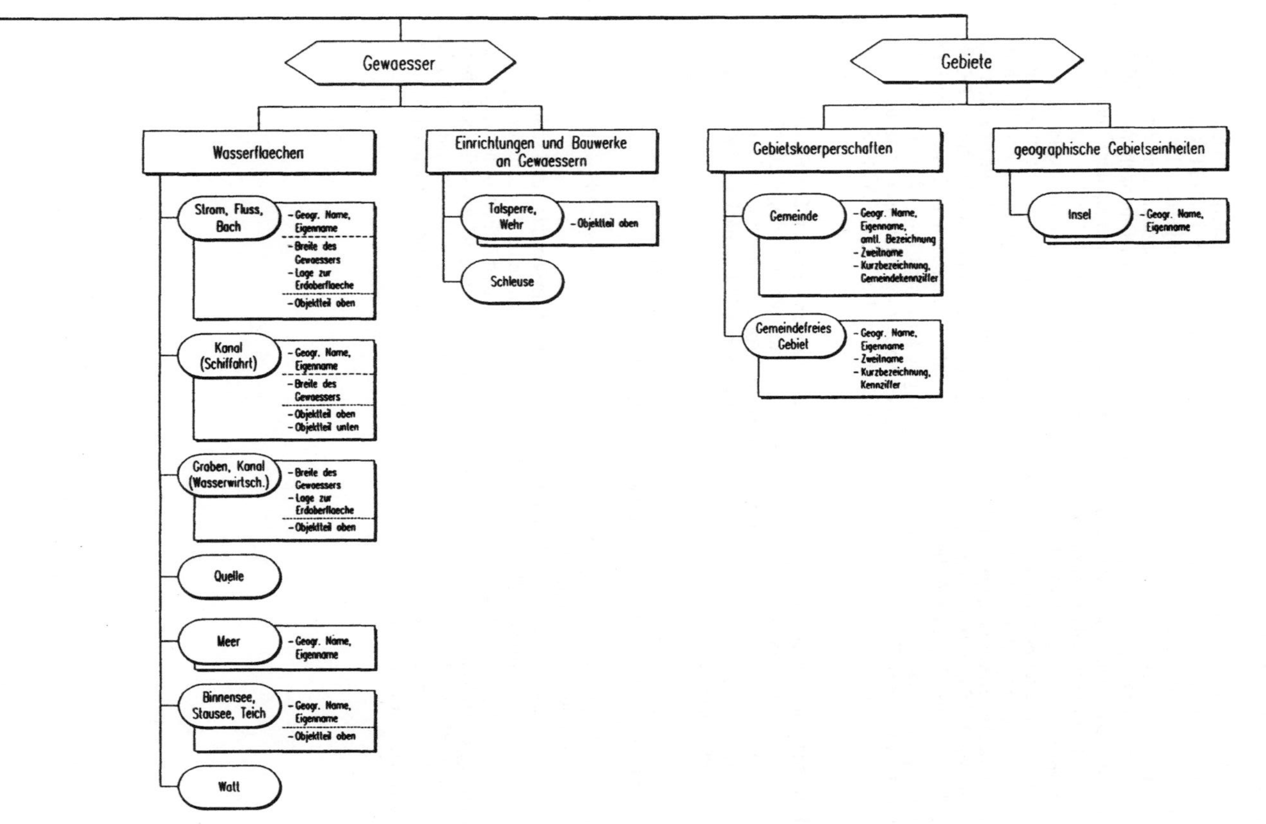

Gewaesser
Gebiete
Wasserflaechen
Einrichtungen und Bauwerke an Gewaessern
Gebietskoerperschaften
geographische Gebietseinheiten
Strom, Fluss, Bach
- Geogr. Name, Eigenname
- Breite des Gewaessers
- Lage zur Erdoberflaeche
- Objektteil oben
Kanal (Schiffahrt)
- Geogr. Name, Eigenname
- Breite des Gewaessers
- Objektteil oben
- Objektteil unten
Graben, Kanal (Wasserwirtsch.)
- Breite des Gewaessers
- Lage zur Erdoberflaeche
- Objektteil oben
Quelle
Meer
- Geogr. Name, Eigenname
Binnensee, Stausee, Teich
- Geogr. Name, Eigenname
- Objektteil oben
Watt
Talsperre, Wehr
- Objektteil oben
Schleuse
Gemeinde
- Geogr. Name, Eigenname, amtl. Bezeichnung
- Zweitname
- Kurzbezeichnung, Gemeindekennziffer
Gemeindefreies Gebiet
- Geogr. Name, Eigenname
- Zweitname
- Kurzbezeichnung, Kennziffer
Insel
- Geogr. Name, Eigenname

Die Informationsfolien werden nach ihrer Erstellung einer eingehenden Kontrolle zugeführt, bei der die modellgerechte und den Vorschriften des ATKIS-OK entsprechende Strukturierung und Attributzuweisung überprüft wird.

Nach Kontrolle der Daten werden die Informationsfolien zur Basis der Erfassung der Daten an der Workstation. Beim Hessischen Landesvermessungsamt wird dabei INTERGRAPH-Systemtechnologie unter Anwendung der modularen Software "TIGIRS" eingesetzt. Das TIGRIS-Modul "Administrator" (Strukturierungssoftware) wurde zur systembezogenen Umsetzung des neutral definierten ATKIS-Datenmodells genutzt, wobei ein ATKIS/TIGRIS-Datenschema (Anl. 3) entworfen wurde. In diesem Datenschema werden die verschiedenen Beziehungen der Objektarten untereinander sowie die möglichen Zuweisungen von Attributen und Attributwerten festgelegt. Das Datenschema erlaubt eine Erweiterung der Objektarten und Attribute, was für das Landesvermessungsamt bei der Fortführung und Ergänzung von Daten sehr wesentlich ist, aber auch von Fachanwendern genutzt werden kann, um zusätzliche fachorientierte Objektarten und Attribute "anhängen bzw. eintragen" zu können. Das ATKIS-Datenmodell, das als "offen" für die Erweiterung in Richtung von Fachinformationssystemen betrachtet werden kann, sowie der ATKIS-Objektartenkatalog, der bereits eine Fülle von annähernd 200 Objektarten und umfangreiche Attributzuweisungen vorsieht, können als Anhalt gewählt werden. Das Hessische Landesvermessungsamt bietet Fachanwendern an, die Erweiterung des Datenschemas bzw. die Definition von zusätzlichen Objektarten und Attributen auf der Basis von ATKIS beratend mitzuentwickeln.

Für die reine Erfassung der Daten wird das TIGRIS-Modul "Mapper" genutzt. Die Funktionalität dieser Software erlaubt die Erfassung von Nachbarschaftsinformationen (Topologie), der Geometie der Objekte sowie deren Attribute und Attributwerte. Die an der Workstation erfaßten Daten werden ebenfalls einer Kontrolle zugeführt, was systemunterstützt durch "SQL-basierte Programme" geschieht sowie "PPL-basierte Plots".

Im Anschluß an die Erfassung werden die Daten netzwerkbezogen in Dateien gespeichert bzw. in der Umgebung einer relationalen Datenbank verwaltet (Anl. 4).

Die Abgabe der Daten ist über verschiedene Datenträger möglich, unter anderem Magnetband, CD-ROM, Cartridge-Tape sowie in analoger Form als Plot.
Da, wie oben erläutert, die Erzeugung von Datenbeständen des DLM im Vordergrund steht, wurde für die Plots eine "Präsentationsgraphik" des ATKIS gewählt, die eine Signaturierung und Farbgebung in bundesweit abgestimmter Form zugrunde legt. Damit ist es möglich, ohne anspruchsvolle Generalisierung im Maßstab 1:5 000 und 1:10 000 ein computer-gestütztes "ATKIS-Kartenbild" darzustellen. Die Umsetzung der Daten in Graphik ist somit bereits ohne die Ableitung eines DKM möglich und für vielfältige Fachanwendungen, die die Auswertung von Graphik neben der Anlayse von Daten beinhalten, nutzbar (Anl. 5).

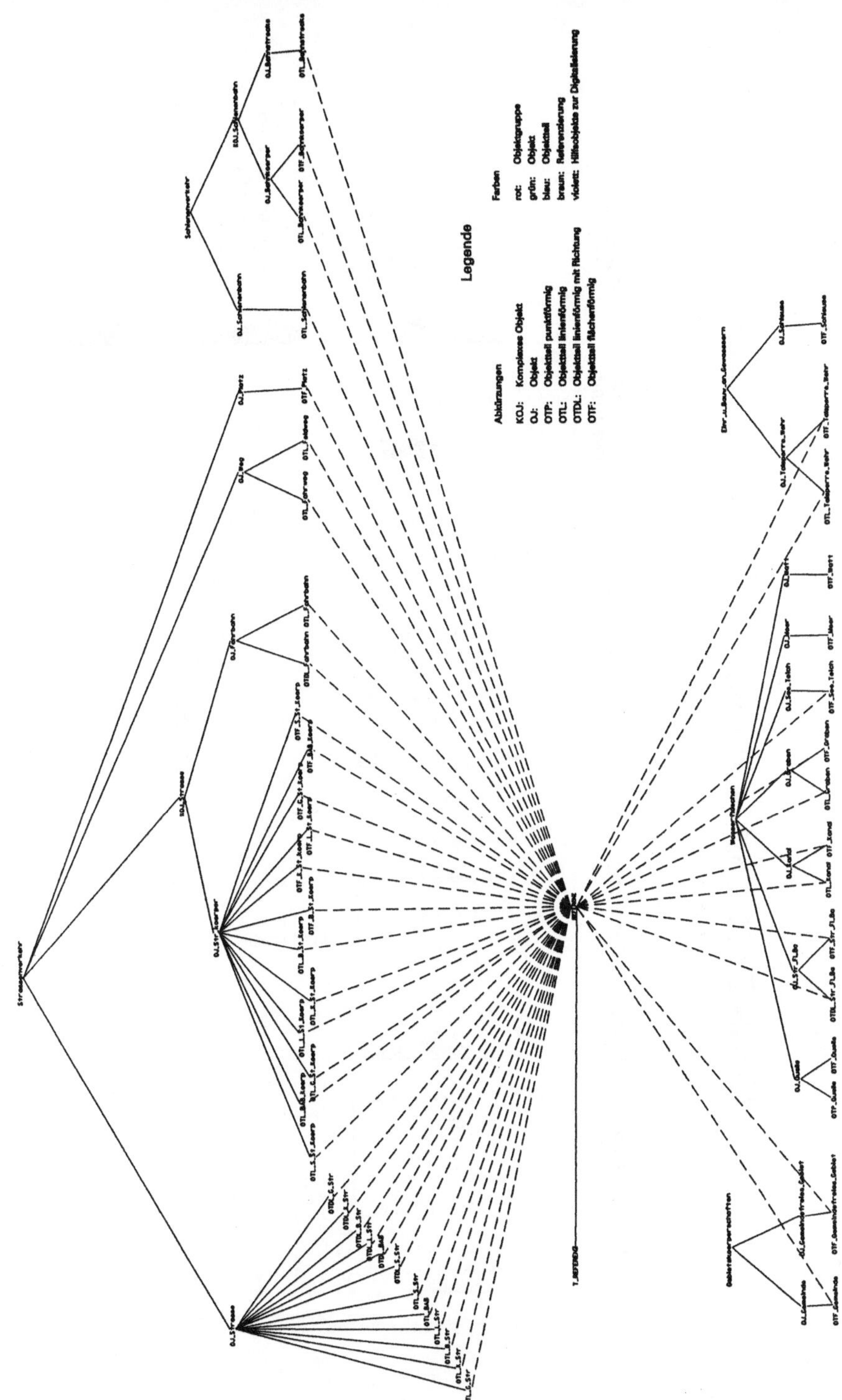

Anlage 3: Ausschnitt aus dem ATKIS-DLM 25/1

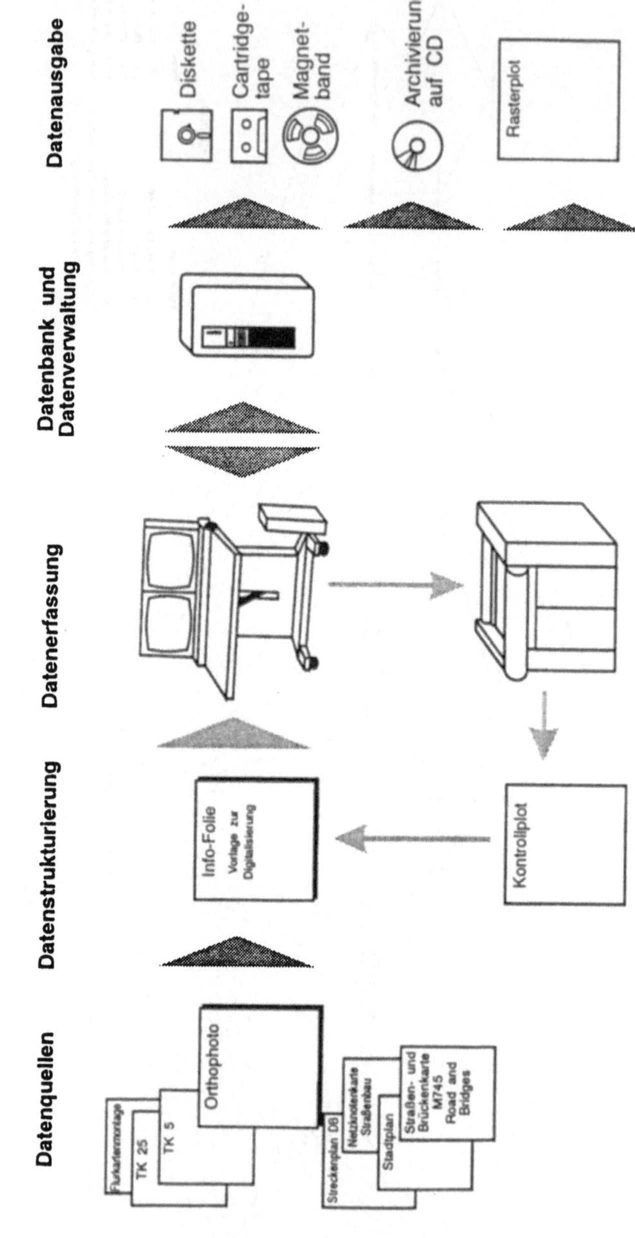

Anlage 4: ATKIS-DLM 25/1 Datenproduktion in Hessen

36

Verfahren	Raumbezug	geometrische Modellform	thematische Modellierungs-art	Grundlage der thematischen Modellierung	verträglich mit ALK/ATKIS	Datenhaltung	Schnittstellen
1	10	11	12	13	14	15	16
ALK	GK-Koordinaten	vektor-orientiert	Objektklassen-prinzip	bundeseinheitl. Objektschlüsselkatalog	j / j	zentral und dezentral	EDBS
ATKIS	GK-Koordinaten	vektor-orientiert	Objektklassen-prinzip	bundeseinheitl. ATKIS Objektartenkatalog	j / j	zentral	EDBS ISO 8211 (DIGEST)
Thematische Karte für die Straßenbauverw.	GK-Koordinaten	vektor-orientiert	Objektklassen-prinzip	Anlehnung an ATKIS-Objektartenkatalog	j / j	zentral und dezentral	EDBS
Straßen-informationsbank (SIB)	GK-Koordinaten	?	?	?	?	?	?
Flurbereinigung (Bodenordnung)	GK-Koordinaten	vektor-orientiert	Ebenenprinzip	spezieller, eigener Katalog	j / n	zentral gepl. dezentral	SICAD gepl. EDBS
Flurbereinigung (Planerstellung)	GK-Koordinaten	vektor-orientiert	Objektklassen-prinzip	?	j / j	dezentral	?
Planungs-informations-system	GK-Koordinaten	hybrid	?	?	n / j	dezentral	?
AVP-Standortkarte	GK-Koordinaten	raster-orientiert	?	?	- / j	zentral	?
Raumordnungs-kataster	GK-Koordinaten	vektor-orientiert	Objektklassen-prinzip	Anlehnung an ATKIS-Objektartenkatalog	- / j	dezentral	EDBS
Reg. Raum-ordnungspläne	GK-Koordinaten	vektor-orientiert	Objektklassen-prinzip	Anlehnung an ATKIS-Objektartenkatalog	- / j	dezentral	EDBS
Hessische Biotopkartierung	GK-Koordinaten	?	?	?	?	zentral	?
FEAFORA Flächenschutzkarte	GK-Koordinaten	vektor-orientiert	Ebenenprinzip	LDB-Angaben	n / n	zentral	LSG/LZE (ASCII)
FEAFORA forstl. Rahmenplanung	GK-Koordinaten	vektor-orientiert	Ebenenprinzip	LDB-Angaben	n / n	zentral	LSG/LZE (ASCII)
FEAAREA Forstkarten	GK-Koordinaten	vektor-orientiert	?	?	j / j	zentral	EDBS
Boden-informationssystem	GK-Koordinaten	?	?	?	j / j	?	EDBS
Gewässergütekarte	GK-Koordinaten	?	Objektklassen-prinzip	Anlehnung an ATKIS-Objektartenkatalog	j / j	zentral	EDBS
Wasserschutz-gebiete (ist)	GK-Koordinaten	vektor-orientiert	Objektklassen-prinzip	LDB-Angaben	n / n	zentral	LSG/LZE (ASCII)
Wasserschutz-gebiete (soll)	GK-Koordinaten	vektor-orientiert	Objektklassen-prinzip	Anlehnung an ATKIS-Objektartenkatalog	j / j	?	EDBS
Verdachtsflächen-kataster	GK-Koordinaten	vektor-orientiert	Objektklassen-prinzip	Anlehnung an ATKIS-Objektartenkatalog	j / j	zentral	EDBS
Schallimmissionen	GK-Koordinaten	raster-orientiert	Ebenenprinzip	?	n / n	dezentral	?

Anlage 5

Die Vermessungsverwaltungen der Länder haben sich zum Ziel gesetzt, das ATKIS-DLM 25/1 bis 1996 flächendeckend erfaßt zu haben. Die Daten liegen in Hessen zur Zeit vor für den gesamten südhessischen Raum bis zur Mainlinie; in der Erfassung befindet sich der Rheingau, der Landkreis Gießen, das Gebiet des Zweckverbandes Raum Kassel, nordwesthessische Gebiete sowie der osthessische Raum im Biosphärenreservat Rhön. Die Verteilung der Gebiete zeigt, daß in Hessen besonderer Wert auf eine benutzerorientierte Erfassung gelegt wird. In den genannten Gebieten werden derzeit bzw. sollen die ATKIS-Daten bereits in Fachdatenbanken zum Einsatz kommen. Dem Nutzer der Daten wird damit, was die Erfassunsgebiete betrifft, die Möglichkeit zur prioritätsbezogenen Mitgestaltung der ATKIS-Datenproduktion eingeräumt.

Durch eine Mitfinanzierung des Bundes, der für alle Bundesbehörden die Übernahme raumbezogener Daten des ATKIS plant, sowie grundlegende Finanzierung des Landes ist es möglich, die qualitativ hochwertigen Daten des ATKIS kostengünstig zur Verfügung zu stellen. Anwender der Daten zahlen bei Übernahme eine Kostenbeteiligung - je nach Inhaltsdichte - bis zu 120 DM/km². Für eine Kommune mittlerer Größe bedeutet dies beispielsweise eine Kostenbeteiligung von ca. 15 000 DM bei umfassender Nutzung für alle kommunalen Ämter und Fachstellen.

Fortführung der ATKIS-Daten

Während des Ersterfassungszeitraumes bis 1996 ist eine Fortführung der Daten nur für die Fälle gedacht, in denen seitens des Nutzers nach Übernahme der Daten bereits in relativ kurzem Zeitabstand eine Aktualisierung gefordert wird. Das Hessische Landesvermessungsamt plant, landesweit die Daten nach der Ersterfassung ab 1996 fortzuführen und inhaltlich anzureichern. Genauere Festlegungen über die inhaltliche Anreicherung der Daten befinden sich zur Zeit in Abstimmung mit potentiellen Nutzern. Sie soll, wie die Ersterfassung, ebenfalls bedarfsorientiert erfolgen.

Bei der Fortführung der Daten ist geplant, Hybrid-Techniken der Auswertung eines digitalen Luftbildes (Orthophotos) zu nutzen, das gemeinsam mit den ersterfaßten Daten zur Aktualisierung und Ergänzung des Datenbestandes führt. Derzeit befinden sich entsprechende Anwendungen im Test. Hybrid-Techniken können aber auch zur Zeit schon sehr sinnvoll eingesetzt werden für die Nutzer, die über die ATKIS-DLM 25/1-Daten hinaus zusätzliche Landschaftsinformationen aus dem Orthophoto entnehmen wollen.

ATKIS-Daten-Transfer

Für die Übernahme der Daten ist deren Formatierung bzw. Übergabeschnittstelle eine wichtige Voraussetzung. Objektorientierte Daten werden vom Hessischen Landesvermessungsamt über die bundesweite einheitliche Datenbankschnittstelle (ATKIS EDBS) abgegeben, ein Standard, der von vielen verbreiteten Systemen auf dem Geoinformationsmarkt bereits übernommen und eingelesen werden kann. Ebenso können ATKIS-Daten im "Industrie-Standard" Intergraph-Micro-Station für Geometriedaten bzw. Intergraph-MGE für Anwendungen in relationalen Datenbanken abgegeben werden. Auch der Industriestandard DXF (Autocad) für Geometriedaten kann formatiert und genutzt werden. Es empfiehlt sich, bei der Übernahme der Daten genau zu bedenken, welche der genannten Schnittstellen zum Einsatz kommen sollte unter Berücksichtigung der Einrichtung und der gestellten Anforderungen an die Fachdatenbanken. Insbesondere für die leichte Fortführbarkeit der Daten wird seitens des Hessischen Landesvermessungsamtes die ATKIS EDBS bevorzugt.

ATKIS-Geo-Basisdaten für Fachdatenbanken

Die ATKIS-DLM-Datenbank der Landesvermessungsämter und ihre Präsentationsgraphik soll als Geo-Basisdatenbestand vielfältigen Fachanwendern verfügbar gemacht werden. Sie wird immer dann zum Einsatz kommen können, wenn authentische und aktuelle Informationen des Landschaftsbildes in einer Auflösung des Maßstabs 1:5 000 bis 1:25 000 gefordert sind. Einer Untersuchung der Hessischen Zentrale für Datenverarbeitung folgend wird ATKIS als Raumbezugs-Datenbank der verschiedensten Fachanwendungen des Landes und der Kommunen empfohlen (Anl 6). Diese fachliche Forderung wird unterstrichen durch eine 1991 im Landesvermessungsgesetz festgelegte Regelung, wo für alle Landesbehörden bei dem Aufbau raumbezogener

Informationssysteme das ATKIS verbindlich als Raumbezugs-Datenbank vorgeschrieben und den Kommunen zum Einsatz zu empfohlen wird. Diese Forderungen entsprechen der Einsicht, daß die Kommunikation zwischen verschiedenen Fachdatenbanken nur unter einheitlichem Raumbezug möglich ist bzw. kostenaufwendige Mehrfacherfassung von Geo-Basisdaten durch die Nutzung der ATKIS-DLM-Datenbank vermieden werden kann.

Der denkbare bzw. bereits realisierte Einsatz der ATKIS-Daten als computergestütztes Abbild der Landschaft nimmt breiten Raum ein. Er umfaßt die Bereiche der Planung (Flächennutzungsplanung, Landschaftsplanung, Landschaftsrahmenplanung, regionale Raumordnungsplanung), der Umweltinformationssysteme (Boden-, Gewässer-, Vegetationsschutz), der Lebensraumdokumentation und -gestaltung sowie des Einsatzes in Notruf- und Rettungsleitsystemen, der Mobilfunk- und Sendernetzplanung sowie der Statistik. Weitere Anwendungen wie Altlastendokumentationen, Baumkataster bis hin zu GIS-basierten Vorhaben der Ortsanierung sind denkbar. Ganz generell kann ATKIS immer dort zum Einsatz kommen, wo Geo-Basisdaten in Form des aktuellen und authentischen Datenbestandes bzw. dessen Präsentation gefordert sind.

Das Hessische Landesvermessungsamt steht derzeit in Verbindung mit Landesbehörden, Kommunen und privaten Nutzern bei der Einrichtung und Nutzung der ATKIS-Daten in Fachdatenbanken. Dabei gewonnene Erfahrungen können für weitere Anwender bei entsprechendem Interesse genutzt und beratend in neuere Vorhaben eingebracht werden.

Besonders hervorzuheben ist die ideale Nutzbarkeit des ATKIS sowohl für klein- als auch für großräumige Umweltverträglichkeitsuntersuchungen sowie für Standort- und Projektplanungen. Klima und Lufthygiene sowie die natürlichen Ressourcen unserer Landschaft gewinnen dabei immer größere Bedeutung. ATKIS bietet durch die Einspielung des bereits landesweit vorhandenen Digitalen Höhenmodells ideale Möglichkeiten der 3D-Ansicht des Landschaftsbildes sowie planerisches Projektieren und Analysieren vor dem realen Hintergrund der Landschaft.

ATKIS muß damit in direktem Zusammenhang sowohl mit Vorhaben der Planung als auch mit existenziellen Interessen des Umwelt- und Naturschutzes in Verbindung gebracht werden. Neue Technologien aus dem Bereich CAD und objektorientierter Datenverarbeitung sind bei realitätsbezogenen Vorhaben der Planung bzw. Analysen von Tatbeständen in der Landschaft nur einsetzbar vor dem Hintergrund eines umfassenden authentischen und aktuellen Geo-Basisdatenbestandes. ATKIS bietet in Verbindung mit neuen Technologien dazu ideale Voraussetzungen.

Verfahren	Zuständigkeit	Aufgabe	Status	Maßstabs-bereich	HW-Plattform	HW-System	Betriebs-system	Programm-system
1	2	3	4	5	6	7	8	9
ALK	Kataster-verwaltung	Nachweis der amtl. Liegenschaftskarte	im Aufbau	G	WS	SNI	BS2000	SICAD
ATKIS	HLVA	Führung eines digitalen topographischen Datenbestandes über die dreidimensionale Struktur der Erdoberfläche	im Aufbau	M	WS	INTER-GRAPH	CLIX[*1]	INTER-GRAPH
Thematische Karte für die Straßenbauverw.	HLS	Erstellung der Verkehrsmengenkarte 1990	realisiert	G,M,K	WS	HP 9000/375	HP-UX	ALK-GIAP
Straßen-informationsbank (SIB)	HLS	Fachinformationssystem über die klassifizierten Straßen	geplant	G,M,K	G/WS/PC	?	?	?
Flurbereinigung (Bodenordnung)	HELELL	Unterstützung der Bodenordnung	realisiert	G	WS	SNI WS2000	BS2000 SINIX	SICAD
Flurbereinigung (Planerstellung)	HELELL	Bearbeitung des Wege- und Gewässerplans mit landschaftspflegerischem Begleitplan	geplant	G	?	?	?	?
Planungs-informations-system	HELELL	Nachweis der Bestands- und Planungsdaten aller Verfahren für den ländlichen Raum	geplant	G,M	?	?	?	?
AVP-Standortkarte	HELELL	Datensammlung der natürlichen Standorte für landbauliche Nutzung	geplant	M	?	?	?	?
Raumordnungs-kataster	RP Darmstadt	Planungsgrundlagen für die Regionalplanung (Bezirkskarte)	geplant	M	WS	INTER-GRAPH	CLIX[*1]	INTER-GRAPH
Reg. Raum-ordnungspläne	RP Darmstadt	Inhalt der regionalen Raumordnungspläne	geplant	M	WS	INTER-GRAPH	CLIX[*1]	INTER-GRAPH
Hessische. Biotopkartierung	HMLWLFN	Erfassung von Biotopen und Biotopkomplexen z. Ermittlung v. Vorrang- oder Defiziträumen	geplant	G,M	?	?	?	?
FEAFORA Flächenschutzkarte	FEA	Führen und Aktualisieren des Kartenwerks	realisiert	M	WS	BULL DPX2000	SPIX 33	LDB-BW
FEAFORA forstliche Rahmenplanung	FEA	Aufstellung und Führen von regionalen forstlichen Rahmenplänen	im Aufbau	M	WS	BULL DPX2000	SPIX 33	LDB-BW
FEAAREA Forstkarten	FEA	Aufstellen und Führen von Forstkarten	geplant	G,M	WS	?	?	?
Boden-informationssystem	HLB	Fachinformationssystem Boden (geowissenschaftlich relevante Raum- und Sachdaten)	geplant	G,M,K	WS	?	UNIX	(?) ARC/INFO
Gewässergütekarte	HLfU	Führen und Aktualisieren der Karteninhalte	geplant	K	?	?	UNIX	?
Wasserschutz-gebiete (ist)	HLfU	Nachweis der Flächen mit Attributen	realisiert	M	Mini	VAX	VMS	LDB-BW
Wasserschutz-gebiete (soll)	HLfU	Nachweis der Flächen mit Attributen	geplant	M	?	?	UNIX	?
Verdachtsflächen-kataster	HLfU	Kartierung der Verdachtsflächen	geplant	G	WS	?	UNIX	?
Schallimmissionen	HLfU	Erstellen von Schallimmissionsplänen	im Aufbau	G	ist: PC soll: WS	PC ?	MS-DOS UNIX	LIMA[*2]

[*1]   basiert auf UNIX-System V von AT&T
[*2]   LärmInforMationsAnalayse, eine Fortran-Eigenentwicklung

Anlage 6

Literaturhinweise

ATKIS-Gesamtdokumentation, Teil A, Konzeption und Inhalt des Informationssystems ATKIS-Arbeitsgemeinschaft der Vermessungsverwaltungen der Länder der Bundesrepublik Deutschland (AdV) 1989 (zu beziehen beim Lndesvermessungsamt Nordrhein-Westfalen, Bonn-Bad Godesberg)

Graphische Datenverarbeitung in der Hessischen Landesverwaltung, Bestand und zukünftige Architektur, Hessische Zentrale für Datenverarbeitung (HZD), 1991

Raumbezogene Graphische Datenverarbeitung in der Hessischen Landesverwaltung, Kriterien und Empfehlungen zum Datenaustausch (Entwurf zur Vorlage an den Landesautomationsausschuß, Stand 10/1992) Hessische Zentrale für Datenverarbeitung (HZD), 1992

Zugang zu behördlichen Daten über die Umwelt im Spannungsfeld zwischen Informationsanspruch und Datenschutz

Thomas Rahner

1. Informationsfreiheit contra Recht auf informationelle Selbstbestimmung

Der Freiheitsordnung des Grundgesetzes ist eine allgemeine "Informationsfreiheit" des Inhalts, daß Behördenunterlagen jedem Bürger frei zur Information zur Verfügung stehen, unbekannt. Dem Grundgesetz ist - seit dem Volkszählungsurteil des Bundesverfassungsgerichts von 1983 - allerdings ein "Recht auf informationelle Selbstbestimmung" zu entnehmen. Der Schutz des Abwehrinteresses eines von Datenerhebung und Datenverarbeitung Betroffenen hat somit Verfassungsrang (grundlegend: Gallwas, Der allgemeine Konflikt zwischen dem Recht auf informationelle Selbstbestimmung und der Informationsfreiheit, in: Neue Juristische Wochenschrift 1992, S. 2785)

Dieses "Recht auf informationelle Selbstbestimmung" gilt umfassend für alle natürlichen Personen und kann - je nach Lage des Einzelfalles - auch dem Schutz von juristischen Personen (Unternehmen) dienen. Allerdings gelten für den Schutz von Unternehmensdaten weniger strenge Anforderungen als für den Schutz von Privatdaten, insoweit ist der Sozialbezug der Daten in Betracht zu ziehen. Es liegt im Rahmen der Sozialbindung der Unternehmenstätigkeit, daß sich das Unternehmen eine öffentliche Diskussion der Auswirkungen seiner Tätigkeit auf die Umwelt grundsätzlich - aber nicht schrankenlos - gefallen lassen muß.

Herrschende Meinung unter den deutschen Juristen ist ferner, daß Geschäfts- und Betriebsgeheimnisse als vermögenswerte Positionen der Geschäftsinhaber anzusehen sind und deshalb dem Schutz des Grundrechtes auf Eigentum (Art. 14 GG) unterliegen.

2. Rechtsansprüche auf Akteneinsicht

Akteneinsichtsrechte in Behördenunterlagen können sich aus unterschiedlichen Rechtsquellen ergeben:

a. Landesrecht

In einigen Bundesländern existieren spezielle Regelungen über den Zugang zu behördlichen Unterlagen.
So hat **Brandenburg** in seiner Landesverfassung in Artikel 21 (Recht auf politische Mitgestaltung) ein Akteneinsichtsrecht in den Verfassungsrang erhoben:
> "Jeder hat nach Maßgabe des Gesetzes das Recht auf Einsicht in Akten und
> sonstige amtliche Unterlagen der Behörden und Verwaltungseinrichtungen
> des Landes und der Kommunen, soweit nicht überwiegende öffentliche
> oder private Interessen entgegenstehen" (Art. 21 Abs. 4 BbgVerf).

Für "Bürgerinitiativen und Verbände zur Beeinflussung öffentlicher Angelegenheiten" normiert die Landesverfassung darüber hinaus ein allgemeines "Recht auf Information durch alle staatlichen und kommunalen Stellen" (Art. 21 Abs. 3 BbgVerf).

Für beide Rechte fehlen bisher die erforderlichen Ausführungsgesetze.

In **Baden-Württemberg** enthält das Bodenschutzgesetz in 18 Abs. 2 ein allgemeines gebühren-
pflichtiges Auskunftsrecht über bestimmte Daten der zentral für das Land einzurichtenden
Bodendatenbank ("Jeder erhält auf Antrag Auskunft über Daten zur Bodenbeschaffenheit und zu
Bodenbelastungen, die in der Bodendatenbank geführt werden"). Das Recht besteht nicht bei
unklarer Antragstellung, bei zu befürchtender Störung der öffentlichen Sicherheit und Ordnung
sowie bei offensichtlichem Mißbrauch. Ein Akteneinsichtsrecht besteht nicht (dazu: Ziegler,
Datenschutz und Informationsinteresse am Beispiel der Bodendatenbank, in: Neue Zeitschrift für
Verwaltungsrecht 1993, S. 347).

In anderen Bundesländern (z.B. Hessen, Sachsen-Anhalt, Schleswig-Holstein) befinden sich Landes-
Informationsgesetze bzw. Akteneinsichtsgesetze in der parlamentarischen Beratung. In zahlreichen
Bundesländern enthalten die Landeswassergesetze ein Einsichtsrecht in das bei der Wasserbehörde
zu führende Wasserbuch (§37 WHG), sofern ein berechtigtes Interesse an der Einsicht dargelegt
wird.

b.   Bundesrecht

Ein allgemeines Akteneinsichtsrecht in Behördenakten ergibt sich für Betroffenen in laufenden
Verwaltungsverfahren aus 29 Abs.1 Verwaltungsverfahrensgesetz
(VwVfG):

> "Die Behörde hat den Beteiligten Einsicht in die das Verfahren betreffenden Akten zu
> gestatten, soweit deren Kenntnis zur Geltendmachung oder Verteidigung ihrer rechtli-
> chen Interessen erforderlich ist.".

Die Akteneinsicht darf allerdings nicht zu einer Beeinträchtigung der Behördenarbeit führen und
kann versagt werden

> "soweit die Vorgänge nach einem Gesetz oder ihrem Wesen nach, namentlich wegen der
> berechtigten Interessen der Beteiligten oder dritter Personen, geheimgehalten werden
> müssen" (§29 Abs. 2 VwVfG).

Diese Einschränkung ist von erheblicher praktischer Bedeutung, da von betroffenen
Industrieunternehmen immer wieder versucht wird, Schadstoffemissionen und andere umweltrelevante
Daten vollständig diesem Geheimnisschutz zu unterwerfen.
Die Betriebs- und Geschäftsgeheimnisse eines Unternehmens werden zusätzlich ausdrücklich durch
§30 VwVfG geschützt. Die Betriebs- und Geschäftsgeheimnisse umfassen die auf ein bestimmtes
Unternehmen bezogenen, in betriebstechnischer bzw. kaufmännischer Hinsicht geheimen Tatsa-
chen, die sich auf dessen Teilnahme am Wirtschaftsverkehr beziehen. Zu ihnen zählen
Geschäftsverbindungen, Ertragslage, Kreditwürdigkeit, Kalkulationsunterlagen,
Produktionsverfahren, Vertriebssysteme, Entwicklungs- und Forschungsprojekte, Marktstrategien
und Kundenlisten (so Obermayer, Kommentar zum VwVfG, 2.Aufl.1990, 30 Rdnr. 28).
Umweltrelevante Daten fallen nur ausnahmsweise unter diesen Geheimnisschutz, so etwa, wenn von

den Emissionsdaten oder Abfalldaten aus direkt das geheime Produktionsverfahren ermittelt werden kann.

Veröffentlichungspflichten für umweltrelevante Daten ergeben sich aus einzelnen, zum Teil schwer auffindbaren Umweltvorschriften. So schreibt §18 der 17. BImSchV die Unterrichtung der Öffentlichkeit über Emissionsmessungen an Abfallverbrennungsanlagen vor. 11a der 12. BImSchV (Störfallverordnung) schreibt die Information der Öffentlichkeit über gefährliche Chemieanlagen vor.

c.   Europäisches Recht

Eine völlige Veränderung der rechtlichen Situation ist am 01.01.93 mit dem Ablauf der Umsetzungsfrist für die Informationsrichtlinie der EG eingetreten. Bis zu diesem Tag hätte der deutsche Gesetzgeber diese europäische Richtlinie in ein Gesetz umsetzen müssen. Dies ist nicht geschehen - ein weiterer umweltrechtlicher Sündenfall Deutschlands auf der europäischen Ebene, vergleichbar mit den vorangegangenen Defiziten bei der Umsetzung der UVP-Richtlinie sowie diverser Wasser- und Luftreinhalterichtlinien. Folge dieser Untätigkeit des deutschen Gesetzgebers ist, daß die EG-Richtlinie gemäß der Rechtsprechung des Europäischen Gerichtshofes nun unmittelbar geltendes Recht ist und von allen Behörden direkt angewendet werden muß. Angesichts dieser rechtlichen Einschätzung haben mehrere Landesminister für ihren Zuständigkeitsbereich (z.B. die Umweltminister in Brandenburg, Hessen, Sachsen-Anhalt, Schleswig-Holstein) die Anwendung der EG-Richtlinie per Erlaß angeordnet (siehe als Beispiel den anliegenden Erlaß aus dem Staatsanzeiger Hessen 1992, - S. 3306).

Die EG-Richtlinie über den freien Zugang zu Informationen über die Umwelt gibt jeder Person das Recht, ohne Nachweis eines Interesses freien Zugang zu den bei einer Behörde vorhandenen Informationen über die Umwelt zu verlangen. Die Behörde muß einen entsprechenden Antrag innerhalb von zwei Monaten beantworten. Gegen eine Ablehnung muß Rechtsschutz möglich sein.

Der Rat der Europäischen Gemeinschaften begründet diese Informationsrichtlinie vor allem mit Umweltschutzargumenten. Er erwartet durch die Veröffentlichung von Umweltdaten einen stärkeren öffentlichen Druck für einen verbesserten Umweltschutz und gleichzeitig eine größere wirtschaftliche Angleichung innerhalb der EG, da der freie Zugang zu Umweltdaten dem Umweltdumping innerhalb der Gemeinschaft vorbeugt.

Die EG-Richtlinie ist in der konkreten Ausgestaltung des Einsichtsrechtes sehr offen formuliert. Betriebs- und Geschäftsgeheimnisse beispielsweise "können" vom nationalen Gesetzgeber vom Informationsrecht ausgenommen werden - sie müssen es aber nicht. Auf europäischer Ebene kommt dem Geheimnisschutz daher bei weitem nicht die hohe (verfassungsrechtliche) Bedeutung zu, wie es in Deutschland der Fall ist. Die bisher ergangenen Umsetzungserlasse der Bundesländer machen von der Möglichkeit aber Gebrauch und nehmen Betriebs- und Geschäftsgeheimnisse von dem Informationsrecht aus. (siehe dazu die eingehende Erläuterung in dem anliegenden Erlaß aus Hessen; ausführlich zur EG-Richtlinie: Erichsen, Das Recht auf freien Zugang zu Informationen über die Umwelt, in: Neue Zeitschrift für Verwaltungsrecht, 1992, S. 409).

Erste Erfahrungen mit Anträgen auf Akteneinsicht liegen inzwischen vor. Dabei kristallisiert sich als erstes herausragendes Streitthema die Gebührengestaltung heraus. Das Regierungspräsidium

Darmstadt hat von einer Bürgerinitiative pro Akteneinsicht eine Gebühr von 500 DM verlangt. Das Regierungspräsidium Halle und andere haben eine Gebührenabrechnung nach Zeitaufwand angekündigt und teilweise deutlich gemacht, daß insbesondere die Durchsicht von Behördenakten auf Betriebs- und Geschäftsgeheimnisse einen im voraus nicht kalkulierbaren Aufwand bedeuten würden.

In absehbarer Zeit ist mit Musterverfahren vor den Verwaltungsgerichten zu rechnen. Eine Revolution in der deutschen Verwaltungspraxis bedeutet die Informationsrichtlinie bisher aber eindeutig nicht.

1132

HESSISCHES MINISTERIUM
FÜR UMWELT, ENERGIE UND BUNDESANGELEGENHEITEN

Freier Zugang zu Informationen über die Umwelt

A.

Nachstehend gebe ich die Richtlinie des Rates der Europäischen Gemeinschaften vom 7. Juni 1990 über den freien Zugang zu Informationen über die Umwelt (90/313/EWG) — veröffentlicht im Amtsblatt der Europäischen Gemeinschaften Nr. L 158/56 — bekannt.

Die Richtlinie ist ab 1. Januar 1993 unmittelbar anzuwenden.

Richtlinie des Rates
vom 7. Juni 1990
über den freien Zugang zu Informationen über die Umwelt
(90/313/EWG)

Artikel 1

Ziel dieser Richtlinie ist es, den freien Zugang zu den bei den Behörden vorhandenen Informationen über die Umwelt sowie die Verbreitung dieser Informationen zu gewährleisten und die grundlegenden Voraussetzungen festzulegen, unter denen derartige Informationen zugänglich gemacht werden sollen.

Artikel 2

Im Sinne dieser Richtlinie gelten als

a) „Informationen über die Umwelt" alle in Schrift-, Bild-, Ton- oder DV-Form vorliegenden Informationen über den Zustand der Gewässer, der Luft, des Bodens, der Tier- und Pflanzenwelt und der natürlichen Lebensräume sowie über Tätigkeiten (einschließlich solcher, von denen Belästigungen, wie beispielsweise Lärm, ausgehen) oder Maßnahmen, die diesen Zustand beeinträchtigen oder beeinträchtigen können, und über Tätigkeiten oder Maßnahmen zum Schutz dieser Umweltbereiche einschließlich verwaltungstechnischer Maßnahmen und Programme zum Umweltschutz.

b) „Behörden" die Stellen der öffentlichen Verwaltung, die auf nationaler, regionaler oder lokaler Ebene Aufgaben im Bereich der Umweltpflege wahrnehmen und über diesbezügliche Informationen verfügen, mit Ausnahme der Stellen, die im Rahmen ihrer Rechtsprechungs- oder Gesetzgebungszuständigkeit tätig werden.

Artikel 3

(1) Vorbehaltlich der Absätze 2, 3, und 4 gewährleisten die Mitgliedstaaten, daß die Behörden verpflichtet werden, allen natürlichen oder juristischen Personen auf Antrag ohne Nachweis eines Interesses Informationen über die Umwelt zur Verfügung zu stellen.

Die Mitgliedstaaten legen die praktischen Regeln fest, nach denen derartige Informationen tatsächlich zugänglich gemacht werden.

(2) Die Mitgliedstaaten können vorsehen, daß ein Antrag auf Zugang zu einer derartigen Information abgelehnt wird, wenn diese folgendes berührt:

— die Vertraulichkeit der Beratungen von Behörden, die internationalen Beziehungen und die Landesverteidigung;

— die öffentliche Sicherheit;

— Sachen, die bei Gericht anhängig oder Gegenstand von Ermittlungsverfahren (einschließlich Disziplinarverfahren) sind oder waren oder die Gegenstand von Vorverfahren sind;

— Geschäfts- und Betriebsgeheimnisse einschließlich des geistigen Eigentums;

— die Vertraulichkeit personenbezogener Daten und/oder Akten;

— Unterlagen, die von einem Dritten übermittelt worden sind, der dazu nicht gesetzlich verpflichtet war,

— Informationen, deren Bekanntgabe die Wahrscheinlichkeit einer Schädigung der Umwelt in dem betreffenden Bereich noch erhöhen würde.

Informationen, die sich im Besitz der Behörden befinden, werden auszugsweise übermittelt, sofern es möglich ist, Informationen zu Fragen, die die oben aufgeführten Interessen berühren, auszusondern.

(3) Ein Antrag auf Zugang zu Informationen kann abgelehnt werden, wenn er sich auf die Übermittlung noch nicht abgeschlossener Schriftstücke oder noch nicht aufbereiteter Daten oder interner Mitteilungen bezieht oder wenn der Antrag offensichtlich mißbräuchlich ist oder zu allgemein formuliert ist.

(4) Eine Behörde erteilt dem Antragsteller so bald wie möglich, spätestens jedoch innerhalb von zwei Monaten, eine Antwort. Die Ablehnung eines Antrags auf Information ist zu begründen.

Artikel 4

Eine Person, die der Ansicht ist, daß ihr Informationsersuchen zu Unrecht abgelehnt oder nicht beachtet worden ist, oder die von einer Behörde eine unzulängliche Antwort erhalten hat, kann den Bescheid auf dem Gerichts- oder Verwaltungsweg gemäß der einschlägigen einzelstaatlichen Rechtsordnung anfechten.

Artikel 5

Die Mitgliedstaaten können für die Übermittlung der Informationen eine Gebühr erheben, die jedoch eine angemessene Höhe nicht überschreiten darf.

Artikel 6

Die Mitgliedstaaten ergreifen die erforderlichen Maßnahmen, um sicherzustellen, daß Stellen, die öffentliche Aufgaben im Bereich der Umweltpflege wahrnehmen und die der Aufsicht von Behörden unterstellt sind, die bei ihnen vorliegenden Informationen über die Umwelt unter den Bedingungen der Art. 3, 4 und 5 entweder über die zuständige Behörde oder selbst unmittelbar zugänglich machen.

Artikel 7

Die Mitgliedstaaten ergreifen die erforderlichen Maßnahmen, um der Öffentlichkeit allgemeine Informationen der Umwelt, z. B. durch die regelmäßige Veröffentlichung von Zustandsberichten, zur Verfügung zu stellen.

Artikel 8

Vier Jahre nach dem in Art. 9 Abs. 1 genannten Datum erstatten die Mitgliedstaaten der Kommission Bericht über ihre Erfahrungen; auf dieser Grundlage erstellt die Kommission einen Bericht an das Europäische Parlament und den Rat und fügt ihm etwaige Änderungsvorschläge bei, die sie für zweckmäßig hält.

Artikel 9

(1) Die Mitgliedstaaten erlassen die Rechts- und Verwaltungsvorschriften, die erforderlich sind, um dieser Richtlinie spätestens am 31. Dezember 1992 nachzukommen. Sie setzen die Kommission unverzüglich davon in Kenntnis.

(2) Die Mitgliedstaaten teilen der Kommission den Wortlaut der wichtigsten innerstaatlichen Rechtsvorschriften mit, die sie auf dem unter dieser Richtlinie fallenden Gebiet erlassen.

Artikel 10

Diese Richtlinie ist an die Mitgliedstaaten gerichtet.

B.

Zum Inhalt der Richtlinie gebe ich die folgenden Erläuterungen:

1. **Unmittelbare Geltung der Richtlinie ab 1. Januar 1993**

   Nach der Rechtsprechung des europäischen Gerichtshofs sind alle Vorschriften einer Richtlinie, die hinreichend präzise Regelungen zugunsten Dritter treffen, nach Ablauf der Umsetzungsfrist (31. Dezember 1992) unmittelbar zugunsten derjenigen anwendbar, die aus der Vorschrift Rechte ableiten können. Es ist deshalb davon auszugehen, daß auf der Grundlage von Art. 3 der Richtlinie ab 1. Januar 1993 alle Menschen und juristische Personen des Privatrechts, ohne Nachweis eines Interesses, einen Anspruch auf Informationen über die Umwelt geltend machen können. Für juristische Personen des öffentlichen Rechts verbleibt es bei den bestehenden zwischenbehördlichen Informationsregeln, z. B. der Amtshilfe.

   Hierzu zählen auch Informationen, die sich auf in der Vergangenheit liegende und bereits abgeschlossene Sachverhalte beziehen.

   Eine Verpflichtung zur Beschaffung nicht vorliegender Informationen besteht nicht.

   Dieser Anspruch gilt allerdings nicht uneingeschränkt. Die in Art. 3 Abs. 2 und 3 der Richtlinie enthaltenen Einschränkungen entfalten ebenfalls eine unmittelbare Wirkung. In den dort genannten Fällen kann der Zugang zu Informationen über die Umwelt verwehrt werden.

   Unter Vorverfahren i. S. des 3. Anstrichs in Art. 3 Abs. 2 der Richtlinie sind auch Verwaltungsverfahren zu verstehen, so-

Anlage

47

weit diese durch eine Klage oder einen Antrag im Normenkontrollverfahren überprüft werden können. In Hessen wird bezüglich laufender Verwaltungsverfahren grundsätzlich der volle Zugang zu den Umweltinformationen gewährt; ausgenommen hiervon sind allerdings Verfahren mit Öffentlichkeitsbeteiligung. In Verfahren mit Öffentlichkeitsbeteiligung besteht kein Anspruch hinsichtlich derjenigen Daten, die der Behörde auf Grund von Verfahrenshandlungen der Verfahrensbeteiligten erst mit oder nach Beginn der Verfahren zugehen.

2. Zu Art. 2 — betroffene Dienststellen

Zur Gewährung von Informationen über die Umwelt sind alle hessischen Dienststellen verpflichtet, die Aufgaben des Umweltschutzes zu erfüllen oder bei der Erfüllung ihrer Aufgaben Belange des Umweltschutzes wahrzunehmen haben. Deshalb sind neben den Umweltschutzbehörden im engeren Sinne auch alle Dienstreisen betroffen, die neben ihren sonstigen Fachaufgaben auch Belange des Umweltschutzes mit wahrzunehmen haben. Dies sind z. B. Straßenbaubehörden, Bergämter, Flurbereinigungsbehörden und alle Behörden, die UVP-pflichtige Vorhaben oder solche Vorhaben zulassen, die mit Eingriffen in Natur und Landschaft verbunden sind. Ein Bezug zu umweltbezogenen Aufgaben fehlt, wenn umweltrechtliche Daten ausschließlich zur Verfolgung umweltfremder Ziele gesammelt oder gespeichert werden. Deshalb sind z. B. Hochschulen und Schulen nicht betroffen.

Den Dienststellen stehen natürliche und juristische Personen des Privatrechts gleich, soweit

— sie mit der Wahrnehmung öffentlicher Aufgaben beliehen sind oder

— sich Behörden ihrer zur Erfüllung ihrer öffentlich-rechtlicher Pflichten bedienen und die Umweltdaten bei der Wahrnehmung der übertragenen Aufgaben entstanden sind.

In diesen Fällen besteht der Anspruch auf Zugang zu Umweltinformationen gegenüber denjenigen, die die Beleihung ausgesprochen haben oder eine entsprechende Beauftragung zur Erfüllung öffentlich-rechtlicher Pflichten vorgenommen haben.

Keine Verwaltungsbehörden i. S. der Richtlinie sind

— die Gesetzgebungsorgane des Landes und die obersten Landesbehörden, soweit sie im Rahmen der Gesetzgebung tätig werden,

— Gerichte, Strafverfolgungs-, Bußgeld- und Disziplinarbehörden.

3. Zu Art. 3 Abs. 1 — Auskunftsanspruch oder Akteneinsicht

Durch die Richtlinie ist bestimmt, daß die Mitgliedstaaten die praktischen Regeln, nach denen die Informationen über die Umwelt tatsächlich zugänglich gemacht werden, festlegen. Solange keine gesetzliche Regelung besteht, wird in Hessen der Zugang zur Umweltinformation entweder durch die Erteilung einer Auskunft oder die Einsicht in Umweltakten oder in andere Datenträger mit Umweltinformationen gewährt. Die Ansprüche können auch ergänzend geltend gemacht werden, d. h., nach der Erteilung einer Auskunft kann ein Bürger auch Akteneinsicht verlangen.

Akten sind schriftliche Unterlagen, die Daten über die Umwelt im definierten Sinne enthalten und amtlichen Zwecken dienen.

Es kommt dabei nicht darauf an, ob zufälligerweise Unterlagen in einem Ordner enthalten sind, sondern auf die materielle Qualität der Vorgänge.

Zu den Akten gehören alle Vorgänge, die mit einem bestimmten Lebenssachverhalt im Hinblick auf Umweltauswirkungen im Zusammenhang stehen.

4. Zu Art. 3 Abs. 2 — Ausschluß und Beschränkungen des Anspruchs

Der Anspruch besteht nicht, wenn die in Art. 3 Abs. 2 genannten Voraussetzungen vorliegen.

Hinsichtlich zu schützender personenbezogener Daten und Betriebs- und Geschäftsgeheimnisse weise ich auf folgendes hin:

a) Ein Anspruch ist nicht ausgeschlossen, wenn der Zugang zu Informationen über die Umwelt unvermeidbar mit der Offenbarung des Namens, des Berufs, der Branchen- oder Geschäftsbezeichnung der Verursacher einer Umweltbeeinträchtigung verbunden ist, es sei denn, daß besonders schutzwürdige Interessen der Verursacher überwiegen. Dies ist durch eine Abwägung im Einzelfall zu ermitteln.

Diese Regelung dient dem Schutz der informationellen Selbstbestimmung. Nach der Rechtsprechung des Bundesverfassungsgerichts (BVerfGE 65/1–41 ff.—) wird das Recht auf informationelle Selbstbestimmung nicht schrankenlos geschützt. Es kann im überwiegenden allgemeinen Interesse eingeschränkt werden. Durch den Bezug auf „schutzwürdige Interessen des Betroffenen" wird dem Grundsatz der Verhältnismäßigkeit entsprochen.

Ob entsprechende Belange dem Informationsanspruch entgegenstehen, kann wegen der Vielfältigkeit der in Betracht kommenden Situation nicht allgemein geregelt werden und ist daher durch eine Abwägung im Einzelfall zu ermitteln.

b) In Anlehnung an § 17 UWG liegt nach allgemeiner Auffassung ein Betriebs- und Geschäftsgeheimnis (vgl. § 30 WvVfG) dann vor, wenn Tatsachen, die im Zusammenhang mit einem wirtschaftlichen Geschäftsbetrieb stehen, nur einem begrenzten Personenkreis bekannt sind und nach dem Willen der Geschäftsinhaber geheimgehalten werden sollen.

Darüber hinaus ist erforderlich, daß ein berechtigtes Interesse der Geschäftsinhaber anzuerkennen ist. Ob ein Betriebs- oder Geschäftsgeheimnis betroffen ist, ist anhand der Besonderheit des jeweils betroffenen Sach- oder Rechtsgebietes im Einzelfall zu bestimmen.

Es ist kein absoluter Schutz der fraglichen Geheimnisse geboten. Dementsprechend wird nur die „unbefugte" Offenbarung von Betriebs- und Geschäftsgeheimnissen ausgeschlossen. Eine „befugte" Offenbarung der Geheimnisse kann erfolgen, wenn der Betroffene zustimmt oder eine Offenbarung wegen überwiegender anderer Belange zulässig ist. Für die Frage, wann eine Offenbarung „befugt" erfolgen kann, ist auf die Grundsätze zum Schutz von Betriebs- und Geschäftsgeheimnissen, die für spezialgesetzliche Bereiche entwickelt worden sind, zum Beispiel im Immissionsschutz- und Chemikalienrecht oder in § 30 Abs. 2 Nr. 2, Abs. 4, 5 und 6 AO, zurückzugreifen.

Insbesondere das Chemikaliengesetz enthält besondere Vorschriften über die Ausgestaltung des Schutzes von Betriebs- und Geschäftsgeheimnissen und zur Beschränkung der Verwendung von Daten im Geheimhaltungsinteresse (§ 22 Abs. 1 Nr. 2 und 3, Abs. 2 und Abs. 3, § 16 e Abs. 4 ChemG).

Diese spezialrechtlichen Vorschriften zum Schutze von Betriebs- und Geschäftsgeheimnissen und zur Zweckbindung von Daten bleiben unberührt.

Emissions- oder Immissionsdaten können schutzwürdige Betriebsgeheimnisse nur darstellen, wenn durch deren Bekanntgabe Rückschlüsse auf nicht allgemein bekannte Produktionsverfahren möglich sind.

Im Zweifel sind die Betroffenen vor einer Entscheidung über die Offenbarung von Geheimnissen anzuhören, um sicherzustellen, daß aus Angaben keine Rückschlüsse auf Betriebs- oder Geschäftsgeheimnisse gezogen werden können, an deren Schutz das Unternehmen ein überwiegendes Interesse besitzt.

5. Drittbetroffenheit

Wenn Zugangsanträge Rechte Dritter (z. B. Geschäfts- oder Betriebsgeheimnisse) berühren können, sind diese Dritten anzuhören. Wenn sich bei der Prüfung der Stellungnahme der Dritten herausstellt, daß sie unberechtigte Rechtsverletzungen geltend machen und die Daten deshalb nach Auffassung der Behörde zugänglich gemacht werden können, werden die Dritten vom Bescheid an die Antragsteller benachrichtigt. Der Vollzug der für Antragsteller begünstigenden Verwaltungsakte ist bis zum Ablauf der für Dritte geltenden Widerspruchsfrist auszusetzen oder die sofortige Vollziehung anzuordnen.

6. Zu Art. 3 Abs. 3

Ein Antrag kann abgelehnt werden, wenn er sich auf Schriftstücke bezieht, die der Vorbereitung von Berichten, Stellungnahmen, Gutachten, Analysen u. ä. Äußerungen dienen. Zugang ist zu gewähren, wenn die Schriftstücke abgeschlossen sind. Sie gelten als abgeschlossen, sobald sie von den Verfassern unterschrieben sind.

Der Zugang zu Informationen über die Umwelt, die der Behörde ohne rechtliche Verpflichtung mitgeteilt werden, dürfen nur mit Zustimmung der Mitteilenden gewährt werden.

Dies gilt nicht für Informationen, die Dritte der Behörde im Zusammenhang mit einem Antrag oder einer gesetzlich vorgeschriebenen Anzeige zu übermitteln haben.

Im Antrag müssen Art und Umfang der gewünschten Informationen bezeichnet sein.

48

Anlage

Bei mißbräuchlichen oder zu allgemein formulierten Anträgen
sind die allgemeinen Grundsätze des Verwaltungsverfahrens-
rechts heranzuziehen.

7. Zu Art. 3 Abs. 4 — Zwei-Monats-Frist

Die Zwei-Monats-Frist ist zwingend und geht den Regelungen
nach § 75 der Verwaltungsgerichtsordnung vor. Abweichungen gelten in Fällen der Drittbetroffenheit.

8. Zu Art. 4 — Entscheidung

Ablehnungen von Anträgen erfolgen durch Verwaltungsakte,
die mit Rechtsmittelbelehrung zu versehen sind.

9. Zu Art. 5 — Gebühren

Nach der Anlage zur Allgemeinen Verwaltungskostenordnung
vom 16. Dezember 1991 (GVBl. I S. 424) sind Gebühren nach
Zeitaufwand zu erheben. Hinzu kommt die Erstattung von
Auslagen (z. B. für Fotokopien je Seite 0,20 DM) Antragsteller
sind auf die entstehenden Gebühren hinzuweisen.

10. Richtigkeit von Daten

Bei einer Auskunft oder einer Zurverfügungstellung von Infor-
mationsträgern ist die Behörde nicht verpflichtet, die inhaltliche Richtigkeit der Daten zu überprüfen.

Soweit Anhaltspunkte für die Unrichtigkeit von Daten bekannt sind, ist hierauf hinzuweisen.

11. Antragsverfahren

Der Zugang zu Informationen ist nur auf schriftlichen Antrag
hin zu gewähren.

Der Antrag soll bei der jeweils zuständigen Dienststelle gestellt werden. Ist eine Dienststelle nicht zuständig, hat sie die
zuständige Dienststelle zu ermitteln und diese den Antragstellern zu benennen.

Im Antrag ist zu beschreiben, welche Umweltinformationen
begehrt werden. Des weiteren soll angegeben werden, ob Akteneinsicht oder schriftliche Auskünfte gewünscht werden.

Tangiert der Antrag Betriebs- und Geschäftsgeheimnisse oder
personenbezogene Daten, sind die Antragsteller in der Regel
unverzüglich darauf hinzuweisen und unter Fristsetzung um
Mitteilung zu bitten, ob auch Zugang zu diesen Daten gewünscht wird. Gleichzeitig ist zu empfehlen, das Interesse an
der Bekanntgabe dieser Daten darzulegen, um diese Belange in
die ggf. zu treffende Güterabwägung einbeziehen zu können.

Betrifft der Antrag auch den Zugang zu Betriebs- und Geschäftsgeheimnissen oder zu personenbezogenen Daten, kann
ein abweichender Entscheidungszeitraum festgelegt werden.
Antragsteller sind entsprechend zu informieren.

Wird der Zugang zu Umweltinformationen durch Akteneinsicht gewährt, sind zuvor zu schützende Daten unkenntlich zu
machen.

Hierzu sind die Originalvorgänge zu kopieren. In den Kopien
sind die zu schützenden Daten zu schwärzen.

Wird der Zugang über eine behördliche Auskunft gewährt,
sind zu schützende Daten wegzulassen.

Einsicht in Unterlagen erfolgt grundsätzlich in den Diensträu-
men der zuständigen Dienststelle. Die Dienststelle ist verpflichtet, den Antragstellern ausreichende räumliche und
sachliche Möglichkeiten zur Erlangung der Umweltinformationen zur Verfügung zu stellen.

Die Anfertigung von Notizen ist gestattet.

Auf Verlangen sind den Antragstellern Ablichtungen zur Verfügung zu stellen.

Sofern berechtigterweise die Einsicht von Daten begehrt wird,
die auf Magnetbändern oder anderen Datenträgern der automatischen Datenverarbeitung gespeichert sind, ist den Antragstellern ein lesbarer Ausdruck zu fertigen. Hiervon können
Ablichtungen verlangt werden.

12. Geltungsbereich

Dieser Erlaß gilt für alle dem Hessischen Ministerium für
Umwelt, Energie und Bundesangelegenheiten nachgeordneten
Behörden.

Anderen Dienststellen des Landes und den Gemeinden und
Gemeindeverbänden — soweit bei ihnen Informationen über
die Umwelt vorhanden sind — wird eine entsprechende Anwendung des Erlasses empfohlen.

Wiesbaden, 14. Dezember 1992

**Hessisches Ministerium für Umwelt,
Energie und Bundesangelegenheiten**
I B 1 — 70 16 — 11/92
— Gült.-Verz. 89 —

StAnz. 52/1992 S. 3306

Anlage

Optimierung EDV-gestützter Informations- und Datenverarbeitung unter vorrangigem Einsatz von Standardsoftware - Fallbeispiel aus dem Bereich Ingenieurgeologie

Dipl.-Math. Hermann A. Bumb
Dipl.-Geol. Frank Hirschberger

1. Einführung

Am Beispiel der Hydrodata GmbH als Dienstleistungsunternehmen aus dem Bereich "Erkundung und Sanierung von Boden-, Bodenluft- und Grundwasserverunreinigungen" wird die Optimierung firmeninterner Betriebsabläufe durch den gezielten Einsatz von Standardsoftware in Verbindung mit Branchensoftware erläutert.

Seit Beginn des Jahres 1993 besteht eine Supportvereinbarung zwischen der OVID GmbH und der Hydrodata GmbH, die eine Unterstützung der Hydrodata GmbH seitens der OVID GmbH bei der Erweiterung der Hard- und Softwareausstattung sowie deren Nutzung beinhaltet.

Bedingt durch die Tatsache, daß sämtliche Projekte der Firma Hydrodata auf Objekten mit flächenhaftem Charakter (Grundstücke, Gebiete) basieren, spielt die Verarbeitung von grafischen Daten bzw. die Umsetzung und Integration von Zahleninformationen in grafische Informationen eine große Rolle.

Statt eine GIS (Geografische Informations Software) oder eine reine Branchenlösung, die zwar einerseits sehr leistungsfähig, andererseits aber auch sehr teuer hinsichtlich Anschaffung, Einarbeitung und Aufrechterhaltung des Wissensstands ist, zum Einsatz zu bringen, hat man sich für die Standard-Software Corel Draw (in der Version 3.0) entschieden.

Corel Draw wird als Integrationsbasis für verschiedene Module, die grafische Informationen liefern, genutzt und hat neben der einfachen Bedienbarkeit (Windows-Standard) und der weiten Verbreitung die Vorteile eines kaum zu überbietenden Preis-Leistungs-Verhältnisses sowie hoher Flexibilität.

2.   Kurzportrait der OVID GmbH

Die OVID-GmbH unterstützt als Beratungsgesellschaft für optimierte Verfahren der Informations- und Datentechnik ihre Klienten bei der computergestützten Optimierung von betriebsinternen Organisationsstrukturen.

Einen Schwerpunkt der Dienstleistungen der OVID GmbH als Unternehmen der CERES-Gruppe, bildet hierbei die Konzipierung und Realisierung von Informations- und Datenbanksystemen im - Bereich der Geo- und Ingenieurwissenschaften.

Die «OVID Beratungsgesellschaft für optimierte Verfahren der Informations- und Datentechnik mbH» wurde im Februar 1993 als Tochtergesellschaft der CERES UmweltTechnologie GmbH gegründet.

Hauptzielsetzung der Tätigkeit von OVID ist die Optimierung von Betriebsabläufen durch

- physikalische und logische Vernetzung,
- Erhöhung der EDV-Akzeptanz seitens der Anwender,
- Optimierung vorhandener Hard- und Software-Ressourcen.

Für weitere Informationen wird auf die Charts Nr. 1-2 verwiesen.

Chart Nr.1

OVID Beratungsgesellschaft mbH

Konzepte und strategischer Ansatz

- Der Einsatz moderner Daten- und Informations-Technologien ist kein Selbstzweck, sondern soll die Produktivität und Wettbewerbsfähigkeit unserer Klienten erhöhen.

- Für uns steht die langfristige Betreuung und Beratung unserer Klienten auch nach dem Abschluß des eigentlichen Projektes im Vordergrund.

- Basis bildet der Bedarf des Kunden, vorhandene Einrichtungen sowie gewachsene Strukturen werden angemessen berücksichtigt.

- Wann immer es möglich und wirtschaftlich vertretbar ist, werden Insellösungen abgebaut bzw. integriert.

- Wann immer es möglich ist, werden offene, modular aufgebaute Standardsysteme eingesetzt. Dies gilt sowohl für Hard- als auch für Software.

- Oft lassen sich mit relativ kleinen Modifikationen bedeutende Verbesserungen erzielen. Diese erhalten immer den Vorzug vor spektakuläreren (und teureren) Lösungen.

ovid

Chart Nr. 2

3.   Kurzportrait der Hydrodata GmbH

Die HYDRODATA GmbH ist ein Dienstleistungsunternehmen für Geo- und Umwelttechnik und wurde im Jahre 1985 gegründet. Das Unternehmen beschäftigt 30 Mitarbeiter, die in der Zentrale in Oberursel und in Filialen in Berlin und München mit der Bearbeitung von Projekten beschäftigt sind.

Die Schwerpunkte der Tätigkeit der Hydrodata GmbH liegen im Bereich der Erkundung und -
Sanierung von Boden-, Bodenluft- und Grundwasserverunreinigungen sowie der Projektplanung
und des Projektmanagements.

Für weitere Informationen wird auf die Charts Nr. 3-5 verwiesen.

HYDRODATA GmbH

Dienstleistungsunternehmen für Geo- und Umwelttechnik

- Erkundung von Boden-, Bodenluft- und Grundwasserverunreinigungen

- Sanierung von Boden-, Bodenluft- und Grundwasserverunreinigungen

- Probenahmen, Laborleistungen

- Lieferung, Installation, Betrieb von Sanierungsanlagen zur Boden-, Bodenluft- und Grundwasserreinigung

- Projektplanung, Projektmanagement

- Immobilientransfer-Analysen

- Umweltrisiko-Analysen

ovid

Chart Nr. 3

HYDRODATA GmbH

Dienstleistungsunternehmen für
Geo- und Umwelttechnik

- Gründungsjahr: 1985
- Mitarbeiter: 30
- Hauptsitz: Oberursel
- Filialen: Berlin, München
- Tätigkeitsbereich: bundesweit
- Standardsoftware (Nutzungsanteil ca. 90%):
    - Windows für Workgroups
    - Word für Windows 2.B
    - Paradox für Windows 1.0
    - Quattro Pro für Windows 1.0
    - CorelDraw 3.0
    - Excel 4.0
    - MS-Project 3.0
    - Autosketch
- Spezialsoftware (Nutzungsanteil ca. 10%):
    - AQTESOLV 1.1
    - QUICKFLOW 1.0
    - Surfer 4.13
    - MWplan

ovid

Chart Nr. 4

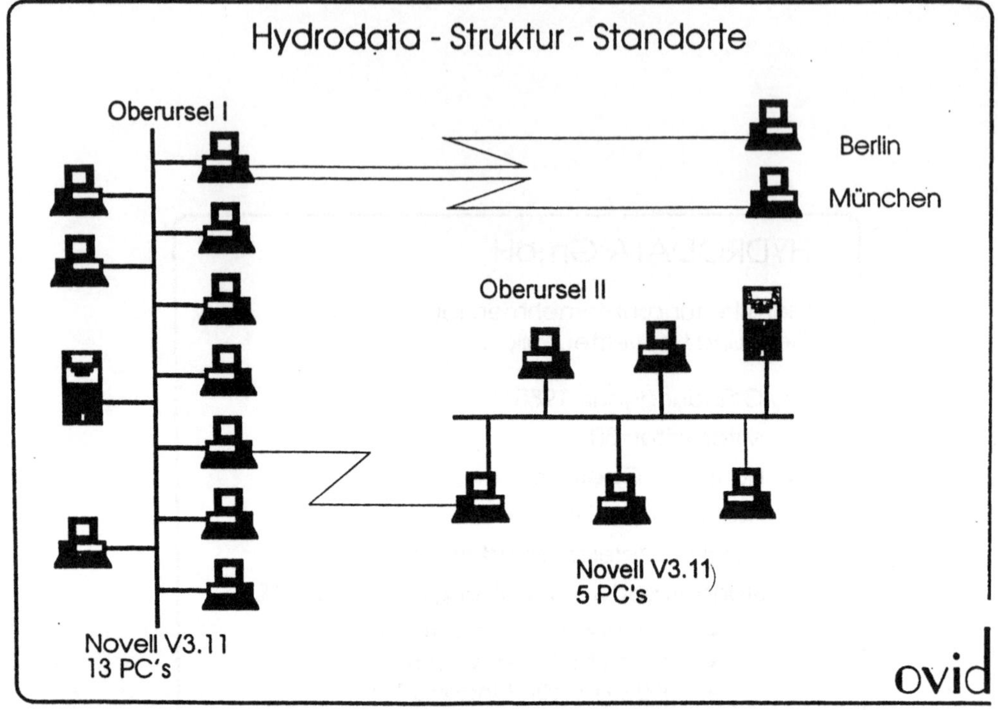

Chart Nr. 5

4.   Projektzielsetzung und Arbeitsansatz

Vor Beginn der Arbeiten wurde eine Bestandsaufnahme der EDV-spezifischen Firmenorganisation durchgeführt. Die zu bearbeitenden Teilaspekte wurden in Form eines mandantenspezifischen Pflichtenheftes zusammengefaßt und mit einer vorgeschalteten Kosten-/Nutzenanalyse hinterlegt.

Eine der Basisanforderungen, die sich aus der Wünschen der Hydrodata GmbH ergeben, ist die Integration einzelner Programme in eine von allen Mitarbeitern zu nutzende Hard- und Softwareplattform (Vernetzung, einheitliche grafische Benutzeroberfläche).

56

Besondere Bedeutung kommt der Verarbeitung grafischer Informationen vor allem hinsichtlich Dokumentation und Präsentation zu. Deshalb sollen die diesbezüglichen Verfahren und Werkzeuge ergänzt und optimiert werden, und zwar unter den Prämissen:

- Straffung der Abläufe
- Abbau von Redundanzen
- Reduktion von Fehlerquellen
- Nutzung vorhandener Resourcen
- leichte Erlernbarkeit
    Verbesserung der Qualität

5.   Ist-Analyse

Die Arbeitsbereiche, in denen PCs eingesetzt werden, lassen sich in drei Kategorien aufteilen:

- kaufmännischer Bereich
- allgemeine Korrespondenz und Kommunikation
- produktiver Bereich

Wir beschränken uns auf die Darstellung des dritten Punktes, des produktiven Bereiches, und setzen dort den Schwerpunkt auf die grafische Datenverarbeitung.

Mit Blick auf den PC-Einsatz läßt sich die typische Projektabwicklung schematisch wie folgt darstellen:

Erkundung:

- geografische Erfassung des Grundstücks - Lageplan
- Definition, Einrichtung und Dokumentation von Meßstellen
- Probenahme an den verschiedenen Meßstellen
- Laboranalysen
- Auswertung der Meß- und Labordaten, Zuordnung zum Lageplan
- Zwischenberichte
- Modellrechnungen zur Schadstoffverteilung, zu Pumpversuchen
- hydrogeologisches Gutachten, Sanierungskonzept

Sanierung:

- Definition, Einrichtung und Dokumentation von Sanierungsbrunnen
- Überwachung des Sanierungserfolgs durch regelmäßige Probenahmen
- Laboranalysen
- Auswertung der Meß- und Labordaten, Zuordnung zum Lageplan
- Zwischenberichte
- Darstellung der zeitlichen Entwicklung, Sanierungsfortschritt
- Abschlußgutachten

Hinzu kommt die Projektverfolgung hinsichtlich Terminplanung und Kosten. Alle diese Aufgaben werden mit den auf Chart Nr. 4 aufgeführten Software-Paketen abgewickelt. Besonders beachtenswert ist die Aufteilung der Nutzungsintensität von mehr als 90% zugunsten der Standard-Software gegenüber einem Anteil von weniger als 10% bei den Spezialpaketen.

## 6.	Grafische Datenverarbeitung mit der Standardsoftware Corel Draw

Die Verarbeitung grafischer Daten bzw. die Verarbeitung von (Zahlen-)Informationen zu grafischen Informationen zieht sich wie ein roter Faden durch die Projektarbeit. Ihre Bedeutung kommt dadurch zustande, daß in praktisch jeder Phase eines Projektes flächenhaft verteilte Sachverhalte zu erfassen, zu interpretieren und darzustellen sind.

Zum Zeitpunkt des Beginns unserer Beratungstätigkeit für die Firma Hydrodata fanden wir folgende Situation in diesem Bereich vor:

- Der Lageplan eines zu untersuchenden Grundstücks wird mit Hilfe eines Scanners digitalisiert.
- Das so erhaltene Rasterbild (Bitmap) wird mit der Scanner-Software überarbeitet, Text und überflüssige Informationen werden entfernt.
- Das Rasterbild wird im sogenannten TIFF-Format gespeichert.
- Das Rasterbild wird als TIFF-Format in eine Corel Draw Grafik importiert und bildet den Grundplan einer Vektorgrafik.
- Meßstellen, Texte, Legende usw. werden unter Verwendung einer Symbol-Bibliothek ergänzt.

- Parallel dazu werden mit anderen Programmen Isolinienkarten erzeugt, Modellrechnungen zu Strömungsverhältnissen (Stromlinien- und Potentiallinien-Darstellungen) ausgeführt, Meßreihen erfaßt sowie Pumpversuche simuliert.
- Hierbei werden Lagedaten grundsätzlich in die jeweiligen Module erneut eingegeben, oft verbunden mit aufwendigen Maßstabsumrechnungen.
- Die Ausgabe auf den Drucker erfolgt aus dem jeweiligen Modul heraus. Eine Zusammenführung (Überlagerung) der verschiedenen Grafiken wird mit dem Kopieren auf Transparentfolie ermöglicht.

Ansatz zur Optimierung der Arbeitsabläufe bildet die Tatsache, daß sämtliche eingesetzte Spezialprogramme, die grafischen Output erzeugen, diesen auch in Dateien im HPGL-Format oder im DXF-Format (Erläuterung siehe Chart Nr. 7) ausgeben können und daß Corel Draw diese Formate in seine Grafiken übernehmen kann. Hierbei ist zu erwähnen, daß die bei dem Originalpaket mitgelieferten Importfilter gerade für diese Formate fehlerhaft waren. Erst neuere Versionen, die beim Hersteller direkt zu beziehen sind, arbeiten ordnungsgemäß.

Weiterhin ist von grundlegender Bedeutung für die Verwendbarkeit von Corel Draw die von CAD-Programmen her bekannte sogenannte Layertechnik:

Eine Corel Draw Grafik läßt sich auf verschiedene Ebenen aufteilen, die beliebig ein- und ausgeblendet sowie zur Verarbeitung gesperrt oder freigegeben werden können.

Umgekehrt lassen sich die verschiedenen zusammenzuführenden Objekte

- Lageplan als Rasterbild Chart Nr. 9
- reduzierter Lageplan als Vektorgrafik Chart Nr. 10
- Meßstellen verschiedener Kategorien Chart Nr. 10
- Grundwassergleichen (Isolinien)   Chart Nr. 10
- diverse Schadstoffverteilungen (Isolinien) Chart Nr. 11
- Ergebnisse von Modellrechnungen (Stromlinien) Chart Nr. 12

auf unterschiedlichen Ebenen plazieren und je nach Bedarf in beliebiger Kombination überlagert darstellen. Unterschiedliche Sichten auf das Projekt sind in einem einzigen Dokument gespeichert und lassen sich über dieses eine Dokument jederzeit abrufen.

Der dritte hier zu erwähnende Ansatzpunkt für Optimierungsmöglichkeiten ist durch die Möglichkeit gegeben, auch Teile einer Corel Draw Grafik im DXF- und im HPGL-Format zu exportieren. Diese Formate können direkt bzw. nach einer geeigneten Konvertierung in die Module zur Isolinienberechnung und zur Grundwassermodellierung als grafische Basisdaten eingelesen werden, so daß redundante Dateneingabe und die damit verbundene Fehlerträchtigkeit sowie umständliche und zeitaufwendige Skalierungsmaßnahmen vermieden werden.

Eine schematische Darstellung der beschriebenen Abläufe befindet sich auf Chart Nr. 6.

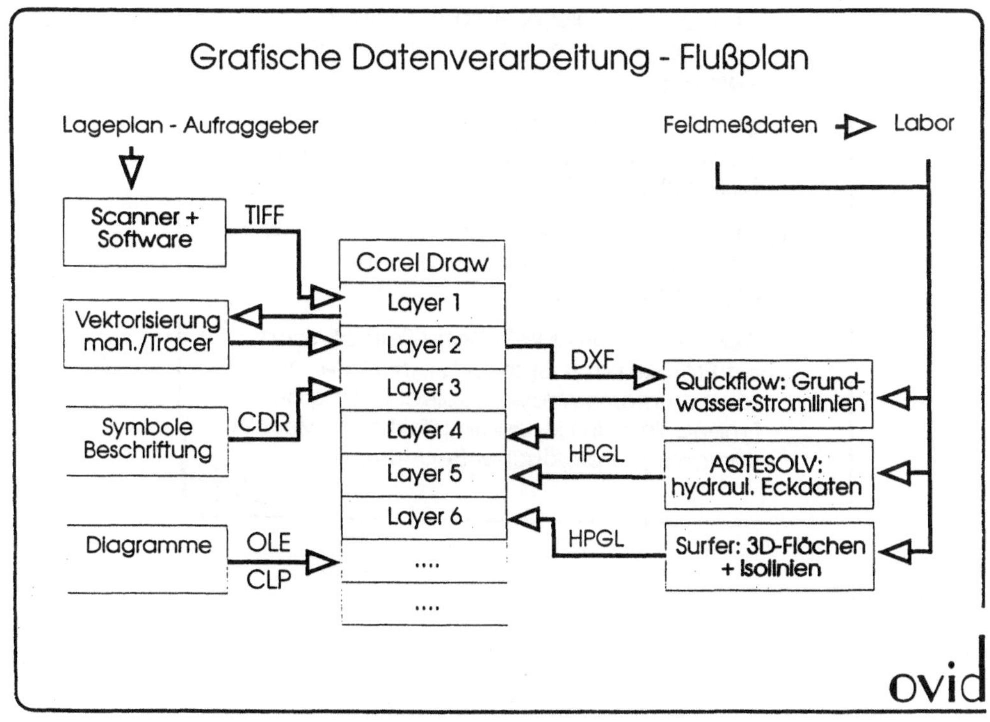

Chart Nr. 6

Datenaustausch - Standardformate

Grafik-Bereich

- **HPGL** - Plotter-Language, Textdatei, die den HP-Plotter steuert und mittlerweile von zahlreichen Programmen "verstanden" wird. Manipulationen lassen sich mit einem beliebigen ASCII-Text-Editor vornehmen.

- **DXF** - Datenaustauschformat vom Marktführer für CAD-Anwendungen im PC-Bereich, Autodesk (AutoCAD, AutoSketch), ebenfalls eine reine Text-Datei.

- **TIFF** - weitverbreitetes binäres Format für Bitmaps, d.h. pixel-orientierte Grafiken. Es gibt eine komprimierte und eine unkomprimierte Variante.

- **CDR** - CorelDraw-eigenes Datenformat, wird praktisch nicht zum Austausch zwischen verschiedenen Programmen genutzt.

- **CLP** - kein Datei-Format, steht hier für den Datenaustausch über das Windows-Clipboard.

- **OLE** - ebenfalls kein Datei-Format, sondern ein Protokoll bzw. Standard zum Datenaustausch unter Windows, "Object Linking or Embedding", in der augenblicklichen Version von geringer praktischer Bedeutung.

ovid

Chart Nr. 7

Projektierung
siehe Lageplan M. 1:500
bebaut mit Lager
Kesselhaus
Fl. 33
Gattenhöfer Weg

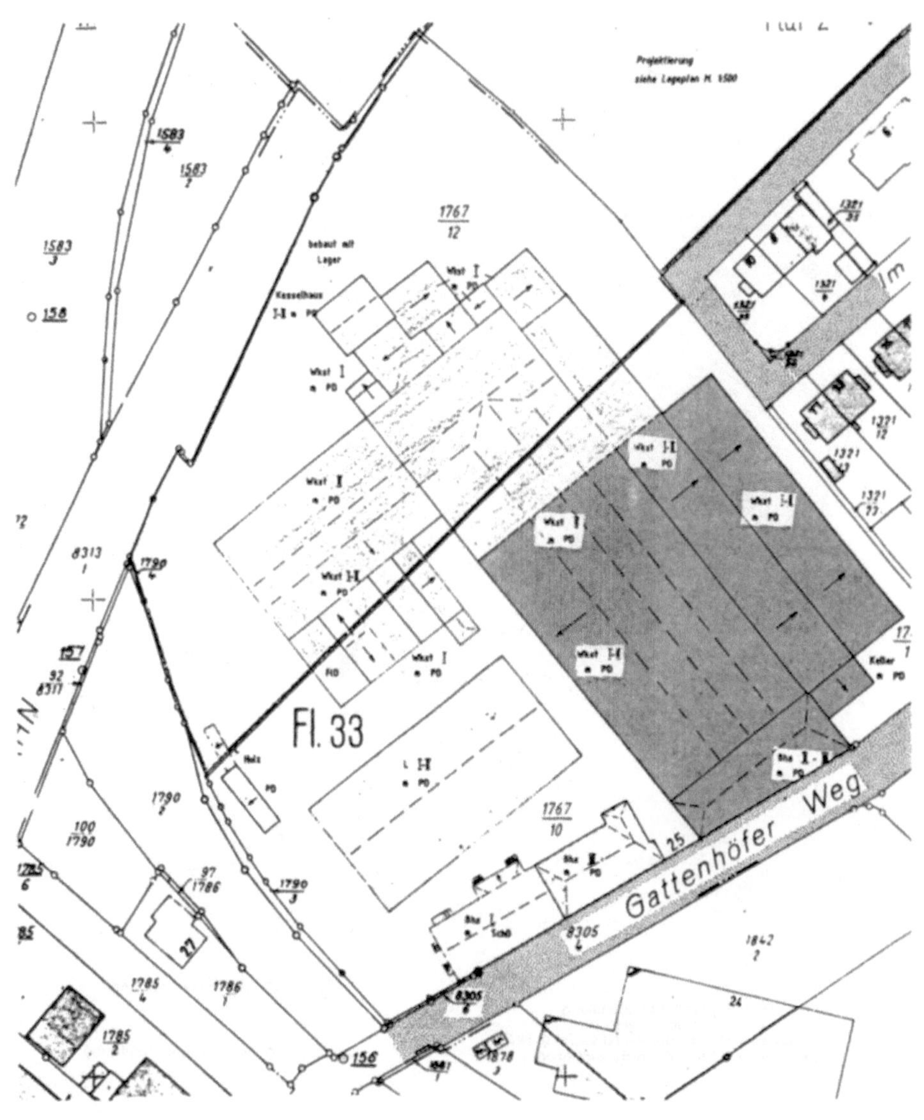

Chart Nr. 9

P 5
P 9
178.000
178.800
178.800
178.200
P 8
178.200
178.600
BR 1
P 6
P 4
178.200
177.800
177.800
178.200
P 3
177.800
P 7
177.400
P 2
P 1
Grundwassermeßstelle
Grundwasserfließrichtung
Rechnergestützte Darstellung
der Grundwassergleichen
Grundwasserstände vom 27.10.92 [m ü. NN]
Meßstellen P 3 und P 4 nicht einbezogen

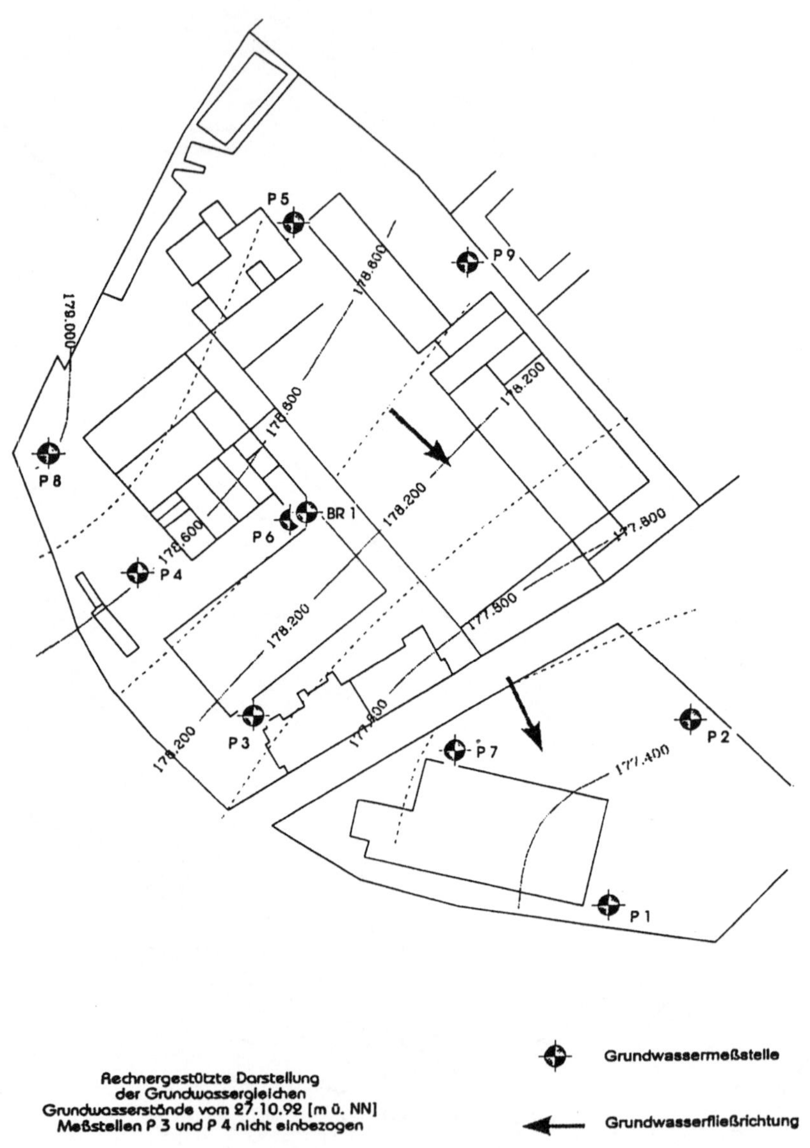

Chart Nr. 10

Gelände Fa. Muster
Im Garten
Bahndamm
Bahneinschnitt
Zeilerallee
P 5
P 9
P 8
P 6
BR 1
P 4
P 3
P 7
P 2
P 1
0   10   20   30   40   50 m
HYDRODATA GmbH
61440 Oberursel
06171 / 6892 0
Lageplan
Grundwassermeßstelle
Projekt-Nr. : 93034
Projekt   :
N

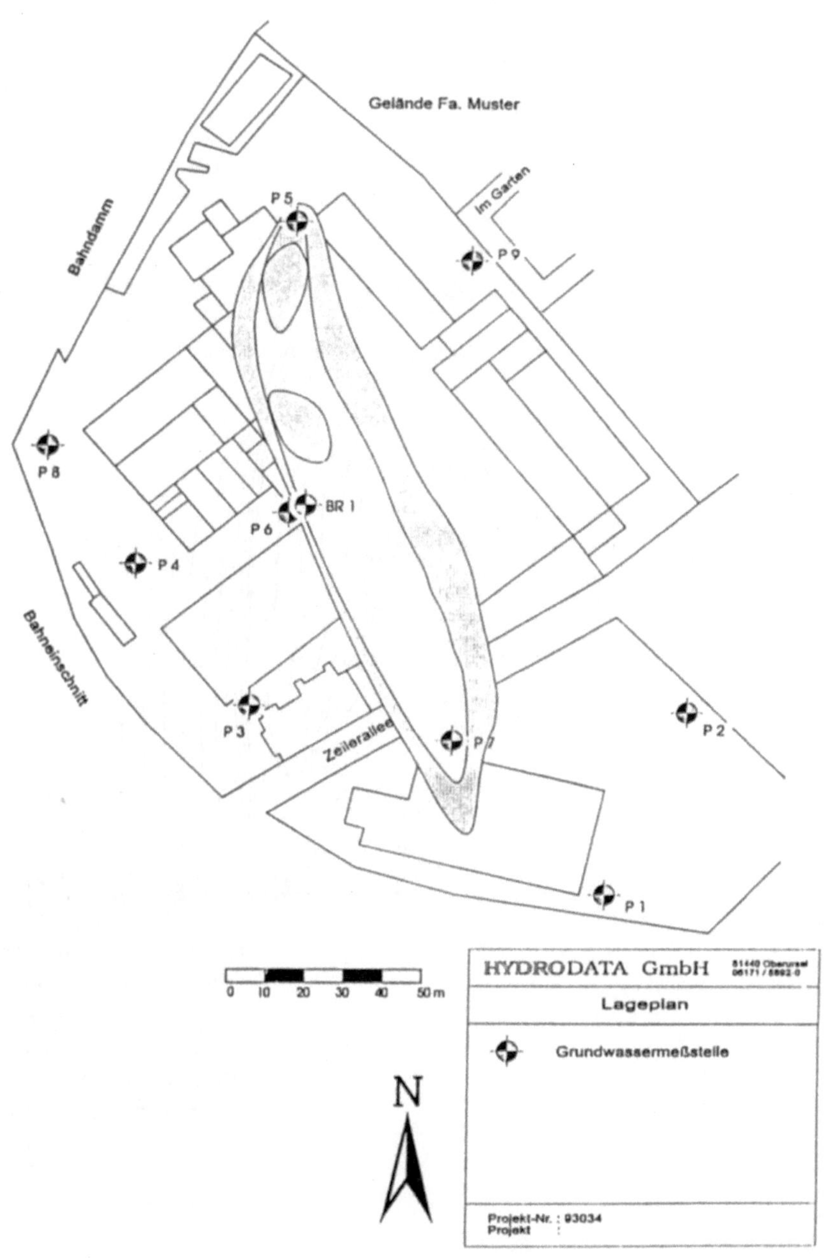

Chart Nr. 11

P 5
P 9
P 8
BR 1
P 6
P 4
P 3
P 7
P 2
P 1
HYDRODATA GmbH   61440 Oberursel 06171 / 5892-0
Grundwassermodellrechnung
Modellrechnung zur Optimierung einer
hydraulischen Abwehrmaßnahme
GRUNDWASSERSTRÖMUNGSLINIEN
angenommene Fördermenge
je Brunnen 0,3 m³/h
Sonstige Modellbasisdaten sind dem
Textteil des Sanierungsplanes zu entnehmen
Grundwassersanierungsbrunnen
Projekt-Nr. :
Projekt   :

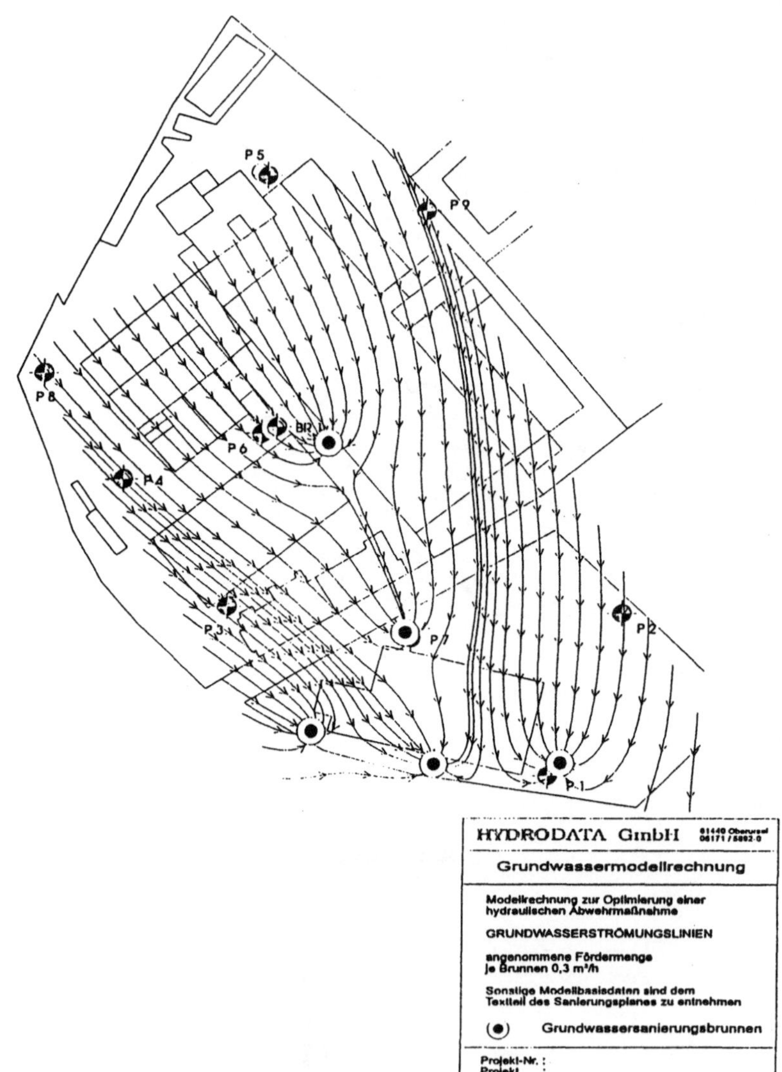

Chart Nr. 12

7. Betriebswirtschaftliche Aspekte

Die Firma Hydrodata verfügt jetzt über leistungsfähige Werkzeuge und Methoden, um die anfallenden Aufgaben im Bereich der grafischen Datenverarbeitung effizient abzuwickeln. Der Fortschritt besteht vor allem in der schnelleren Abwicklung und der höheren, weil vereinheitlichten Ausgabequalität. Besonders zu erwähnen ist der Aspekt der Qualitätssicherung, da die Fehleranfälligkeit deutlich verringert und die Transparenz der Zusammenhänge erhöht wird. Schließlich wirkt sich das Verfahren auch positiv auf die inhaltliche Qualität, aus, da über die diversen Kombinationsmöglichkeiten schnell und einfach neue Zusammenhänge dargestellt und herausgearbeitet werden können.

Diese Verbesserungen lassen sich sicherlich auch mit Spezial-Software erreichen. Es folgt eine kurze Gegenüberstellung von der Speziallösung vs. Standard-Software, aus der hervorgeht, warum im vorliegenden Fallbeispiel der oben beschriebene Weg der richtige ist. Eine punktuelle Gegenüberstellung von Argumenten für oder gegen den Einsatz von Standardsoftware befindet sich auf Chart Nr. 8.

Standardsoftware vs. Spezial-Lösung

für Standard-Software spricht:

- Kostenfaktor
- Kontinuität in der Weiterentwicklung
- hochwertige Ausgaberoutinen
- standardisierte Benutzeroberfläche
- niedriger Einarbeitungsaufwand
- Multitasking, Windows
- Datentransfer zwischen Einzelanwendungen (Windows-Clipboard, OLE)
- Datenaustausch über zahlreiche Import- und Exportfilter
- hohe Flexibilität und Anpassungsfähigkeit, auch nach Einführung des Systems
- Rentabilität auch bei relativ seltenem Einsatz

für eine Spezial-Lösung spricht:

- gute Anpassung an vorgegebene Abläufe
- hohe Effizienz bei intensiver Nutzung

ovid

Chart Nr. 8

Bedenkt man, daß sich branchenspezifische Software-Lösungen oder alternativ GIS-Pakete, mit denen die oben beschriebenen Aufgaben zu lösen sind, in Preiskategorien von 20.000 DM und mehr bewegen, daß demgegenüber sämtliche im Einsatz befindlichen Software-Module zusammen weniger als 2.500 DM kosten, hat sich der Beratungs- und Anpassungsaufwand, der für diese Teilaufgabe deutlich niedriger als der Differenzbetrag liegt, allemal gelohnt.

Dazu kommt, daß die verwendeten Module alle schon vorhanden und im Einsatz sind, das heißt, es fallen in diesem Fall keine zusätzlichen Anschaffungskosten an.

Ein weiterer Aspekt ist der Aufwand, der mit der Einarbeitung verbunden ist. Da keine neue Software zum Einsatz kommt, ist auch keine von Grund auf neue Einarbeitung notwendig. Das Know-how der Mitarbeiter ist lediglich um die Ein- und Ausgaberoutinen sowie einige weiterführende Features von Corel Draw zu vertiefen. Aber auch völlig neue Einarbeitung gestaltet sich bedingt durch die Standardisierung der Benutzerschnittstelle (Windows) und durch die weite Verbreitung des Produktes weitaus weniger aufwendig als bei einer Speziallösung. Diese Fakten spielen auch im alltäglichen Betrieb eine Rolle, wenn ein Anwender mit einem Software-Programm nur jeweils einige Stunden pro Woche oder gar pro Monat und nicht täglich drei Stunden oder mehr arbeitet. Mit wachsender Komplexität des Programms sinkt in diesem Fall die Produktivität, da jedesmal eine "kleine" Einarbeitung notwendig wird.

8.   Schlußbemerkung

Das beschriebene Beispiel verdeutlicht, wie ein vorgegebenes Anforderungsprofil durch eine "schlanke Lösung" realisiert wird, die sich einerseits durch einfache Handhabung und geringen finanziellen Aufwand, andererseits durch Funktionalität und Professionalität auszeichnet.

Der hier gewählte Ansatz, Standard-Software als Integrationsplattform einzusetzen, läßt sich sicherlich nicht in jedem Fall erfolgreich verwenden. Wir sind aber davon überzeugt, daß es sehr viele Situationen - gerade auch beim EDV-Einsatz im Bereich des Umweltschutzes - gibt, in denen sich mit dem beschriebenen Vorgehen Fehlinvestitionen vermeiden lassen oder zumindest deutlich wirtschaftlichere Lösungen gefunden werden können. Diese Aussage gilt nicht nur für die grafische Datenverarbeitung, sondern grundsätzlich für alle Bereiche, in denen Speziallösungen zum Einsatz kommen könnten.

Geoinformationssysteme in der Landschaftsplanung - Auswahlkriterien für Hard- und Software

Dipl.-Biol. Karl Tiller

1.   Vorbemerkung
2.   Systematische Übersicht über Informatinnssysteme und deren
          Leistungen
3.   Datenformate
4.   Einplatz-Mehrbenutzersystem
5.   Benutzerführung
6.   Systemanpassungen/Wartungen
7.   Handbücher/Hot-Line/Lernprogramme
8.   Anforderungen an Datenauswertung und Präsentation
9.   Dateneingabe
9.1   Schnittstellen
10.   Hardware
10.1   Betriebssystem/Rechner
10.2   Dateneingabegeräte
10.2.1   Digitizer
10.2.2   Scanner
10.3   Ausgabegeräte
10.3.1   Bildschirm und Grafikkarte
10.3.2   Plotter
11.   Zusammenfassung
12.   Weiterführende Literatur

1.   Vorbemerkung

Die Verfügbarkeit von leistungsfähigen, kostengünstigen Rechnern mit hohen Verarbeitungsgeschwindigkeiten und Speicherkapazitäten (PC/UNIX-Systeme) in Kombination mit ausgefeilten Programmen ermöglicht den Einsatz auf vielen Ebenen der Landschaftsplanung und des Umweltschutzes, insbesondere in den Bereichen, in denen Daten aus Ökologie/Umwelt/Planungen zielorientiert:

ERHOBEN
GESPEICHERT
ANALYSIERT und
VISUALISIERT

werden.

Die Vorteile der "digitalen Bearbeitung " im Planungseinsatz liegen vor allem in der Möglichkeit, kostengünstig verschiedene Varianten und Lösungsansätze durchzuspielen, um Handlungsalternativen aufzuzeigen und damit die Entscheidungssicherheit zu verbessern (typisches Beispiel: UVP im Straßenbau). Ein wesentliches Element des Einsatzes der Software liegt dabei im Bereich des **Monitorings**:

> Veränderungen sind in quantitativer (z.B. Flächengrößenänderung) und qualitativer (z.B. Pflanzenzusammensetzung) Hinsicht aufzeigbar.

Ein nicht zu unterschätzender Einsatzbereich ist die Visualisierung von Planungen in zwei-dimensionaler Form als thematische Karte und als räumliches Modell. Das Angebot an Entwicklungsfirmen/Anbietern/Distributoren und Programmen hat in den letzten Jahren enorm zugenommen. Die Leistungsspektren und Kosten der einzelnen Produkte sind z.T. sehr unterschiedlich. <u>Damit hat der Anwender natürlich eine große Chance, ein Produkt zu finden, das seinen Bedürfnissen/Arbeitsschwerpunkten entspricht.</u> Es besteht allerdings auch die Gefahr, viel Geld in ein "falsches" System zu investieren.

Die folgenden Ausführungen sollen dem Personenkreis, der ein Softwarepaket zum Einsatz in der Landschaftsplanung und relevanten Bereichen anschaffen muß, eine Vorgehensweise aufzeigen, wie ein System für seinen speziellen Arbeitsbereich ausgewählt wird. Dabei steht die Auswahl der Software an erster Stelle. Neben leistungsfähigen Systemen werden in einer kurzen Übersicht auch Programme vorgestellt, die den Kriterien (s. u.) eines Geographischen Informations Systems (GIS) nicht entsprechen.

Die Anforderungen an die Verarbeitungsplattform ergibt sich aus der gewählten Software (sofern Programme nur auf speziellen Rechnern eingesetzt werden können), der benötigten Speicherungskapazität und der gewünschten Verarbeitungsgeschwindigkeit. Die Auswahl der Dateneingabe- und Ausgabegeräte sowie der weiteren peripheren Einheiten wird ebenfalls von der Software und den Arbeitsbereichen bestimmt.

Um ein System zu konfigurieren, dessen Soft- und Hardwarekomponenten die gestellten Aufgaben auch langfristig abdecken können, müssen mehrere Planungsschritte durchlaufen werden. Es wird folgende <u>Methodik</u> vorgeschlagen:

1.	Definition des spezifischen Anforderungsprofiles

   - Ist-/Problemanalyse
   - Zieldefinition
   - Umsetzungsanalyse/Einsatzplanung

   <u>Ergebnis:</u> individueller Auswahlkriterienkatalog

2.   Auswahl Software und Hardware

          - Vorbereitung von Tests
          - Auswahl von Softwarepaketen
          - Test der in Frage kommenden Software
          - Auswahl von Zusatzgeräten und für die Software notwendige Hardware

          Ergebnis: Leistungen entsprechend des Anforderungsprofiles geprüft

**2.   Systematische Übersicht über Informationssysteme und deren
           Leistungen**

In der folgenden Übersicht sind Informationssysteme systematisch zusammengestellt. Ausgehend
von Datenbanksystemen mit einfachen grafischen Darstellungsmöglichkeiten bis hin zu **GIS** sollen
die unterschiedlichen Einsatzmöglichkeiten dargestellt werden. Die Übergänge zwischen den
einzelnen Stufen sind natürlich fließend.

Darstellung von Informationssystemen

System	Beschreibung	Ziel	Beispiel
Informationssysteme	Problemorientierte Abfrage/Auswertung eines Datenbestandes: Frage - Antwort - System	Informationsspeicherung, Verarbeitung und alphanumerische Wiedergabe (Listen)	MIS, Datenbank mit wassergefährdenden Stoffen, Verzeichnis von Emittenten
Kartiersysteme passive	Erstellung thematischer Karten. Dateneingabe und Speicherung nur zur Kartenerstellung	graphische Ausgabe, reine Präsentation und Darstellung eines Themas	Waldschadenskarte Gewässergütekarte
interaktive	mit Dialog (oder Benutzerführung) zur einfachen Datenmanipulation und Darstellung der them. Karten		
CAD	interaktive geometrische (2D oder 3D) Modellbildung mit den Komponenten: Beschreibung-Entwicklung-Speicherung-Bearbeitung und Darstellung	Von dem digitalen Modell zur realen Welt	Autokonstruktion Bauplan - Zeichnung Werkstück
GIS	Digitale Erfassung von Ausschnitten aus der realen Welt, raumbezogene Speicherung, Fortführung, Modellbildung und Analyse der Daten. Präsentation erfolgt alphanumerisch (Listen, Reports) und vor allem graphisch (Charts, Them. Karten)	Von der realen Welt soll ein digitales Modell mit Raumbezug entstehen → Datenintegration zu raumbezogenen Objekten. Interaktive Manipulation der Daten	"Tök/Ungarn"

Literatur: GÖPFERT, W.: Raumbezogene Informationssysteme, Wichmann Verlag Karlsruhe 1991
          BILL, R., FRITSCH, D.: Grundlagen der Geo-Informationssysteme, Wichmann Verlag Karlsruhe, Bd. 1 1991

Abb. 1: Darstellung von Informationssystemen

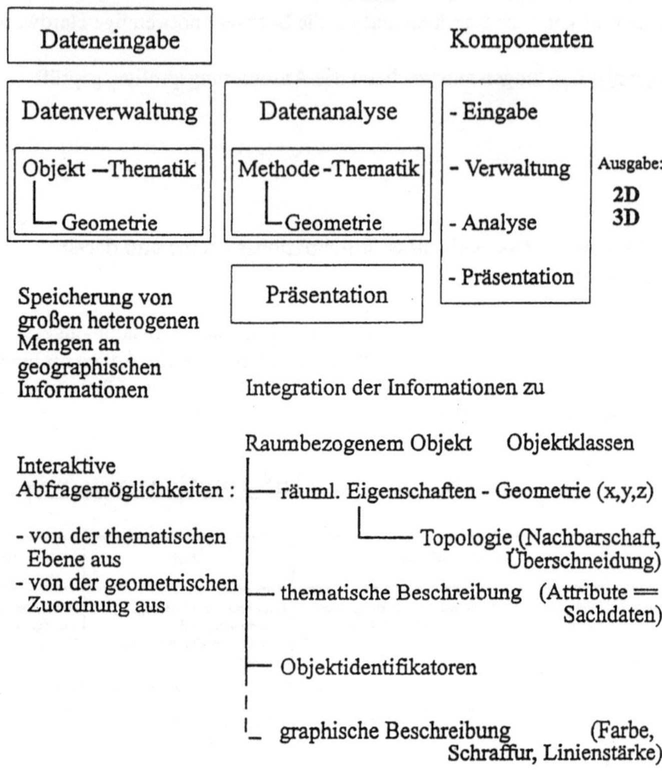

Abb. 2: Schematische Darstellung eines Geographischen Informationssystems

Eine typische GIS-Anwendung wird anhand eines einfachen Schulungsbeispiels demonstriert. Dargestellt wird die Anwendung einer Flächenverschneidung für die Gemarkung der Gemeinde Heuchelheim, Kreis Gießen. Es sollen die Flächen abgegrenzt werden, die sich am besten für Extensivierungsprogramme eignen. Zur besseren Übersichtlichkeit wird im Beispiel nur 1 Faktor, die Bodengüte, berücksichtigt. Weitere Faktoren können natürlich jederzeit integriert werden.

Die Flächen der derzeitigen ackerbaulichen Nutzung wurden in einem Luftbild kartiert und auf die Gauß-Krüger-Projektion als einheitliche geometrische Bezugsebene entzerrt (Abb. 3).

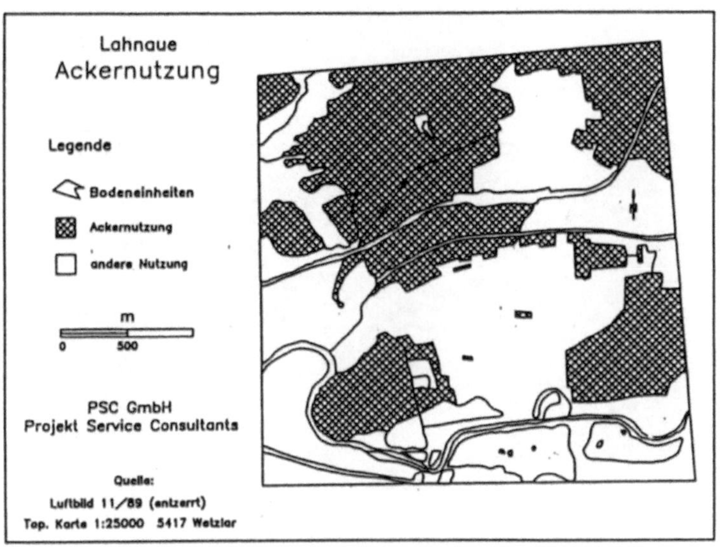

Abb. 3: Beispiel Lahnaue: Ackernutzung

Die Bodentypen wurden aus der Bodenkarte 1: 25.000 digitalisiert (Abb. 4). Die Attribute, gespeichert in einer relationalen Datenbank, wurden mit den Flächen verbunden (ATTACH). Durch Auswahl des Attributes **Bodengüte** wurden den einzelnen Polygonzügen der Bodentypen die entsprechenden Werte der Bodengüte zugewiesen. Daraus entstand die them. Karte der Abb. 5.

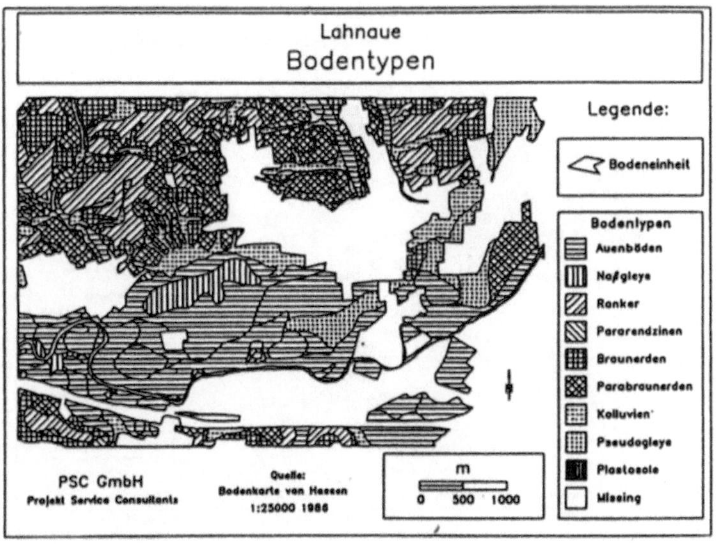

Abb. 4: Beispiel Lahnaue: Bodentypen

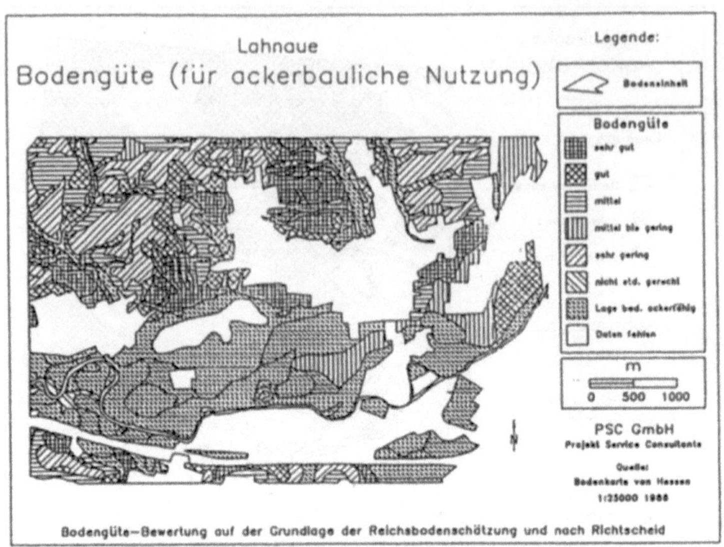

Abb.5: Beispiel Lahnaue: Bodengüte (für ackerbauliche Nutzung)

Da für die weitere Bearbeitung nur die Flächen der ackerbaulichen Nutzung interessieren, wurden diese aus der Bodengütekarte ausgeschnitten (Abb. 6).

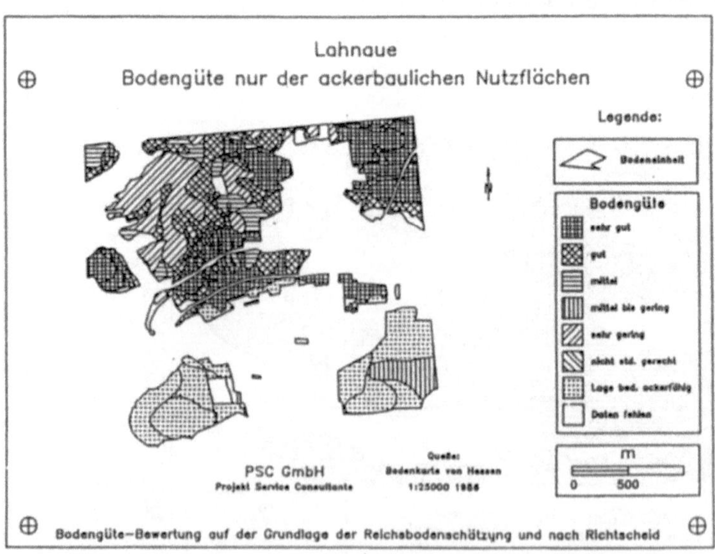

Abb. 6: Ausschnittsbildung: Bodengüte nur der landwirtschaftlichen Nutzfläche

Aufgrund der Bodengüte wird eine Bewertung in zwei Klassen vorgenommen. Anhand der in der Datenbank vorliegenden Informationen werden die geeigneten Flächen mit dem Merkmal **"Eignung"** markiert. Für eine weitere Verarbeitung mit anderen Faktoren (z.B. Hangneigung) wurden die Grenzlinien zwischen Flächen mit gleicher Attributsausprägung aufgelöst und neue Polygone gebildet (Abb. 7). Dieser Arbeitsschritt führt zu einem Zwischenergebnis, das als Basis für eine Weiterverarbeitung dienen kann.

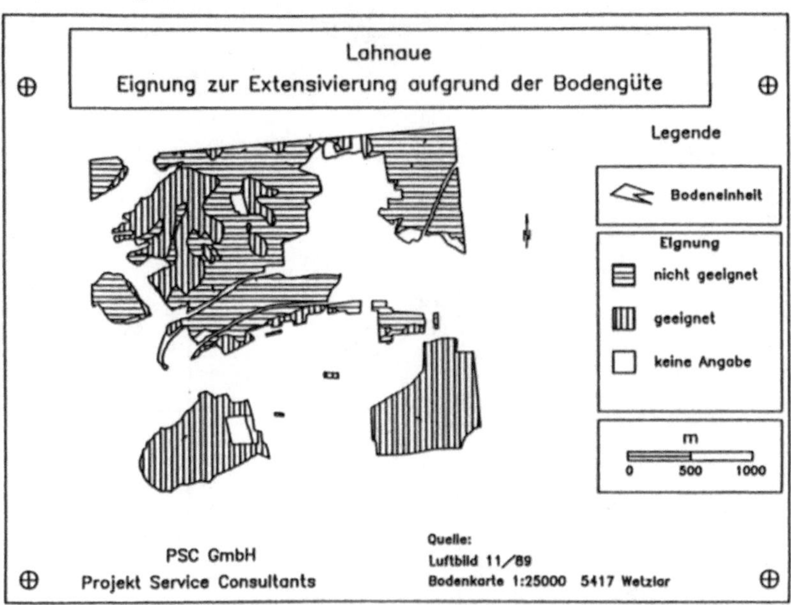

Abb. 7: Eignung zur Extensivierung aufgrund der Bodengüte

Ein umfassenderes GIS-Anwendungsbeispiel stellt die **"Integrierte Landnutzungsplanung"** dar, die als Pilotstudie im Auftrag des Bundeswirtschaftsministeriums von der Firma PSC entwickelt wurde. Diese komplexere Darstellung ist im Übersichtsdiagramm Abb. 8 dargestellt.

Die Erarbeitung von Empfehlungen zur Landnutzung, die u.a. auf der Auswertung von Flächendaten beruhen, bedingen ein flexibles, leicht handhabbares Arbeitsinstrument. Dies ist durch den Einsatz eines Geographischen Informationssystemes gegeben.

73

Abb. 8: Integrierte Landnutzungsplanung

74

Die Vorteile des Einsatzes eines GI-Systemes für das Vorhaben lassen sich in folgenden Punkten zusammenfassen:

1. Die flächenscharf gespeicherte Information kann leicht und schnell aktualisiert werden
2. Flächengrößen sind berechenbar
3. Flächen können, speziell für spätere Nutzungsalternativen und Flächenplanungen, zusammengefaßt bzw. getrennt werden
4. Nutzungsalternativen sind simulierbar
5. Flächenausweisungen für ökologische Schutzvorhaben können konzipiert und geplant werden, der Flächenverbrauch kann berechnet werden
6. Ein Monitoring der Flächen kann durchgeführt werden, z.B. Sukkzession der Biotoptypen.

Die Vorgehensweise des GIS-Einsatzes im Rahmen der **Integrierten Betriebsentwicklungs- und Landnutzungsplanung** wird im folgenden kurz dargestellt.

Die Flächen einer ehemaligen ungarischen landwirtschaftlichen Genossenschaft sollen so erfaßt werden, daß unterschiedliche Ansprüche berücksichtigt und deren Auswirkungen simuliert werden können. Die Reduzierung der landwirtschaftlich genutzten Fläche stellt ein wesentliches Ziel dar. Zwei Ergebnisse sollen zur Zielerreichung beitragen:

1. die Wirtschaftlichkeit des Betriebes wird erhalten
2. die sinnvolle Nutzung der freigestellten Flächen ist gewährleistet

Nach der Erarbeitung eines detaillierten Auswertungskonzeptes erfolgt die problemspezifische Datenaufnahme. So werden aus ökologischer Sicht schutzwürdige Landschaftselemente kartiert und nach Digitalisierung in eine Basiskarte übernommen. Liegen Basisinformationen vor (z.B. Vorfluter), können Schutzzonen automatisch ausgewiesen werden. Diese Flächen wurden von Nutzungsflächen abgezogen, um die Restfläche zu bestimmen. Anhand der Bodengüte, Hanglage etc. werden weitere Flächen bestimmt, die ökologisch wertvoll, landwirtschaftlich aber nicht rentabel sind (z.B. Feuchtgebiete, Erosionsschutzzonen). Damit wird es möglich, negative Auswirkungen einer ökologisch begründeten Flächenstillegung auf die Bewirtschaftbarkeit zu verhindern. Es können im Gegenteil durch schlagspezifische Bewirtschaftungsweisen Aufwendungen reduziert und Erträge stabilisiert werden.

Die Ergebnisse der flächenscharfen Bearbeitungen wurden in die Betriebsentwicklungs-, Anbau- und Produktionsplanung übernommen und führten zur Erarbeitung eines langfristigen Konzeptes für die Weiterführung des Betriebes.

3. Datenformate

Als Basis für die weiteren Ausführungen muß auf die verschiedenen Datenformate, die in den
Programmen zur Speicherung der Daten zur Verfügung stehen, eingegangen werden. Prinzipiell
können 3 Datenformate unterschieden werden:

RASTER: Anordnung der Rasterzellen (Pixel) in einer 2-dimensionalen Matrix (X-
Y-Matrix), jede Rasterzelle repräsentiert eine rechteckige Fläche, die
nicht mehr unterteilt wird.

- Keine <u>logische Verbindung</u> zwischen den einzelnen Rastern
- <u>Auswertungen:</u> Filterungen, Klassifizierungen, vertikale Verknüpfung von Rasterzellen
  verschiedener "Overlays"
- <u>Einsatzbereiche:</u> großräumige Analysen/interaktive Luftbildinterpretation
- <u>Analyseverfahren:</u> schnell durchführbar, einfach zu lösen
- <u>Datenquellen:</u> Scanner (z.B. Luftbilder), Satellitendaten

VEKTOR: lagegenaue Speicherung mittels x,y-Koordinaten mit bekannter Topologie und mit Attributen versehene:

a)   Punkte
b)   Linien
c)   Flächen

- <u>Einsatzbereiche:</u> flächengenaue Analysen unter Einbeziehung von verknüp-
  fenden Sachdaten
- <u>Analyseverfahren:</u> aufwendige Lösungen
- <u>Datenquelle:</u> Digitalisierte thematische Karten

CAD: Speicherung ohne topologische Information, Datenspeicherungsfor-
mat unterscheidet sich vom Vektorformat (z.B. Kreis: Mittelpunkt-
Radius)

- <u>Einsatzbereiche:</u> Konstruktion
- <u>Datenquelle:</u> digitalisierte Daten, interne Erstellung

Geometrische Darstellung Vektor - Raster

Dateityp	Vektor			Raster
	Punkte	Linien	Flächen	Raster
Geographische Daten		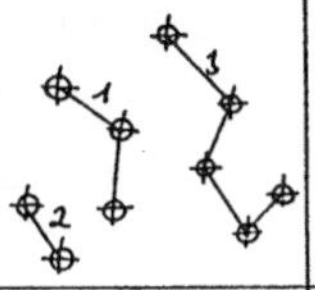	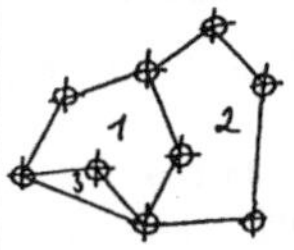	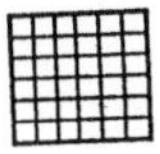
Geographische Referenz	X,Y	$X_1,Y_1, X_2,Y_2, X_3Y_3, ...; X_nY_n$	$X_1,Y_1, X_2,Y_2, X_3Y_3, ..., X_1Y_1$	Reihe(X) 1 1 1 / Spalte(Y) 1 2 3
Beispiele	Vorkommen Spezies, Naturdenkmal	Straße, Leitungen	Siedlung, Biotop, Naturschutzgebiet	Satellitenbilder, Scanner
Merkmals-(Attribut)zuweisung in relationaler Datenbank	über Merkmalsnummer (ID) ID 1 2 3 / Boden 1 5 2			Rasterdatensatz Reihe 1 1 1 / Spalte 1 2 3 / Merkmal N 1 5 2

Abb. 9: Geometrische Darstellung Vektor-Raster

Je nach Datenmodell unterteilt man die Programme in Vektor- und Rastersysteme. Verarbeitet ein System sowohl Vektor- als auch Rasterdaten, spricht man von einem hybriden System. In einigen Programmen können beide Datentypen ein- und ausgeben werden, intern arbeitet das Programm aber mit dem Datentyp Raster. Dazu werden die Datentypen in den jeweiligen Datentyp konvertiert.

Vektor - Raster-
Wandlung

Umwandlung von Vektor-Da-
ten in Raster-Daten

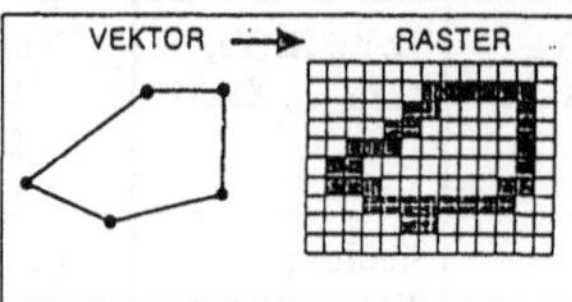

Raster - Vektor-
Wandlung
= Vektorisierung

Umwandlung von Raster-Da-
ten in Vektor-Daten

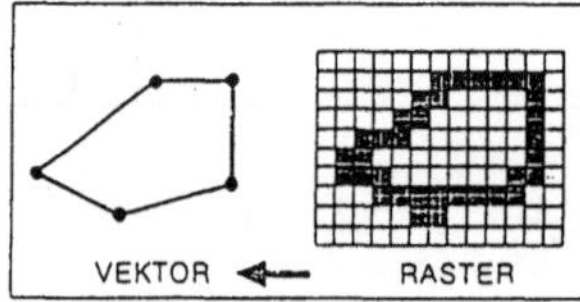

<u>Vorteile:</u>

- Nutzung der jeweiligen Vorteile eines Datentypes
- Daten aus unterschiedlichen Datenquellen (z.B. Satelliten-
  bild und manuelle Digitalisierung) können in einem GIS
  zusammengefaßt werden

Quelle: Bill, R. & Fritsch, D.

Abb. 10: Datenkonversion

4. Einplatz-Mehrbenutzersystem

Bei der Entscheidung für ein System, das einen Mehrbenutzerbetrieb ermöglicht, können Probleme
bei der interaktiven Fortschreibung des Datenbestandes entstehen. Auch die Verwaltung der
Zugriffberechtigungen ist zu prüfen.

5.   Benutzerführung

Für den Nutzer ist die Gestaltung der Oberfläche und die Nutzerführung für eine schnelle Erlernbarkeit und Bedienungsfreundlichkeit von Bedeutung. Hierzu zählen insbesondere:

- Grafische Bedienerführung
- Menüoberfläche mit Dialogfenster
- Kommandosprache zur Programmierung von Routineabläufen.

Auch sollte für eine eventuell später notwendige Erweiterung die Gestaltung der Oberfläche des Produktes auf anderen Plattformen und/oder Betriebssystemen beachtet werden.

6.   Systemanpassungen/Wartungen

Kundenspezifische Anpassungen werden in vielen Fällen notwendig sein. Da dies mit hohen Kosten verbunden sein kann, sollte das System daraufhin untersucht werden, wie dies in Eigenregie durchgeführt werden kann.

7.   Handbücher/Hot-Line/Lernprogramme

Die Anfangsphase des Einsatzes dieser komplexen Software führt zu vielen Fragen und natürlich auch zu Fehlbedienungen. Ein Lernprogramm erleichert den Einstieg, Standardabläufe werden vorgegeben.

Auch nach der Einarbeitungsphase treten viele Fragen auf. Hier ist eine Hot-Line, neben einer auch vertiefende Fragen behandelnd Dokumentation, sehr wichtig. Ein kurzer Anruf kann zur schnellen Lösung des Problemes führen und damit Kosten ersparen.

8.   Anforderungen an Datenauswertung und Präsentation

In den folgenden Kapiteln werden einige wichtige Punkte aufgeführt, die bei der Auswahl eines Systemes zu beachten sind und die mit der individuellen Checkliste verglichen werden sollten.

Da nicht nur die obere Preisklasse der Programme in die Betrachtung einbezogen wurde, werden auch Punkte aufgeführt, die in manchen Programmpakten als "selbstverständlich" vorausgesetzt werden. Wie in den vorangestellten Ausführungen verdeutlicht, gibt es das objektiv beste Programm nicht. Nach Erstellung einer eigenen Checkliste dürfte die Auswahl aber kein Problem mehr bereiten.

Die Anforderungen an die Datenauswertung richten sich nach dem Einsatzbereich:

I.   <u>Vektor - Raster - hybrides System</u>

Eine Rasterverarbeitung kommt natürlich bei allen Systemen vor, die Bildverarbeitungsfunktionen hauptsächlich anbieten. Nach der Digitalisierung werden die Vektordaten konvertiert und als Raster weiterverarbeitet. Demgegenüber verarbeiten einige Systeme ausschließlich Vektordaten. Bei einem hybriden System stehen sowohl die für eine Rasterverarbeitung als auch für eine Vektorverarbeitung notwendigen Funktionen zur Verfügung. Die einzelnen Datenformate können konvertiert werden, so daß es möglich ist, die Vorteile der jeweiligen Datentypen zu nutzen. Die Überlagerung von Vektor- und Rasterdaten bietet interessante Auswertungsmöglichkeiten.

II.   <u>Präsentation/Datenausgabe:</u>

Das Ergebnis der Bearbeitung muß in geeigneter Form präsentiert werden. In diesem Einsatzbereich ist die Ausgabe als maßstabsgerechte thematische Karte eine **Grundvoraussetzung**.

<u>Checkliste:</u>

-      thematische Kartenausgabe als Zeichnung (Stiftplotter) oder als Raster (z.B. Tintenstrahldrucker)
-      3D-Darstellung (mit thematischer Überlagerung, Modell)
-      Listen (z.B. Flächengrößen) -> Drucker
-      <u>Planungszeichen</u> und Symbole vorhanden/erstellbar
-      <u>Layout:</u> Titel/Legende/Beschriftung frei plazierbar

- automatischer Maßstab
- Linien- und Flächendarstellung: Farben-, Schraffurauswahl
- Kartenrandgestaltung
- Flächenfreistellung für Bar-/Linecharts und Kartenausschnitt
- Maßstab der Ausgabe frei wählbar
- Fonts (vorhandene, frei erstellbare)

III.   Auswertungsfunktionen Vektor

Die Entscheidung für ein spezielles vektordatenverarbeitendes System richtet sich vor allem nach den Möglichkeiten, die für die Erarbeitung einer Planung notwendig sind. Neben den statistischen Informationen über Flächen sind dies vor allen Dingen die Operationen:

- Manipulationen der Punkte, Linien und Flächen,
- Analysen über Datenbankabfragen
- Zugriff auf Sachdaten über Flächenauswahl am Bildschirm.

Die einzelnen Funktionen werden in den Programmsystemen unterschiedlich benannt.

Checkliste:

- Flächengröße, Flächenumfang, Linienlängen
- Punkt in Polygonzug; Linie in Polygon
- Kombination/Teilung von Polygonzügen, Inseln
- Polygonzugverschneidung: Bildung neuer Polygonzüge und Zuordnung von Attributsätzen
- Generierung von Korridoren ("Bufferzones")
- Datenzugriff: geometrische Abfrage von der Flächenauswahl zu der Fachinformation der Datenbank
- Datenbankabfragemöglichkeiten (logische und mathematische) und Darstellung/ Bearbeitung der ausgewählten Flächen
- Unterstützung externer Datenbanken
- Erstellung von eigenen Auswertungsprogrammen mittels "Programmiersprache" und deren Speicherung
- Nachbarschaftsabfragen

Ein Haupteinsatzgebiet ist die digitale Bildverarbeitung gescannter Vorlagen, z.B. Luftbilder, Orthophotos.

<u>Checkliste:</u>

-        Horizontale Auswertung verschiedener Overlays
-        Nachbarschaftsabfragen
-        Aggregation

Bildverarbeitungsfunktionen:

-        Filter (z.B. Kantendetection)
-        Klassifizierungsmethoden (überwachte, automatische)
-        Erstellung von eigenen Auswertungsprogrammen (Makros) mittels
         "Programmiersprache" und deren Speicherung

Eine wichtige Überlegung ist, ob ein Digitales Geländemodell (DGM) für die fachliche Bearbeitung und die Ergebnispräsentation notwendig ist. In diesem Fall ist die folgende Checkliste zu beachten:

<u>Checkliste:</u>

-        Basis der Berechnung: geordnete Punktmenge oder ungeordnete Punktmenge
-        Berechnungsmethode(n)
-        Hangneigung/Exposition ableitbar
-        Sichtbarer Landschaftsausschnitt (viewshed)

V.   Datenverwaltung

Sowohl die geometrischen Daten als auch die Sachdaten werden nach verschiedenen Modellen intern verwaltet. Für den Nutzer ist es entscheidend, ob Limitationen, vor allem in der Verwaltung der Geometriedaten, bestehen. Deshalb sollte geprüft werden, ob die notwendigen Bearbeitungen realisiert werden können (z.B. Anzahl der Punkte pro Polygonzug, Anzahl der Objekte, x-y-Anzahl der Raster). Weitere Funktionen sollten die komfortable Editierung des Datenbestandes erlauben.

<u>Checkliste:</u>

- Einfügen/Löschen
- Teilung von Polygonen/ Verschmelzen
- Linienausdünnung/Glättung
- Veränderungen der Attribute
- Verlagerung, Rotation

9.   Dateneingabe

In vielen Anwendungen wird es notwendig sein, neue Daten für die Bearbeitung zu erfassen. Neben den reinen Eingabefunktionen für geometrische Daten (Punkte und Linien) sollte geprüft werden, welche Funktionen zur Kontrolle und Fehlerbereinigung zur Verfügung stehen.

Vektordaten werden mittels Digitalisiertablett (s.u.) eingegeben, Rasterdaten können eingescannt werden. Sind die entsprechenden Routinen vorhanden, können eingescannte Rasterdaten in Vektordaten konvertiert werden, wobei der Aufwand bei der Nachbearbeitung oft sehr hoch ist. Die Eingabe von Attributdatensätzen kann über Eingabemasken erleichtert und abgesichert werden (Plausibilitätskontrollen).

Folgende Punkte sollten bei der Auswahl beachtet werden:

- Auffinden eines Punktes in einem Suchkreis (z.B. zum Schließen von Polygonzügen)
- Verarbeitung gemeinsamer Kanten zweier Flächen

Bei der interaktiven Eingabe von Linien kommt es immer wieder vor, daß Ober- und Unterschüsse auftreten. Diese müssen entweder automatisch oder manuell bereinigt werden.

Bisher wurde noch nicht auf das <u>geographische Bezugssystem</u> eingegangen. Für eine Verarbeitung sind die geometrischen Daten in ein einheitliches Bezugssystem zu transformieren. Somit können kartographische Grundlagen mit unterschiedlichen Koordinatensystemen zur Datengewinnung verwendet werden.

Beim Einsatz eines Systemes in Deutschland ist es nicht interessant, wieviele verschiedene Projektionen ein System anbietet, sondern ob die Projektionen der benutzten Kartengrundlage implementiert sind.

9.1   Schnittstellen

Die rasante Entwicklung auf dem Softwaremarkt führt zu der Entwicklung von vielen Spe-
zialprogrammen. Bei einigen Anwendungen kann es daher notwendig sein, Daten, die in einem
externen Programm berechnet wurden, zu integrieren und weiter zu verarbeiten (z.B.
Schallausbreitung).

Zunehmende Bedeutung gewinnt auch der Datenaustausch (s.o.). Dazu sind Dateiformate von den
Herstellern definiert worden. Bei Auswahl des Produktes muß darauf geachtet werden, daß die
entsprechenden Schnittstellen für dem Import und Export des <u>jeweiligen Datentyps</u> (Raster/Vektor/
CAD) vorhanden sind.

10.   Hardware

10.1   Betriebssystem/Rechner

Auf die Auswahl des Betriebssystemes und des Rechners kann an dieser Stelle nur kurz eingegangen
werden. Vor- und Nachteile der einzelnen Betriebssysteme bilden ein Thema für sich.
Die Leistungsfähigkeit der PC's und der Workstations hat sich in den letzten Jahren sehr gesteigert.
Die Unterschiede in den Rechenleistungen zwischen den PC's und Workstations haben sich dabei
vermindert. Allerdings ist zu beachten, daß die Preise im Workstationbereich weit über den Preisen
im PC-Bereich liegen.
In den meisten Fällen ist mit der Entscheidung, welches Softwarepaket eingesetzt werden soll, die
Vorgabe für das Betriebssystem gemacht worden und damit ist auch der Rechnertyp vorbestimmt.
Der Nutzer sollte darauf achten, daß Softwarepakete auf allen Plattformen mit der gleichen
Oberfläche ablaufen, um ein späteres Umsteigen zu vereinfachen.

10.2   Dateneingabegeräte

In der folgenden Ausführung wird auf weit verbreitete Ein- und Ausgabegeräte, also die Stan-
dardausrüstung, eingegangen. Auf die Darstellung von Spezialgerät sowie einfachen Druckern
wurde verzichtet.

10.2.1 Digitizer

Digitizer sind Geräte für die Umsetzung grafischer Daten (z.B. topogr. Karten, Zeichnungen) in digitale Informationen. Punkte, Linien und Kurven werden nachgezeichnet, und dabei werden die Koordinaten jeder Position ausgegeben und übertragen.

Die wichtigsten Auswahlkriterien sind:

- Größe der aktiven Oberfläche
- Auflösung (zwischen 0.00635 mm und 0.25 mm)
- Abtaster: Stift/Lupe - Anzahl der Tasten
- Aufnahmerate
- Schnittstelle (meist RS 232 C)

Tableaugröße:	zwischen ca. 400 x 400 mm und ca. 1.500 x 1.700 mm, die aktive Arbeitsfläche ist meist kleiner.
Auflösung:	zwischen 0.00635 und 0.25 mm, meist 0.01 bis 0.02 mm.
Genauigkeit:	zwischen 0.1 und 0.25 mm.
Abtaster (Eingabegeräte):	Zwei-Tasten-Stift, Lupe mit 2, 4 oder 16 Tasten, oft optional auch beide Möglichkeiten.
max. Aufnahmerate (Koordinatenpaare/sec.):	100 bis 250
Schnittstellen:	meist RS 232 C
Preise (in DM, zuzügl. MWSt.):	300,- bis 22.000,- (je nach Größe und Ausstattung)

Zusammenstellung aus: Markt & Technik 19/1992, Byte 1/1989, verändert

Abb. 11: Übersicht Auswahlkriterien Digitalisiertabletts

10.2.2 Scanner

Scanner sind Geräte zum Einlesen von Grafiken, Karten und Fotos. Die Vorlage wird punktweise abgetastet, und die Bilddaten werden digital codiert abgespeichert. Es entsteht somit eine Rastervorlage.

Die wichtigsten Auswahlkriterien sind:

- Größe der Vorlage
- SW- oder Farbscanner
- Auflösung in dpi (300 dpi - 1200 dpi)

10.3   Ausgabegeräte

10.3.1   Bildschirm und Grafikkarte

Das Basisausgabegerät ist natürlich der Bildschirm. Die meisten Softwarepakete arbeiten mit einem Bildschirm, auf dem sowohl die Grafiken als auch die Eingabe der Kommandos erfolgen. Eine Trennung in Textbildschirm für die Kommandoeingabe und Ausgabe von Ergebnissen in Textform (Listen, Statistiken) und einen zweiten Grafikbildschirm wird von einigen Software-Häusern angeboten.

Für eine gute grafische Ausgabe sind entscheidend:

- Bildfläche und Auflösung (Anzahl Bildpunkte in x-y-Richtung)
- Größe der Lochmaske
- Bildwiederholfrequenz
- Bildstabilität und Darstellungsqualität
- ergonomische Aspekte

Die Anzahl der darzustellenden Farben wird von der Anzahl der bits pro Punkt (einer Grafikkarte) und deren Aufteilung auf die additiven Grundfarben (rot,grün,blau) vorgegeben. Auf die Einhaltung der entsprechenden Sicherheitsnormen kann an dieser Stelle nur hingewiesen werden.

10.3.2   Plotter

Unter Plottern werden Geräte zusammengefaßt, die Zeichnungen auf Papier oder Folien ausgeben. Es wird zwischen Stiftplottern und Rasterplottern unterschieden.

Die wichtigsten Auswahlkriterien sind:

- Zeichnungsträgerformat
- Plotbereich

-       unterstützte Datenformate / Emulationen
-       Daten-Schnittstellen
-       Ausgabegeschwindigkeit

-       **Rasterplotter (farbige Flächen werden gut ausgefüllt)**
        -       Technik der Farbübertragung
        -       maximale Auflösung (dpi)
        -       Anzahl der Farben
        -       Genauigkeit

-       **Stiftplotter (hohe Genauigkeit)**
        -       Anzahl der Zeichenstifte
        -       Plotgenauigkeit
        -       Wiederholgenauigkeit

88

Abb. 12: Übersicht Plotter und Drucktechnik

	Stiftplotter	Thermo-Transfer-Plotter	Thermo-Direkt-Plotter	Laserplotter	Tintenstrahl-Plotter	Elektrostatische Plotter
Technik	Mechanische Stifthalterung führt einen oder mehrere Stifte über das Medium (Papier, evtl. auch Folie). Es gibt Modelle mit - Bleistiften - Tuschezeichenstiften - Faserzeichenstiften - Keramikstiften	Farbträgerbänder sind an der Oberfläche segmentweise mit wachshaltigen Grundfarben beschichtet. Beim Plotten - getrennt nach Farben - wird der Druckträger über Elektrodenköpfe geführt. Kurzzeitige Stromimpulse erhitzen die Farbe, die anschließend mit einer Druckrolle ins Papier gepreßt wird	Die Farbe befindet sich im Spezialpapier. An den Stellen, an denen das Medium durch die Stromimpulse des Plotkopfes erhitzt wird, färbt sich der Zeichnungsträger.	Laser erzeugt ein elektrostatisches Ladungsbild auf einer Trommel, das auf das Medium (Papier oder Folie) übertragen und anschließend mit farbigem oder schwarzem Toner gefärbt und fixiert wird.	Flüssige Farblösung, Tinte oder Tusche wird von Hochdruckdüsen auf das Medium gebracht.	Beschichtetes Papier wird durch eine Anordnung von Elektroden und Schreibköpfen geführt. Kurzzeitige Spannungen an den Metallspitzen der Schreibköpfe erzeugen ein Ladungsbild, das mit schwarzem oder farbigem Toner gefärbt und anschließend fixiert wird.
Vorteile	Als Flachbettplotter relativ geringer Anschaffungspreis (ab ca. DM 1.500,-). Vergleichsweise hohe Genauigkeit. Farbige Ausgabe meist ohne Probleme möglich.	Leise, präzise und relativ schnell. Schneller Wechsel von Format bzw. Medium durch auswechselbare Blattkassetten. 7 Farben und über 2 Mio. Schattierungen darstellbar.	Leise, präzise und relativ schnell. Ausgabequalität vergleichbar der von Laserplottern (min. 400 dpi). Umweltfreundlicher als Elektrostaten, weil keine Tonerreste anfallen.	Plottgeschwindigkeit und -genauigkeit sehr hoch.	Sehr leises Verfahren von beträchtlicher Präzision. Kein Toner o.ä. als Sondermüll zu entsorgendes Verbrauchsmaterial erforderlich.	Ausgabe auf Transparenten oder Folien möglich. Plottgeschwindigkeit hoch (sechs- bis achtfach gegenüber Stiftplottern). Ausgabemedium wischfest und dauerhaft.

	Stiftplotter	Thermo-Transfer-Plotter	Thermo-Direkt-Plotter	Laserplotter	Tintenstrahl-Plotter	Elektrostatische Plotter
Nachteile	Plottgeschwindigkeit eher niedrig. Bei Bleistiftplottern muß die Originalzeichnung mit Tusche nachgezeichnet werden; außerdem verschmutzen sie durch das Graphit sehr rasch.		Zeichnungen wegen des Spezialpapiers nur bedingt haltbar. Spezialpapier empfindlich gegen mechanische Beschädigungen.	Hoher Anschaffungspreis. Hoher Bedarf an Support und Wartung. Teure Verschleißteile (Lasertrommeln, Köpfe). Verbrauchsmaterialien (Toner und Lösungsmittel) müssen als Sondermüll entsorgt werden.		Spezialpapier erforderlich. Verbrauchsmaterialien (Toner und Lösungsmittel) müssen als Sondermüll entsorgt werden. Hoher Wartungsaufwand (bei 30 - 50 Plots im Format A0 ca. 1 Std. Reinigung täglich). Hohe Anforderungen an Ausbildung des Bedienungspersonals und an Raumklima.

11.   Zusammenfassung

Bei der heutigen Angebotsvielfalt ist es erforderlich, ein individuelles Anforderungsprofil zu erstellen, um ein Geographisches Informationssystem mit einem guten Kosten-Leistungsverhältnis auszuwählen. Leistungsschwerpunkte der einzelnen Anbieter sollten dabei auch berücksichtigt werden. Ein Test der Software, am besten mit eigenen Beispielen aus dem Arbeitsgebiet, in dem die Software eingesetzt werden soll, ist zu empfehlen. Neben der rein funktionalen Abarbeitung sollte die Benutzerführung als weiteres Entscheidungskriterium berücksichtigt werden. Die aufgeführten Checklisten bieten dem zukünftigen Nutzer Hinweise zur Systemauswahl.

12.   Weiterführende Literatur

Ashdown, Michael/Schaller, Jörg, 1990:
Geographische Informationssysteme und ihre Anwendung in MAB-Projekten,Ökosystem-forschung und Umweltbeobachtung, UNESCO - Man And the Biosphere Programm, Bonn.

Bartelme, Norbert, 1990:
GIS Technologie. Geoinformationssysteme, Landinformationssysteme und ihre Grundlagen, Berlin.

Bähr, Hans-Peter/Vögtle, Thomas (Hrsg.), 1991:
Digitale Bildverarbeitung. Anwendung in Photogrammetrie, Kartographie und Fernerkundung, Karlsruhe.

Bill, Ralf/Fritsch, Dieter, 1991:
Grundlagen der Geo-Informationssysteme. Bd. 1 Hardware, Software und Daten, Karlsruhe.

Göpfert, Wolfgang, 1991:
Raumbezogene Informationssysteme. Grundlagen der integrierten Verarbeitung von Punkt-, Vektor- und Rasterdaten, Anwendungen in Kartographie,   Fernerkundung und Umweltplanung, Karlsruhe.

Muhar, Andreas, 1992:
EDV-Anwendungen in Landschaftsplanung und Freiraumgestaltung, Stuttgart.

PSC Project Service Consultants, 1992:
Beratung einer landwirtschaftlichen Produktionsgenossenschaft in TÖK/Ungarn, Endbericht, Bundesminister für Wirtschaft der Bundesrepublik Deutschland, Gießen.

PSC, 1992:
Umweltinformationssysteme - Auswahlkriterien für Hard- und Software, Gießen.

WOCAD - ein System für graphische Erfassung und Verwaltung - Geographisches Auskunftssystem

Hans-Jürgen Wohlleben

Grundlagen der CAD-Systeme

1. Planung
2. Strukturlegung
3. Erfassung
4. Ausführung - Verknüpfung
5. Verwaltung, Veränderung, Bestandpflege

Wie wird eine Planung möglich?
Wie werden die Daten zu digitalen Daten?
Wie sind sie sinnvoll digital zu erfassen?
Wie sind sie sinnvoll thematisch untergliedert zu verwalten?
Wie ist der Zugriff redundanzfrei für viele Interessenten
zu schaffen?

Die Grundlagen für digitale Werte sind aus verschiedenen Quellen heute zu erstellen, zu beschaffen oder käuflich zu erwerben. Dienstleistungsbereich und Landesvermessung tragen dazu bei, daß mehr und mehr digitale Werte in bezug auf die Kartenerstellung erfaßt werden. (1) Aber es werden digitale Werte auch durch Auswertung von Befliegungsplänen oder Funkauswertung (GPS) möglich. Diese müssen zusammenfließen zu digitalen Werten, die der Rechner entsprechend der thematischen Anwendung aufbereiten kann. Dazu ist eine Vielfalt von Informationen an Punkte, Linien oder Objekte zu knüpfen. (11) Bisher ist der PC-Bereich von vielen nicht als tauglich für diese Vielfalt der Aufgaben angesehen worden. Viele auf dem Markt befindlichen Systeme beschäftigen sich aber gerade im Bereich der PC-Landschaft mit diesen Aufgaben und wie es sich zeigt, mit erstaunlich guten Ergebnissen. Zu guten Ergebnissen trägt nicht unbedingt nur ein großer Rechner bei, sondern die zur Verfügung stehende Menge an Informationen und die zur Verfügung stehenden Auswahlkriterien, diese Informationen miteinander zu verknüpfen und fachlich aufbereitbar zu machen.

Die Informationsdaten aus dem Bereich der Landesvermessung gehen bis in die kleinste Einheit herunter, das Flurstück oder das Gebäude. Das sind aber längst nicht alle Informationen, die eine Landschaftsplanung benötigt. Selbst wenn die Höhen in einem großen Raster hiermit vorhanden sind, wird es notwendig werden, Tachymeteraufnahmen und Detailvermessungen durchzuführen, um die thematischen Informationen zu verdichten.

Sei es, welche Art des Straßenausbaus vorhanden ist, sei es die Nutzung und Versiegelung der Flächen, sei es die Baumstruktur (Baumkataster), sei es die Aufbereitung hinsichtlich der Flächengewächse und vielleicht darüber hinaus noch der dort befindlichen Lebewesen. Hier sind die PC-Systeme gefordert. Es sind Datenbanken erforderlich, um diese Informationen zu speichern. Sie bieten die Möglichkeit, nach verschiedenen Auswahlkriterien Informationen wieder nutzbar zu machen und graphisch zu veranschaulichen. (3) + ASW

Schotter
Schotter
Schotter
392
Müglitzstraße
30, 1
Kleinpflaster
Beton
Kleinpflaster
Beton
Kleinpflaster
Beton
Beton
Beton
49-190-1: 9
410/1
Schutzrohr
Schutzrohr
Schutzrohr
1

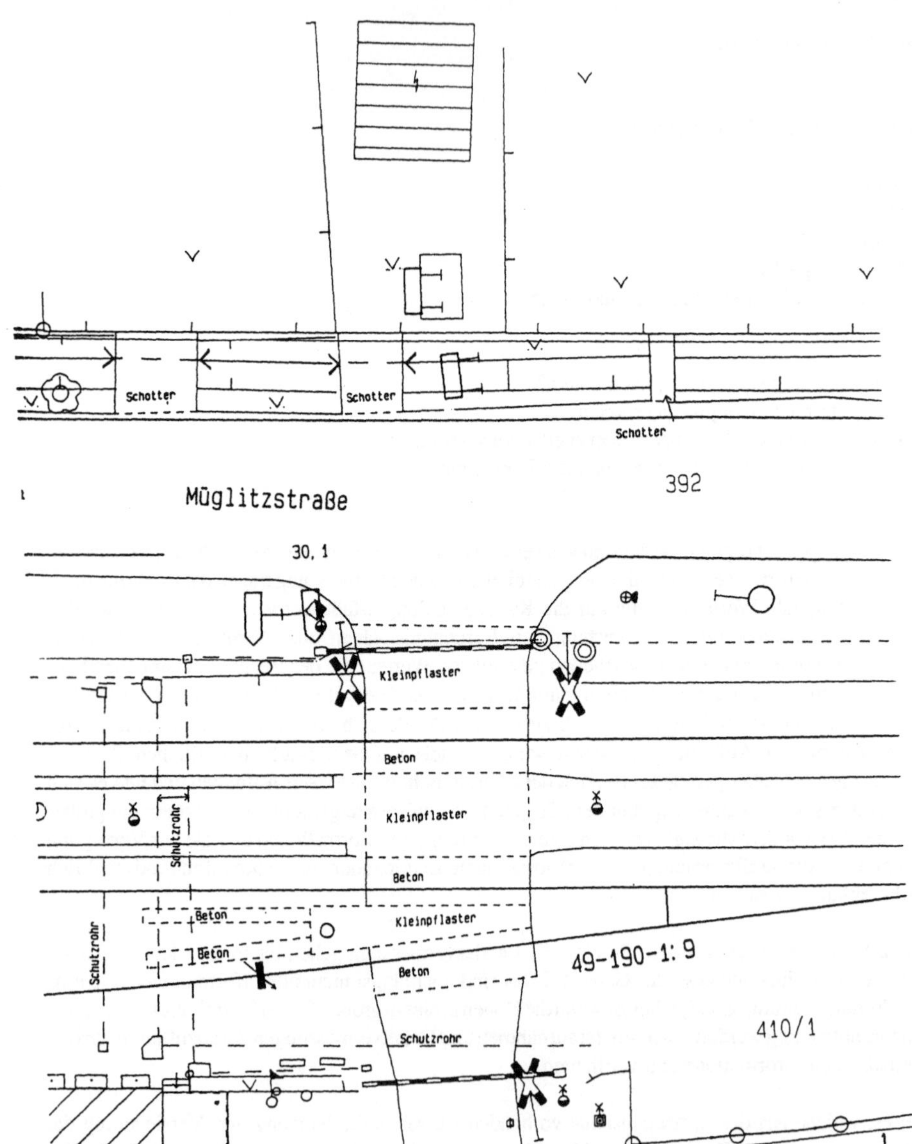

Abb. 1

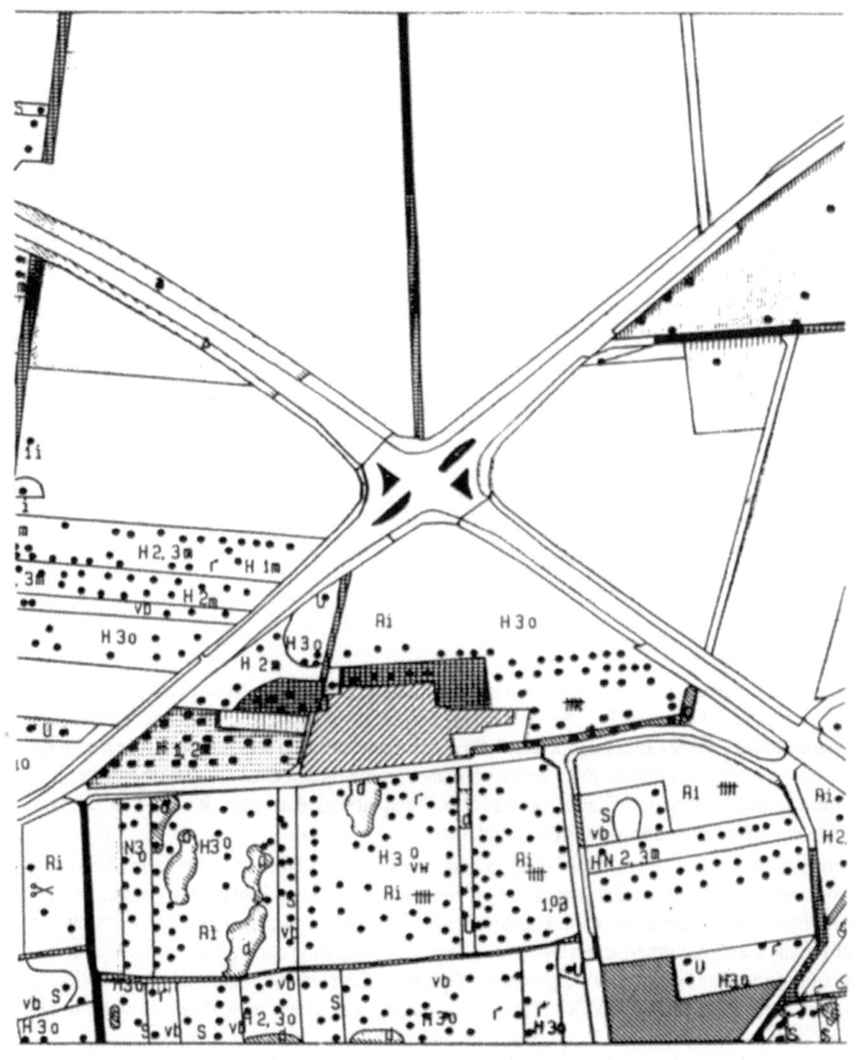

Abb. 11

```
DATEI:          006   KATALOG: Standard   LAUFWERK: C

FLAECHE :       8479 m²

OBJEKT-NR| 2063001       HILFSFELD| 0              DATUM| 1287
    OBJEKT| 0            HILFSFELD| 0              VKENNZ|   1
GEMARKUNG| 51
KABLATT1| 8254
KABLATT2| 5
    EBENE|  1
SYMBOL0| 9       1| 1        2| 15      3| 29     4| 43
SYMBOL5| 57      6| 71       7| 85      8| 0       9| 0


    beenden = ^Q
```

Abb. 3

In Verbindung mit einem graphischen System sind sie unabdingbar für die Zukunft als planerisches Instrument anzusehen. D. h., der PC, die Grafik und die damit verbundene Datenbank werden das Arbeitsinstrument der Planer aller Fachbereiche für die Zukunft sein und sein müssen. Alle Bereiche der Bilddatenverarbeitung können und werden permanent unter diesen Gesichtspunkten weiterentwickelt, die Technik kommt dem Planer hier zu Hilfe, die Speicherkapazitäten der PC-Schiene und der Bild-Datenbanken wachsen weiterhin rasant an.

Die Kommunikation unterschiedlicher Systeme wird möglich durch Konvertierung von Daten von einem zum anderen System. Erfassung heißt zunächst Erstellung einer Datenbank, wobei alphanumerische und numerische Daten zusammengefaßt werden. Graphische Datenverwaltung heißt, daß mit diesen alphanumerischen Daten eine Verknüpfung erfolgt zur graphischen Darstellung, um die Visualisierung und den Objektzugriff zu ermöglichen. Eine Datenbank kann immer Auskunft geben und dient auch im System WOCAD als Auskunftssystem. Die Objektdatenverwaltung als obere Schicht angesehen, sind die Objekte mit Sachinformationen direkt zu verknüpfen. (3) Umgekehrt ist es aber auch möglich, aus der alphanumerischen Datenbank heraus auf die Grafik zuzugreifen und damit die gewünschte Auskunft in der Lage, Dimension und Höhe, Ausdehnung und zahlenmäßigen Aufbereitung der Zeichnungen am PC durchzuführen und Auskünfte Interessenten-Beauftragten von Firmen und Planern zu geben. Eine Datenbank zu erstellen setzt voraus, daß fachlich und thematisch eine Struktur erstellt wird, die den Anforderungen entspricht.

Bsp. aus dem Bereich der Biotopserfassung und Kartierung der Stadt Frankfurt

Durch Mitarbeiter des Senckenberg-Institutes werden die in der Örtlichkeit erfaßten Daten auf der Grundlage der Katasterkarte nachträglich in ein CAD-System eingebracht. Durch die Verschachtelung der Substrukturen ist es möglich, bis in die kleinste Zelle hinunter Informationen zu diesen Objekt zu speichern.

Welche Zugriffkriterien gilt es zu realsieren?

Innerhalb der Grafik ist es möglich, das Objekt zu benennen, zu numerieren, zu deklarieren und parallel dazu in einem Sachsatz Informationen zu speichern.

PC Grenzen

Wo liegen die Grenzen? Inwieweit ist dies möglich? Eingrenzend für den PC-Bereich ist heute nur noch speziell für das Programm WOCAD die Speicherkapazität des Rechners (RAM). Sollten Informationen aus der einen Datenbank nicht ausreichend sein für die Anwendung, werden mehrere Datenbanken miteinander über Verknüpfungsfelder zusammengebracht, so daß die Auswahlkriterien wieder dem Ausgangssystem entsprechen. Die Auskunft für die einzelnen Fachbereiche kann so durch Strukturen verknüpft werden.

Erfassung

Wie erfolgt nun die Erfassung? Die verschiedenen Möglichkeiten - wie bereits geschildert - sowohl im graphischen Bereich, als auch im Datenbankbereich, Daten zu erfassen: Liegen digitale Werte vor, d. h. Koordinaten und Informationen zu den Punktzusammenhängen, ist es möglich, eine Grafik darzustellen. Diese Grafik wird verwaltet als Objekt oder als Symbol. Unter Objektverwaltung versteht man hier eine in sich geschlossene Einheit, die aber durchaus nicht nur ein Flurstück oder einen Teil einer Fläche bedeuten muß, sondern genauso gut einen linienhaften Charakter haben kann, so daß das Objekt auch eine Überlandleitung oder ein Bachlauf als solches sein kann.

Digitalisierung

Liegen keine Informationen vor, die in ihrer Art der digitalen Bildverarbeitung entsprechen, müssen diese geschaffen werden. Dieses ist möglich durch die Digitalisierung, d. h. Schaffung von digitalen Werten, indem man das vorhandene Kartenbild auf eine Meßplatte (Digitizer) aufbringt, die graphischen Konturen "abmalt" und gleichzeitig die erforderlichen Sachdaten miterfaßt. Durch mathematische Bedingungen schafft man gleiche Bezugsräume und Ebenen, um die Daten in einem gleichen Koordinatensystem zu erhalten. In der Regel wird in Deutschland mit dem Gauß-Krüger-System gearbeitet, welches eine Projektion der Erdkugel in die Ebene ermöglicht. Die dabei unvermeidlich entstehenden Fehler werden durch entsprechende mathematische Verfahren berücksichtigt und ausgeglichen (Hehmert Transformation).
Bearbeitet man bezüglich der Landinformationssysteme räumliche Werte, so sind hier andere Bedingungen zu berücksichtigen, die aber in der Regel durch 3-dimensionale Koordinaten überall

gleich vorgegeben sind, natürlich mit unterschiedlichen Bewertungskriterien und aus der jeweiligen Fachgruppe auch unterschiedlich bewertet.
Über das System WOCAD ist es nun leicht möglich, solche graphischen Informationen systemunterstützt zu erzeugen. Für den Anwender sehr leicht erlernbar, stellt sich ganz besonders bei CAD-Systemen wie auch bei WOCAD die Frage nach der Zeit und den Kosten.

Verwaltung

Nachdem nun die Erfassung abgeschlossen ist, stellt sich die Frage, wie erfolgt die Laufendhaltung der veränderlichen Daten, und wie erfolgt die Verwaltung der einmal erfaßten Daten. Hier gibt es mehrere Systeme, die im Vergleich hier aufzuführen den Rahmen der Aufgabenstellung sprengen würden. In der Regel werden die Kartenbereiche definiert in Abschnitte für das jeweilig zu bearbeitende Projekt vorgegeben (Kartenblatt). Das vereinfacht den Zugriff, und die Rechnergeschwindigkeit wird durch diese Auswahl nicht überstrapaziert. Wenn man bedenkt, daß von mehreren Fachbereichen auf Datenbanken und graphische Datenbanken zugegriffen werden soll, müssen technisch natürlich auch die Voraussetzungen geschaffen werden, daß die Rechnerleistungen zu den Anforderungen des jeweiligen Anwenders passen. Standleitungen oder Server, also Netzwerke, sind zu schaffen, die den Datenpool, der von einer Fachabteilung geschaffen wurde, den Zugang von anderen Fachbereichen zuläßt und auch thematisch in der Aufbereitung anders darstellbar für die nächste Fachabteilung absichert (Daten und Grafik). Ein Bsp. wurde hierfür genannt. Unterschiedliche Darstellungen im Bereich der fachlichen Anwendung ergeben sich durch die DIN-Vorschriften, und somit ist es erforderlich, daß jeder Fachbereich für sich bei der graphischen Ausgabe von Informationen dafür sorgt, daß die entsprechende Symboldatenbank den Fachaufgaben-stellungen entspricht. (11a) (11, s. S. 3) (1a) D. h. die vorhandenen DIN-Vorschriften geben auch die graphische Symbolik für die einzelnen Fachbereiche bereits vor. Die Plan-Zeichenvorschriften, als Beispiel genannt, unterliegen einem Wandel in einem Zeitraum von ca. sechs bis zehn Jahren. Das trifft auch zu für die Vermessungsanweisungen und ähnlich auch für die Richtlinien der Anlagen des Straßenbaus (RAS Verm.).

Im Bereich der Landschaftsplanung kommt im Bereich Bauleitplanung, Flächen-nutzungsplanung und damit wiederum die Planzeichenverordnung zum tragen (11e). Detaillierte Darstellungen aber wie z. B. im Bereich der Landschaftsplanung machen es auch erforderlich, thematische symbolische Auswertungen so zu gestalten, daß sie auch für nicht Fachkundige lesbar werden, d. h. umsetzbar werden, erkennbar werden in Plänen und Darstellungen. Dazu dienen die Legenden, die heute jeweils als Anlage für Planungsverfahren zur Pflicht gehören, die für CAD-Systeme dahin rationell verarbeitbar werden, deshalb, weil nur die tatsächlich in diesem Aufgabenbereich vorkommenden Symbole erläutert und nicht die ganze Palette der Legende ausgegeben werden muß. Die Gestaltung der graphischen Ausgabe ist somit also dem Anwender selbst überlassen. Das System im graphischen Bereich wird durch die Symboldatenbanken unterstützt. Damit wird der fachliche Bereich für den Anwender übersichtlich und anschaulich für das ihm anvertraute Fachgebiet.
Wie erfolgt nun der Zugriff auf das Auskunftssystem WOCAD via graphischer Datenverarbeitung? Mit der Netzwerktechnologie geschieht dies besonders sinnvoll. Deshalb, wie schon bereits erwähnt, weil verschiedene Fachgruppen auf diese Information zugreifen können und müssen. Thematisch kann man die verschiedenen Aufgabenstellungen und Kartendarstellungen mit Hilfe verschiedener Layer oder Ebenen unterteilen und so für die entsprechenden Fachgebiete anforderungsgerechte Strukturen zusammenstellen, um zu einer der Aufgabenstellung entsprechenden Karte oder grafischen Aussage zu kommen.

BIOTOPKARTIERUNG FRA
BIOTOPTYPENKARTIERUNG - BIOTOPTYPE

Bebaute Bereiche mit Hausgärten
(6) Bebauter Bereich, Hausgartenanteil 50% - 75%
(7) Bebauter Bereich, Hausgartenanteil 25% - 50%

Kleingärten, Grabeland und Kleintierzuchtgelände
(13) Kleingärten (Vereinsanlage)
(14) Freizeitgärten
(16) Grabeland

Gärtnerisch gestaltete Grünflächen
(17) Gärtnerisch gepflegte Fläche
(18) Scherrasen

Ackerland
(23) Acker
(24) Ackerbrache
(25) Feldrain

Wiesen, Weiden und Grünlandbrachen
(29) Glatthaferwiese auf frischem oder trockenem Standort
(30) Grünlandbrache oder ruderale Wiese auf frischem und nährstoffreichem Standort
(31) Glatthaferwiesenbrache auf trockenem und warmem Standort
(33) Weide auf frischem Standort
(34) Grünlandeinsaat

Vegetationsfreie und -arme Flächen
(35) Sehr stark oder völlig versiegelte Fläche
(36) Nicht versiegelte, vegetationsfreie Fläche
(37) Nicht versiegelte, vegetationsarme Fläche
(38) Nicht versiegelte Fläche mit mehr oder weniger dichter, trittbeeinflußter Vegetation

Ruderalpflanzenbestände
(40) Ausdauernder Ruderalpflanzenbestand auf frischem Standort in artenreicher Ausprägung

Abb. 11 a

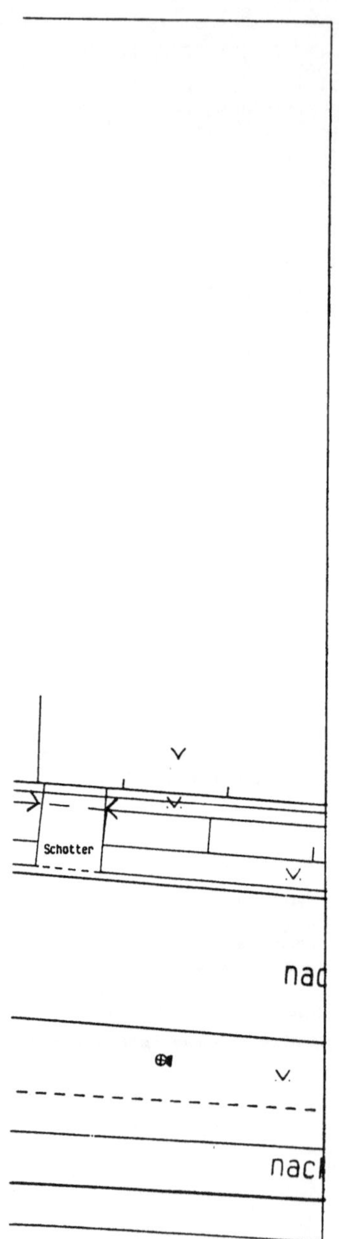

Zeichenerklärung

Schacht mit runder Abdeckung

Ablauf bzw. Ablaufrinne

Verteilerkasten allgemein

Elt-Zeichen

Merkstein allgemein

Kabelmerkstein   NK

Hauptstraße

Vorfahrt gewähren

Hinweisschild

Fernbediente Gleissperre

Hinweistafel, allgemein

Kilometerzeichen Eisenbahn

Warnkreuz DR/DB

Leuchte auf Stahlbetonmast

Leuchte auf Stahlgittermast

Holzmast mit Fuß

Holzmast mit Strebe

Holzmast

Anker am Mast

Fahnenmast

Steigrichtungspfeil Treppe/Rampe

Steigrichtungspfeil Treppe/Rampe

Schranke

Laubbaum, aufgemessen

sonstige Grünflächen

Gartenland (G)

Fließrichtungspfeil

Hinweistafel, allgemein

Haltestellenzeichen, unbeleuchtet

Abb. 1 a

Legende

Darstellung der Trassenvarianten

Nutzung des vorhandenen Weges (zwischen Gießener Ring und Steuben-Kaserne)

Variante A (nordöstliche Straßenseite)

Variante B (südwestliche Straßenseite)

gemeinsame Führung von A und B

(Alternative C nicht explizit dargestellt, da in den Auswirkungen Alternative A nahekommend)

Trassenabschnitte mit ökologisch relevanten Eingriffen

randlicher Eingriff in Waldbestände

besonders kritisch zu bewertender Eingriff in ältere Laubwälder (Bäume lt. Vermessung des Büros Wohlleben in unmittelbarer Straßennähe; Uferbereiche)

Einzelbäume in unmittelbarer Trassennähe

Hecken, Gebüsche, Waldränder mit geschlossenem Strauchmantel

quellige Stellen, Bäche

Verlegung von Gräben erforderlich

ökologisch wertvolles Grünland

ökologisch wertvolle Brachflächen

zu berücksichtigende Straßenrandbepflanzung

Geländelage der bestehenden Bundesstraße

Straße in Dammlage (mindestens 1m über Geländeniveau)

Straße in Einschnittlage (mindestens 1m unter Geländeniveau)

Abb. 11 e

Im Bereich der Verwaltung hier einige Beispiele:

Amt für kommunale Gesamtentwicklung, verwaltet durch die Flächennutzungspläne. Das statistische Wahlamt verwaltet seine Wahlbezirke nach Blockgrenzen oder nach Straßenzügen. Die Richtwertkarten beinhalten ähnliche Zonen und Objekte, die sich in der graphischen Darstellung fast gleich verhalten. (Damit hat man bereits drei Folien.) Darüber hinaus ins Detail gehend kann eine Gesamtstruktur aus dem Bereich Biotop dargestellt werden, so daß gleiche Strukturmuster erkannt werden, von dem System als Stadtstruktur besonders ausgegeben werden und farblich auch natürlich mit entsprechender Hinterlegung der Einwohnerzahlen oder vorkommender Zahlen graphisch sichtbar gemacht werden können. Durch das Ein- und Ausblenden verschiedener Layer ist es möglich, unterschiedliche Aufgabenstellungen sofort zu visualisieren und die für jede Planung erforderlichen Grundlagen damit deutlich sichtbar und darstellbar zu machen.

Planung

Ohne eine saubere Grundlagendokumentation bzw. Bestandserfassung ist jede Neuplanung sinnlos. Denn nur mit ausführlichen Grunddaten, gründlichen Analysen der Altbestände ist es möglich, auf das Vorhandene neue sinnvolle Gestaltungen der Lebensräume, der Landschaftsräume oder Straßen- und Kommunikationsräume zu planen und damit neu zu schaffen.

Auskunft

Was hilft hier nun ein Auskunftssystem? Das Auskunftssystem WOCAD hat den Sinn, Fachabteilungen Zugang zu Kartenmaterial zu verschaffen und den Zugriff nicht über "Tausend Schränke", sondern über den Datenserver, zu verkürzen. Die grafische Ausgabe kann am Bildschirm erfolgen oder auf dem Plotter, und ein entsprechender Plan kann aufbereitet nach Fachthemen dem Nachfragenden mitgegeben werden.

Die Datenbank in WOCAD

Der Durchgriff auf die Sachdaten macht das System deshalb interessant, weil sich Daten-Strukturen zu einem Objekt (Biotop, Flurstück, Fläche), wie auch immer man es definieren möchte, speichern und verwalten lassen. Jedes dieser Datenfelder, welches relevant ist für das Fachgebiet, kann als Suchfeld definiert werden und damit über die EDV als schnelles Zugriffsfeld Berücksichtigung finden. Seien es nun Daten aus der Landschaftspflege, aus dem Landschaftsschutz, aus dem Gewässerschutz; in allen Bereichen kann man das System sinnvoll einsetzen, weil der Bereich der Werkzeuge, die innerhalb des Systems zur Verfügung stehen, breit und übersichtlich gefächert sind.

WOCAD ist ein Auskunftssystem, welches gleichzeitig eine Eingabeeinheit darstellt. Ohne Eingabeeinheit ist es nicht möglich, weitere Informationen der sich ständig verändernden Umgebungssituation zu erfassen und weiterzuführen. Sowohl der Fachingenieur als auch der Informatiker sind verpflichtet, die Historie mitzuverwalten, d. h. auch den historischen Datenbestand den sich permanent verändernden Umweltdaten anzupassen und ständig mitzupflegen, d. h. auch die Laufendhaltung und Aktualisierung der Daten erfordert Zeitaufwand, der natürlich möglichst gering bleiben sollte und durch das System WOCAD selbstverständlich mituntstützt wird. Diese Anforderungen, Teile eines Pflichtenheftes, gehören zu jedem System, welches unter der Bezeichnung geografisches Informationssystem bestehen will.

Wie bekommt man nun Ergänzungsdaten aus dem Bereich der Bepflanzung und des Bewuchses in das Kartenmaterial hinein? Hier gibt es wiederum zwei Möglichkeiten. Die digitale Verarbeitung der Werte setzt die Bearbeitung der manuellen oder orthogonalen Werte voraus. Elektrooptische Vermessungssysteme ermöglichen, die Daten draußen im Felde zu erzeugen, und mit entsprechender Hinterlegung und Punktkennung können wenige CAD-Systeme diese Informationen direkt als Bild wiedergeben. Die CAD-Systeme sind also erst mit diesen Informationen zu füttern (Arbeitsaufwand). Das System WOCAD benutzt bereits im Außendienst oder bei der Digitalisierung einen Code, um Sachinformationen und Zugriffe in die Objekte hineinzubringen, und so stellt sich unser Werbeslogan "WOCAD ist messen und fertig" unter Beweis. (12) (13)

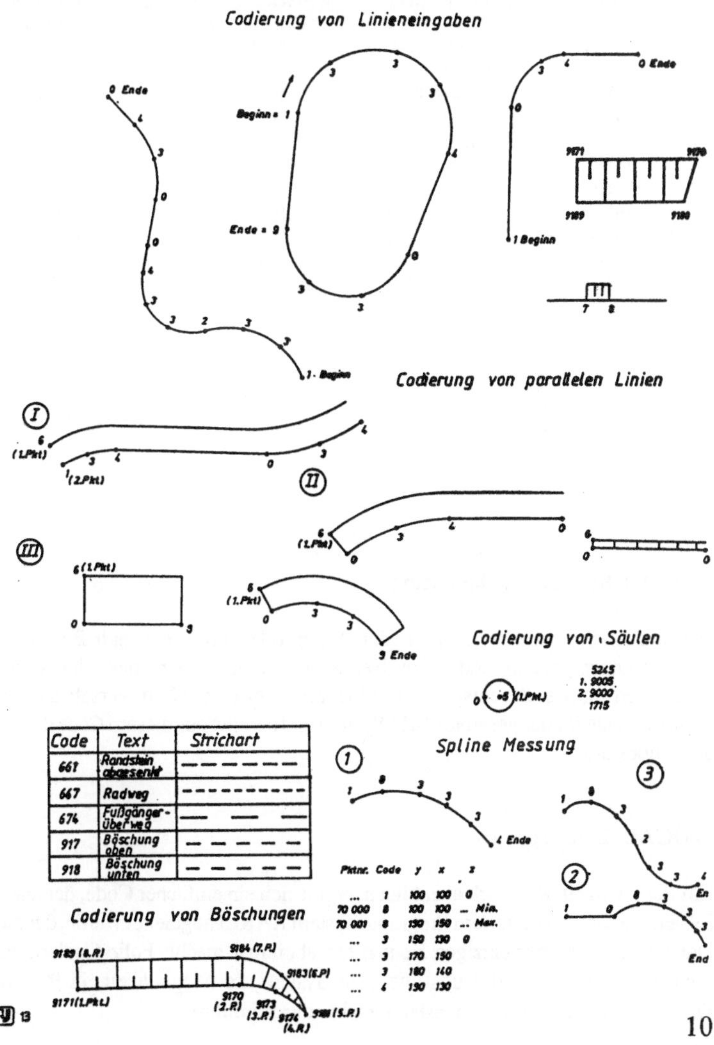

Abb. 12

Auftrag-Nr .: 9.9116   Projekt : WOCAD messen + fertig

WOCAD
K O O R D I N A T E N - V E R Z E I C H N I S

*1005.	1537	83541.098	26558.318	191.092
*1006.	1538	83541.185	26558.809	191.064
*1007.	1537	83537.791	26537.254	192.580
*1008.	1538	83537.869	26537.729	192.563
*1009.	1015	83534.004	26529.386	193.274
*1010.	4905	83538.150	26528.453	193.411
*1011.	6661	83538.119	26527.713	193.468
*1012.	6660	83538.776	26532.732	193.083
*1013.	9406	83539.296	26532.782	193.800
*1014.	9400	83539.304	26532.723	193.800
*1015.	9400	83538.811	26532.783	193.793
*1016.	9400	83540.349	26543.968	193.213
*1017.	9400	83542.110	26555.059	191.450
*1018.	9409	83544.084	26566.539	192.062
*1019.	6797	83541.376	26567.915	190.503
*1020.	6798	83541.958	26570.864	190.319

Abb. 13

WOCAD System - Erläuterung

Der aufzunehmende Bereich in der Natur oder im Innenstadt-Bereich wird durch einen Vermessungsingenieur und seine Helfer so aufgenommen, daß eine linienhafte Darstellung dadurch erfolgt, daß der entsprechende Meßpunkt mit einem Code versehen wird. Dieser Code bildet die Grundlage für das gesamte CAD-System und bereitet aus diesem Code die grafische Darstellung des Bildes auf.

WOCAD Zeitersparnis

Ein Bsp.: Um ein Rechteck abzubilden, ergibt sich ein einfacher Code, der aus aus dem 10-Finger-System bereits 1979 aus dem Programmsystem KARLI abgeleitet wurde, der die gesamte grafische Darstellung mit einer einzigen Kennziffer abbildbar macht (Folie Codierungsliste). Der darüber hinausgehende Code gibt uns und dem System die Möglichkeit, in 999 verschieden Ebenen Darstellungen der verschiedensten Objekte durchzuführen.

102

Systemunterstützt werden draußen schon dadurch die Arbeiten verkürzt, z. B. 2 Punkte statt 4. Es entfallen Mehrfachmessungen bei Punktverwaltung von Mauern, indem Parallelen automatisch generiert werden, wobei nur der Anfangspunkt als darstellende Breite und rechnerische Breitendarstellung genutzt und gespeichert wird.

Die landesplanerische Darstellung verwendet gerissene, breit und schmal dargestellte Linienverläufe zur Unterscheidung von Flächenabgrenzungen, Verfahrensgrenzen etc. Diesen Bereich nennen wir linienbegleitende Symbolik, die vom System unterstützt wird. Linienbegleitende Symbolik bedeutet, daß einmal mit dem entsprechenden Code eine Linie mit der Aufteilung der Symbole im System hinterlegt wird. Diese Symbolik wird natürlich auch hier automatisch unterstützt durch die Symboldarstellung und erfolgt linienbegleitend parallel zur entsprechenden Begrenzungslinie (z. B. Verfahrensgrenze). Bitte beachten - System generiert ja, aber nicht gespeichert!
Als weiteres Beispiel für die Leistungsfähigkeit des Systems WOCAD sei hier noch die Kanaldatenbank erwähnt. Die Kanaldatenbank wird als alphanumerische Datenbank zunächst mit den vorhandenen Daten "gefüttert" (erfaßt). Soweit Koordinaten für die Kanaldeckel vorhanden sind, werden diese miteingegeben, anderenfalls digital ermittelt, z. B. aus bestehendem Kartenmaterial (WOBASE). Aus dieser alphanumerischen Datenbank wird dann systemunterstützt von WOCAD die Kanalkarte mit allen Informationen Material, Nennweite, Baujahr, etc. unterstützt, aufgebaut und ausgegeben. Sie kann am Bildschirm angeschaut oder auf dem Plotter ausgegeben werden.

Aus den unterschiedlichen Anwendungen und Beispielen, die hier aufgezeigt wurden, wird deutlich, wie universell WOCAD eingesetzt werden kann. WOCAD ist in großen Städten mit Aufgabenstellungen betraut.Das sind ähnliche Aufgabenstellungen, wie sie hier bereits aufgeführt wurden (6c). Die Kommunikation mit Großrechnern und dem Austausch der Bilddatenbank, der grafischen Datenbank, mit Sachinformationen, macht das System als Partner auch für kleine Betriebe, Behörden und Abteilungen interessant.

Abb. 6 c

Kosten

Zu den Kosten sei hier vielleicht noch ein Punkt genannt. Die EDV-Kosten im Bereich der Hardware sind permanent gesunken. Ein PC mit Vernetzungsmöglichkeiten kostet heute nur noch ca. 3,5 TDM bis 4,0 TDM im Vergleich zu früher von 20,0 TDM. Natürlich kann man nach wie vor auch heute bei Grafik-Darstellungen viel Geld ausgeben, d.h. die Kosten für leistungsfähige Grafikschirme oder zusätzliche Grafikkarten beginnen in der Regel bei 5,0 TDM, wobei nach oben kaum Grenze gesetzt sind. Natürlich wird die Leistungsfähigkeit und Geschwindigkeit der Rechner erheblich beschleunigt bis zum Faktor 20. Das ist auch ein Kostenfaktor, der sich aber schnell für den Betrieb amortisieren kann, wenn man Fachleute an den Geräten zur Verfügung hat. Für den Anfangsbereich empfiehlt sich ein normal ausgestatteter PC und ein Normalbildschirm, da der Einstieg erarbeitet werden muß und in der Regel doch einige Zeit erfordert.

Schulung

Die Schulungen, die hier notwendig sind, sind je nach System und Hardware-Umgebung sehr unterschiedlich. Dementsprechend sind die Schulungskosten sehr hoch oder niedrig anzusetzen. Das System WOCAD setzt eine Schulung von nur mindestens fünf Tagen voraus und versetzt danach den Anwender in die Lage, produktive Arbeit in seinem Fachaufgabengebiet leisten zu können. Da die Kostenseite bei allen Aufgabenstellungen nicht vernachlässigt werden darf und kann, können wir davon ausgehen, daß bei den engen Haushaltsvorgaben der PC mehr und mehr in den Vordergrund rücken wird. Die Vernetzung aller Behörden, ähnlich wie das bereits im Osten vorgeführt wird, wird auf Gemeindeebene bereits mit PC-Einsatz favorisiert und hat bereits in Sachsen ca. 40 % der Gemeinden erreicht. Das heißt, daß hier Vorgaben geschaffen werden, die uns in den alten Bundesländern zum Nachdenken zwingen. Die Fördermittel schaffen für die neuen Bundesländer einen Vorteil. In den alten Bundesländern ist sehr mühsam ein EDV-Einsatz in einigen Bereichen eingeführt. Der Rückstand, der hier z. Z. entsteht, wird unaufhaltbar sein.

Nach dem Motto "Die Technik macht's möglich" werden unsere Fachkollegen im Osten hier im Bereich der grafischen Datenverarbeitung wie im Bereich der Sachdaten und Datenbankverwaltung innerhalb kurzer Zeit Erfahrungswerte liefern können, die dann die Altbundesländer in die Lage versetzen, dieses Aufgabenspektrum mit PC-Unterstützung zu übernehmen. Das Auskunftssystem WOCAD ist eines unter vielen, hat aber den Vorteil leichter Erlernbarkeit, Konvertierbarkeit und Flexibilität und kommt aus einem Mittelstandsbetrieb. Dies sollten sich sowohl die Gemeinden, die Energieversorgungsunternehmen, die Landschaftsplaner, die Architekten und die Umweltschützer zunutze machen, um damit eine Vielfalt von Informationselementen zu verwalten, zu ergänzen und zum Nutzen aller für die Planung einzusetzen.

EDV-gestützte Verarbeitung von Artendaten

SORT, ein Computerprogramm zur Bearbeitung und zur Analyse floristischer und faunistischer Artenlisten und Tabellen im wissenschaftlichen und gutachterlichen Bereich

Dipl.-Biol. Walter Durka/
Dipl.-Biol. Werner Ackermann

Einführung

Die Erfassung und Bewertung der natürlichen Umwelt anhand ihres Pflanzen- und Tierbestandes ist ein wichtiger Bestandteil ökologischer Gutachten bei Eingriffs- und Ausgleichsplanungen, Umweltverträglichkeitsprüfungen, Pflegeplänen etc.

Die Information über den Artbestand an Pflanzen oder Tieren liegt in der Regel als Artenliste oder Artentabelle vor. Der Umfang solcher Tabellen richtet sich dabei nach der Größe des zu beschreibenden und zu bewertenden Objektes. Je nach Artenvielfalt resultieren allerdings in der Regel umfangreiche Tabellen, die einer ordnenden, auswertenden und interpretierenden Arbeit unterzogen werden müssen.

Die Bearbeitung von Artenlisten stellt besondere Anforderungen an die Software, die von Standard-Produkten nicht oder nur in sehr eingeschränktem Maße erfüllt werden. Dies sind einerseits die Größe der Datensätze und deren spezifische Eigenheiten: unterschiedliche Abundanz(Häufigkeits)-Symbole, spezielle Auswertemethoden (z.B. Verschneidung mit Datenbanken, Bildung von Stetigkeitstabellen, Berechnung diverser Indices, Häufigkeitsverteilungen) und andererseits Anforderungen an Dateneingabe- und Ausgaberoutinen, die den konkreten Arbeitsschritten entsprechen. Aus diesem Grunde wurde von den Autoren als Anwendern das Programm SORT entwickelt (Durka & Ackermann 1993), das alle Arbeitsschritte der Bearbeitung und Auswertung von Artendaten beinhaltet.

Datenstruktur in SORT

Die dem Programm zugrundeliegende Datenstruktur ist eine Tabelle (Abb.1), deren erste Spalte die **Artnamen** enthält. Weitere Spalten sind sogenannte **Aufnahme-Spalten,** in denen das Vorkommen der Arten im Untersuchungsobjekt, z.B. Biotop oder Vegetationseinheit, verzeichnet ist. Die Häufigkeit des Vorkommens der Arten (Abundanz) kann entweder in frei definierbaren alphanumerischen Symbolen erfolgen, z.B. mit den in der Pflanzensoziologie üblichen Deckungssymbolen nach Braun-Blanquet, oder als prozentuale Häufigkeit. Jede Aufnahme enthält im **Tabellenkopf** weitere Angaben. Dies können im Gelände erhobene Standortsdaten oder durch Auswertung der Tabelle bestimmte Werte sein.
Im folgenden werden einige wichtige Merkmale und Funktionen von SORT beschrieben und an einem konkreten Beispiel erläutert.

Datenbanken und Datenbankeinsatz in SORT

SORT greift bei einer Vielzahl von Arbeitsschritten auf eine Datenbank zu, die die Artnamen und weitere artspezifische Felder in Form eines alphabetischen Arten-Lexikons enthält. Eine Grunddatenbank von SORT für Pflanzen, Moose und Flechten enthält für ca. 6400 Taxa neben dem wissenschaftlichen und deutschen Artnamen die Nummer nach Ehrendorfer, Lebensform und diverse Rote Listen (BRD, Bundesländer). Datenbanken diverser Tiergruppen stehen ebenfalls zur Verfügung. Die Datenbankstruktur ist offen für Erweiterungen, so daß fallbezoge vorhandene Information mitaufgenommen werden kann.

Die Nutzung kommerziell erhältlicher Datenbanken (Ellenberg et al. 1991, Frank & Klotz 1988) ist nach Import in SORT möglich. So sind z.B. die Zeigerwerte für Gefäßpflanzen, Moose und Flechten nach Ellenberg (Ellenberg et al. 1991) auswertbar, außerdem enthält diese Datenbank weitere Felder, die über die Häufigkeit und Gefährdung Auskunft geben, so z.B. die sogennante 'Meßtischblattfrequenz', die als numerisches Seltenheitskriterium herangezogen werden kann. Weitere ökologische Parameter, die schon als klassifizierte und codierte Werte beschrieben sind, wie z.B. der Futterwert für Wiesenpflanzen (Klapp 1965), Arealtypen, Humusformenzeiger (AG Bodenkunde 1982), Blütenökologie o. ä. liegen entweder schon als Datenbanken vor oder können leicht integriert werden und so gegebenenfalls in Bewertungen berücksichtigt werden.

Im Bereich der zoologischen Begutachtung liegen neben den Roten Listen weitere alternative Bewertungssysteme vor. So stehen im Chorologie-Index für Schmetterlinge (Kudrna 1986) und im Bewertungsindex für Vögel (Bezzel 1980) einfache Bewertungsindices zur Verfügung, die hervorragend in SORT benutzt werden können.

SORT setzt die Datenbank für diverse Arbeitsschritte ein (Abb. 1). Dabei erfolgt der Bezug zwischen Artentabelle und Datenbank immer über den Artnamen, der das erste Feld der Datenbank darstellt. Der erste Einsatz der Datenbank erfolgt bei der Dateneingabe, das heißt bei der Erstellung der Artenliste. Die Namen müssen nicht über Tastatur eingegeben werden, sondern können aus dem Arten-Lexikon übernommen werden (Abb. A).

Zusätzlich zu den Artnamen ist nun durch Verschneidung der Artenliste mit einem Artenlexikon die selektive Übernahme weiterer Felder in die Artenliste möglich (Abb. B). Diese artspezifischen Spalten werden im folgenden als 'Titelspalte' bezeichnet.

Die wichtigste Funktion beim Einsatz der Datenbank ist wohl die Berechnung von ökologischen Kennwerten für jede Aufnahme (Abb. C). Hierbei wird jeweils für die in der betreffenden Aufnahme enthaltenen Arten ein Feld der Datenbank, z.B. der Feuchtewert, ausgewertet. Die Auswertung selbst kann eine Mittelwertbildung (gewichtete oder nicht gewichtete Mittelung, Median, verschiedene Streuungsmaße, z.B. für Zeigerwerte) oder eine Häufigkeitsbestimmung (Zählen bestimmter Werte, z.B. bei der Roten Liste) sein. Auswertungen dieser Art können entweder in direkter Verbindung mit der Datenbank oder durch Auswertung der Titelspalten erfolgen. Eine weitere Funktion unter Zugriff auf die Datenbank ist die Erstellung von Zeigerwertspektren. Dies sind Häufigkeitsverteilungen einzelner ökologischer Kennwerte (Zeigerwert, Rote Liste) für Einzelaufnahmen oder Aufnahmegruppen (Abb. D)

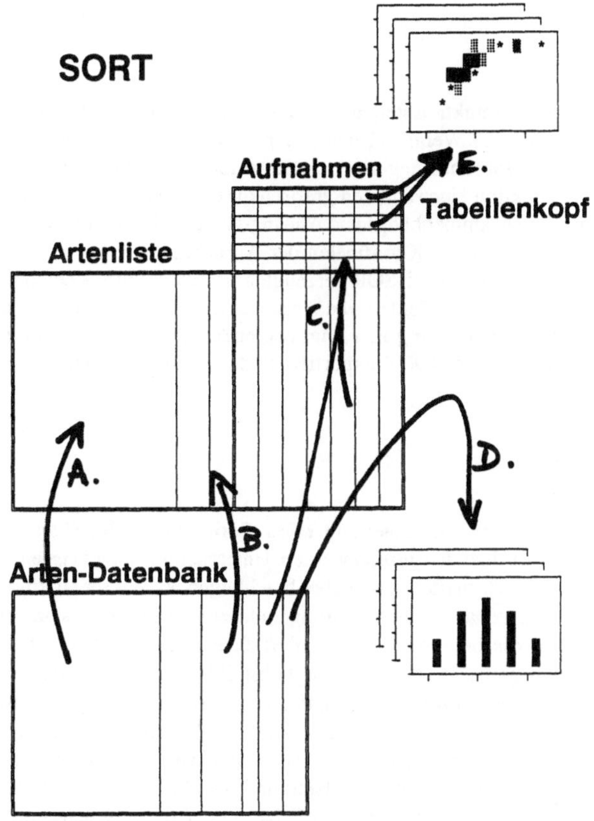

Abb. 1

Auswertung ohne Bezug zu Datenbanken

Neben der Auswertung der Datenbank sei auf numerische Berechnungen von Aufnahmen hingewiesen, die nicht auf externe Daten zugreifen, sondern ausschließlich auf der Artenliste selbst beruhen. Hier sind zu nennen: die Bestimmung von Artenzahl, Abundanzsumme, verschiedener Diversitätsmaße (Shannon-Wiener, Simpson-Index, Hills N2) und Dominanzindices (McNaughton-Index, Berger-Parker-Index). Ein spezielles Merkmal von SORT bei Berechnung ist die wahlweise Berücksichtigung bestimmter entsprechend markierter Arten. Hierfür müssen die Arten nur mit einem Symbol gekennzeichnet sein, z.B. 'B', 'S', 'K' für Baum- Strauch- und Krautschicht oder 'L' und 'I' für Larve und Imago. Dies ermöglicht eine differenzierte Auswertung von Vegetationsaufnahmen in Wäldern unter Berücksichtigung der Stratifikation oder die Bearbeitung verschiedener Tiergruppen in einer Tabelle. Eine Doppelberücksichtigung von Arten, die in der Tabelle mehrmals mit unterschiedlichen Symbolen vorkommen (z.B. Picea abies in Baum- und Strauchschicht oder Schwalbenschwanz als Larve und Imago), wird so vermieden.

Grafik

Eine vielseitig einsetzbare Funktion stellen XY-Grafiken und XYZ-Grafiken dar, die auf Daten der
Kopfzeilen zugreifen (Abb. E). Wenn im Tabellenkopf sowohl Standortsangaben als auch berechnete
Zeigerwerte, Gefährdungsabschätzungen oder Wertzahlen vorliegen, wird mit dieser Funktion, die
einen Parameter als Funktion eines anderen grafisch aufträgt, auf schnellem Wege ein
Einblick in ökologische Zusammenhänge und Abhängigkeiten dieser Parameter ermöglicht. Liegen
für die Aufnahmen einer Tabelle Koordinaten der Aufnahmepunkte vor, so kann eine einfache
Rasterkarte erzeugt werden. Diese mit SORT erzeugten Grafiken sind aus Zeichen des ASCII-Satzes
aufgebaut und können so direkt in Texte einbezogen werden. Durch den gerasterten Aufbau sind sie
in der Auflösung und Differenzierung allerdings begrenzt. Die diesen Grafiken zugrundeliegenden
Daten können problemlos aus SORT exportiert und mit Grafik-Programmen weiterbearbeitet
werden.

Fallbeispiel

Der Einsatz von SORT für die Erstellung eines floristischen Gutachtens im Rahmen einer
Eingriffsplanung soll im folgenden gezeigt werden. Untersuchungsobjekt ist ein von Fichtenforsten
umrahmtes, ehemals bewirtschaftetes, nun aber brachliegendes Wiesental, durch das ein Radweg
gebaut werden soll. Die genaue Trassenführung steht zur Diskussion, wozu eine gutachterliche
Stellungnahme auf floristischer Grundlage erforderlich ist. Dazu wurden im fraglichen Bereich 36
Vegetationsaufnahmen gemacht, die eine möglichst flächendeckende Bewertung ermöglichen
sollen. Gleichzeitig sollen Pflanzengesellschaften angesprochen und kartiert werden. Neben den
üblichen Standortsdaten wurden zu diesem Zweck zu den Aufnahmeflächen auch die Koordinaten
als Rechts- und Hochwert, bezogen auf einen markanten Punkt im Gelände, erhoben. Als Datenbanken
werden folgenden die SORT-Standarddatenbank und die Datenbank von Ellenberg et al. (1991)
verwendet, wobei in dieser die verschiedenen Felder der soziologischen Stellung zu einem Feld
zusammengefasst wurden.

Dateneingabe

Der erste Schritt bei der Bearbeitung ist die Dateneingabe über Tastatur. Die entsprechende
Bildschirmoberfläche ist in Abb. 2 dargestellt. In der linken Bildhälfte ist die Artenliste der
bearbeiteten Aufnahme eingeblendet. In der rechten Bildhälfte ein Auswahlfenster, das eine
Auswahlliste enthält. In diesem Fenster kann alternativ die Artenliste der aktuell bearbeiteten Tabelle
oder auch die Artenliste einer angeschlossenen Datenbank benutzt werden. Die Artnamen können
nun über Tastatur eingegeben oder aus der Liste ausgewählt und direkt übernommen werden.
Neben den Angaben zu vorkommenden Arten sind im Tabellenkopf jeder Aufnahme Standortsdaten
eingetragen worden wie Koordinaten, Gesamtdeckungsgrad der Vegetation, Neigung u.ä.

Als erstes Ergebnis der Arbeit mit SORT können jetzt bereits Listen der einzelnen Aufnahmen
erstellt werden, die die Standortsdaten des Tabellenkopfes und die Artangaben enthalten (Tab. 1).
Dies als ein möglicher Teil des Datenanhanges eines Gutachtens mit den Rohdaten.

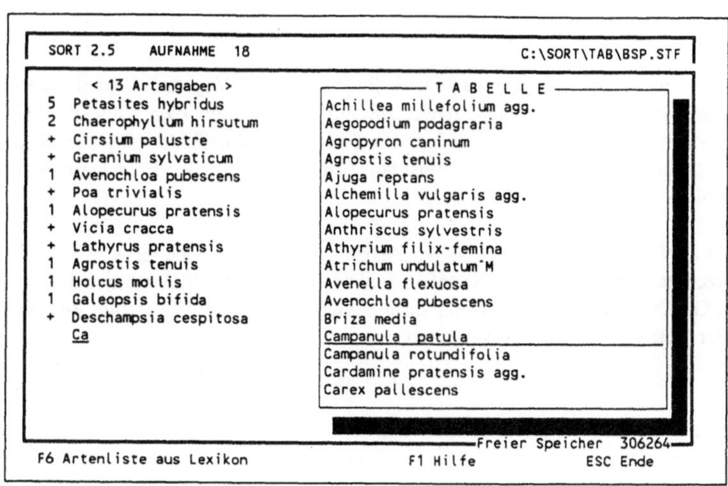

Abb. 2: Dateneingabe in SORT: Bildschirm bei der Arteneingabe mit eingeblendetem Auswahlfenster

Aufnahmenummer	2
Rechtswert (m)	65
Hochwert (m)	50
Artzahl	23
McNaughton Index	53
Diversität (Shannon/Wiener)	2.17
Eveness	69
Feuchtezahl	6.9

```
5 Petasites hybridus
2 Stellaria nemorum
1 Impatiens noli-tangere
1 Stachys sylvatica
2 Chrysosplenium oppositifolium
2 Chrysosplenium alternifolium
R Phalaris arundinacea
+ Filipendula ulmaria
+ Chaerophyllum hirsutum
+ Geranium sylvaticum
+ Dactylis glomerata
+ Heracleum sphondylium
1 Poa trivialis
1 Galeopsis bifida
R Deschampsia cespitosa
1 Urtica dioica
+ Ranunculus repens
1 Aegopodium podagraria
2 Gagea lutea
1 Pellia neesiana          M
R Athyrium filix-femina
R Geranium robertianum
R Lysimachia nemorum
```

Tab. 1: Ausgabeformat Aufnahmeliste; Artenliste jeder Aufnahme (hier Aufnahme-Nr. 2) mit Abundanzangaben und Tabellenkopf.

Als Grundlage für weitere Auswertungen und für die Redigierung der Vegetationstabelle werden nun durch eine Verschneidung der Tabellen-Artenliste mit den Datenbanken folgende Felder als Titelspalte übernommen: Feuchtezahl, soziologische Stellung, Meßtischblattfrequenz, Rote Liste-Status BRD (aus Ellenberg et al. 1991), Deutscher Artname, regionaler Rote Liste-Status (aus SORT-Datenbank).

An dieser Stelle kann als weiteres Ergebnis der Arbeit eine alphabetische Gesamt-Artenliste des Untersuchungsgebietes erstellt werden, die neben dem wissenschaftlichen Artnamen den deutschen Namen und die Gefährdungsstufe nach Roter Liste enthält (Tab.2). Hier kann zum Beispiel schon auf die Arten der Roten Liste eingegangen werden.

```
1   Taxon
2   Deutscher Artname
3   Rote Liste Oberfranken
4   Rote Liste BRD
5   Meßtischblattfrequenz
```

Taxon	Deutscher Artname	R	R	M
Achillea millefolium agg.	Artengruppe Wiesen-Schafgarbe			
Aegopodium podagraria	Geißfuß, Giersch			7
Agropyron caninum	Hunds-Quecke			7
Agrostis tenuis	Rotes Straußgras			9
Ajuga reptans	Kriechender Günsel			9
Alchemilla vulgaris agg.	Gewöhnlicher Frauenmantel			8
Alopecurus pratensis	Wiesen-Fuchschwanz			9
Anthriscus sylvestris	Wiesen-Kerbel			9
Athyrium filix-femina	Wald-Frauenfarn			9
Atrichum undulatum	M			
Avenella flexuosa	Geschlängelte Schmiele			9
Avenochloa pubescens	Flaum-Hafer			7
Briza media	Zittergras			8
Campanula patula	Wiesen-Glockenblume			7
Campanula rotundifolia	Rundblättrige Glockenblume			9
Cardamine pratensis agg.	Artengruppe Wiesen-Schaumkraut			9
Carex pallescens	Bleiche Segge			7
Centaurea pseudophrygia	Perücken-Flockenblume	2		3
Cerastium arvense	Acker-Hornkraut			9
Chaerophyllum hirsutum	Berg-Kälberkropf			5
Chrysosplenium alternifolium	Wechselblättriges Milzkraut			7
Chrysosplenium oppositifolium	Gegenblättriges Milzkraut	3		6
Cirsium palustre	Sumpf-Kratzdistel			9
Colchicum autumnale	Herbstzeitlose			7
Crepis paludosa	Sumpf-Pippau			9
Dactylis glomerata	Wiesen-Knäuelgras			9
Danthonia decumbens	Dreizahn			8
Deschampsia cespitosa	Rasen-Schmiele			9
Dianthus deltoides	Heide-Nelke			7
Dryopteris carthusiana	Gewöhnlicher Dornfarn			9
.	.	.	.	.
.	.	.	.	.

Tab. 2: Gesamt-Artenliste mit Deutschem Namen, Rote Liste BRD, Rote Liste Oberfranken, Meßtischblattfrequenz

Als weitere Standortscharakterisierung wird nun für alle Aufnahmen in einem Durchgang die Artzahl und unter Zugriff auf die Datenbank der mittlere Feuchtewert berechnet. Diese Daten bilden jeweils eine neue Zeile des Tabellenkopfes.

Tabellenarbeit

Nach Abschluß der Eingabe der 36 Vegetationsaufnahmen und der Einrichtung einiger Titelspalten liegt nun eine unsortierte Tabelle vor, bei der sowohl Arten als auch die Aufnahmen in der Reihenfolge der Eingabe stehen. Wir können hier nicht inhaltlich auf die Tabellenarbeit eingehen, die darin besteht, die Arten und die Aufnahmen zu charakteristischen Gruppen zu sortieren. Als entscheidende Hilfe zur Sortierung der Arten stehen in SORT die Titelspalten zur Verfügung, die nun z.B. die Angaben zur Soziologischen Stellung enthalten. In automatischen und manuellen Sortier- und Gliederungsschritten erhalten wir eine in Arten- und Aufnahmegruppen gegliederte Vegetationstabelle. Die Aufnahmegruppen (Pflanzengesellschaften) sprechen wir hier vereinfacht mit 5 Biotoptypen an: Pestwurzflur, Rohrglanzgrasröhricht, Mädesüßflur und Waldsimsenflur, Storchschnabelwiese und Rotschwingel-Rotstraußgraswiesen. Als wichtiger Standortsfaktor ist die Bodenfeuchte anzusehen. Die Vegetationstabelle ist das Ergebnis der pflanzensoziologischen Arbeit und als solche ebenfalls Teil der Bewertung (Tab. 3). SORT ermöglicht die übersichtliche Darstellung auch umfangreicher Tabellen unter anderem durch variable Spaltenbreiten und platzsparende Darstellung der wenig steten Arten am Tabellenende.

Grafik

Die Gesamtheit der erhobenen Aufnahmen erlaubt eine Einsicht in die ökologischen Zusammenhänge der untersuchten Pflanzenbestände. Im XY-Diagramm ergibt eine Auftragung der Artzahl in Abhängigkeit von der mittleren Feuchtezahl, daß die Artzahl auf trockenen Standorten am höchsten und auf feuchten am niedrigsten ist (Abb.5). Diese für das Untersuchungsobjekt gefundene Beziehung kann in eine Bewertung einfließen. Ebenso ist die Erstellung von Ökogrammen möglich, die in einer Grafik drei Ellenberg-Zeigerwerte (N-Zahl, F-Zahl und R-Zahl) oder auch beliebige andere Daten des Tabellenkopfes darstellt.

Rasterkarten

Nachdem wir in jeder Aufnahme in einer neuen Zeile des Tabellenkopfes den Biotoptyp, dem sie angehört, mit dem entsprechenden Anfangsbuchstaben eingetragen haben, erstellen wir mit den Koordinatenangaben als XY-Grafik eine Rasterkarte der Vegetation. Die Buchstaben markieren den Aufnahmeort und geben Auskunft über die vorgefundene Pflanzengesellschaft (Abb. 3). Unter zusätzlicher Verwendung der mittleren Feuchtezahl erhalten wir eine entsprechende Karte der Bodenfeuchte (Abb. 4). Die so erzeugten Karten sind als Arbeitsskizze eine Teilgrundlage der Bewertung.

Stetigkeitstabellen

Für die Vegetationstabelle, d.h. für jede einzelne Aufnahme, könnten nun Auswertungen der Roten Liste vorgenommen werden. Da es sich aber, wie die pflanzensoziologische Arbeit gezeigt hat, um gut differenzierte Pflanzengesellschaften handelt, sollen nicht die Einzelaufnahmen, sondern die von uns ausgeschiedenen Biotoptypen untersucht und bewertet werden. Dazu sind die einem Biotoptyp angehörigen Aufnahmen zusammenzufassen. Durch Umwandlung der Tabelle mit 36 Aufnahmen in eine Stetigkeitstabelle erzeugt SORT nun eine Tabelle mit nur 5 Aufnahmespalten. Als Abundanz kann hier aus den Optionen Stetigkeitssymbol, absolute oder relative Häufigkeit und absoluter oder relativer Bauwert gewählt werden. Wir verwenden als neuen Abundanzwert den relativen Bauwert (Wolf 1979), der ein kombiniertes Stetigkeits- und Abundanzmittel darstellt und sozusagen den Dominanzwert einer Art im Biotop beschreibt. Zur besseren Lesbarkeit der resultierenden Biotop-Tabelle werden die Bauwerte klassifiziert (Tab. 4). Die aus der Vegetationstabelle erstellten Stetigkeitstabellen können z.B. auch als Grundlage für die Erarbeitung eines Kartierschlüssels herangezogen werden. Dazu sind in der Stetigkeitstabelle hochstete und differenzierende Artengruppen zu identifizieren.

Entsprechend den ursprünglichen Einzelaufnahmen (Tab.1) kann jetzt für jeden Biotoptyp eine Artenliste erstellt werden.

Die folgenden Auswertungen hätten in gleicher Weise mit der ursprünglichen Tabelle an den Originalaufnahmen durchgeführt werden können. Sie beziehen sich nun aber auf die soeben erzeugten Artenlisten der 5 im Untersuchungsgebiet gefundenen Biotoptypen.
Die bisherigen Arbeitsschritte waren im wesentlichen rein beschreibender Natur. Naturschutzfachliche Kriterien sind noch nicht eingeflossen, wenn wir von der Artzahl absehen, deren absoluter Aussagewert allerdings recht gering ist (das gleiche trifft für die weiteren berechenbaren Diversitätsindices zu).
Als erster Schritt einer naturschutzfachlichen Bewertung soll die bundesdeutsche (Korneck & Sukopp 1988, in Ellenberg et al. 1991) und eine regional gültige Rote Liste (Walter & Merkel 1988) ausgewertet werden. Dazu erstellen wir Zeigerwertspektren. Wie aus Tabelle 5 zu ersehen ist, treten die Rote Liste-Arten vor allem in den trockenen Biotopen auf. Nach der Bundesdeutschen Roten Liste ist nur eine gefährdete Art vorhanden, nach der regional gültigen sind es drei.

Diese Gegenüberstellung der bundesdeutschen und der regionalen Rote Liste macht zwei Sachverhalte deutlich: es erscheint fraglich, ob nur aufgrund von insgesamt 3 Arten eine Bewertung gerechtfertigt erscheint, wenn gleichzeitig alle übrigen Arten unberücksichtigt bleiben. Außerdem wird deutlich, daß eine Konkretisierung der Bewertungsmaßstäbe durch den Wechsel von Roter Liste BRD zu Roter Liste Oberfranken für das Untersuchungsgebiet eine schärfere Aussage erlaubt.
Deshalb soll hier versucht werden, die von uns ausgeschiedenen Biotoptypen danach zu bewerten, ob sie typisch für das Gebiet und als charakteristischer Bestandteil der Landschaft besonders zu schützten sind. Es ist also zu untersuchen, ob die verschiedenen Biotoptypen Arten enthalten, deren Verbreitung regional differenziert ist. Schon die unterschiedlichen Ergebnisse der regionalen und der bundesdeutschen Roten Liste, vor allem durch das Auftreten der Gefährdungsstufe 2, ergibt sich, daß wir es hier offenbar mit einer besonderen Situation zu tun haben.

Ein Parameter, der geeignet erscheint, ein Maß für das 'Typische' zu bestimmen, ist die sogenannte Meßtischblattfrequenz (Ellenberg et al. 1991), die in neun Stufen klassifiziert angibt, in wie vielen Meßtischblättern des Atlas der Gefäßpflanzen Deutschlands (Häupler & Schönfelder 1989) eine Art vorkommt. Eine Art, die nur in wenigen Meßtischblättern vorkommt, kann als typisch für das entsprechende Gebiet bezeichnet werden. Dies wiederum stellt, unabhängig von der Gefährdung einen qualitativen Wert dar. Eine Auswertung der Meßtischblattfrequenz ergibt (Abb. 6), daß in allen Biotoptypen Arten mit nur regionaler Verbreitung vorkommen. Arten der Stufe 3 fehlen aber in den ersten beiden Biotoptypen Pestwurzflur und Rohrglanzgrasröhricht. Zur Form der Auswertung ist hier anzumerken, daß bei den Zeigerwertspektren der Meßtischblattfrequenz anders als bei den Roten Listen (Tab. 5) nicht die Artenzahl, sondern der Anteil der Arten an der Gesamtabundanz bestimmt wurde. Das bedeutet, daß hier neben der Präsenz gleichzeitig die quantitative Bedeutung

der Arten für das jeweilige Biotop abgeschätzt werden kann. Als Biotope, die für das Gebiet typische Pflanzen enthalten und somit auch ohne weitere Gefährdung schutzwürdig sind, können demnach die Mädesüß/Waldsimsenfluren, die Storchschnabelwiesen und die Rotschwingel-Rotstraußgrasrasen angesprochen werden.
Zu einer ähnlichen Bewertung gelangen wir bei der Auswertung der Änderungstendenz (Ellenberg et al. 1991). Auch hier enthalten die gerade genannten Biotoptypen die am stärksten im Rückgang befindlichen Arten (= Stufe 2) (Abb. 7).

Als Bewertungsergebnis kann gefolgert werden, daß die Biotoptypen Storchschnabelwiese und Rotschwingel-Rotstraußgrasrasen gegenüber dem Rohrglanzgrasröhricht und der Pestwurzflur floristisch als wertvoller eingestuft werden können, da sie sowohl gefährdete Arten nach der Roten Liste als auch für das Gebiet typische Arten und im Rückgang befindliche Arten enthalten. Die Mädesüßflur/Waldsimsenflur nehmen eine Zwischenstellung ein. SORT stellt in jedem Bearbeitungsschritt Ergebnisse in Form von Artenlisten, Tabellen und Grafiken zur Verfügung, die Teil oder Grundlage einer naturschutzfachlichen Bewertung sein können.

Aufnahmenummer	13542 45 415335511 34414151 322224
	2587670 48338 470949731 639221619 835680
Artzahl	2211212 11 1 11121122 112222222 222212
	3134157 83062 852303005 364050783 992489

A Phalarido-Peasitetum hybridi	und Typische Begleiter
Petasites hybridus	5555445 +1.1. ....R.... ......
Stellaria nemorum	22..232 .+.+. ....+.... ......
Impatiens noli-tangere	11....1 ++.+. ....
Stachys sylvatica	11....+ ....
Chrysosplenium oppositifolium	22..... ....
Chrysosplenium alternifolium	22..... ....
A Phalaridetum arundinaceae	
Phalaris arundinacea	R...1.. 55455 4+.1..... ....
VC Filipendulion/Calthion, OC Molinietalia	
Filipendula ulmaria	+1.331. +1+12 44451231. .112..+1+ 2.....
Chaerophyllum hirsutum	+22222+ +.111 1223++122 ..221..11 +.....
Scirpus sylvaticus	...1... +...1 1...45432 ....+ ......
Polygonum bistorta	....+..1 .1++1.1++ +1.++.+.+ +1....
Crepis paludosa	....+ ......+..1 ....+ ......
Cirsium palustre	..+.1+. ....+ +.1++2.+3 ..1+1+.+1 2R...R
Equisetum palustre	....+ ......+... ....+...+.. ......
Galium uliginosum	....1 ....+.+ ......
Sanguisorba officinalis	....+..+R ....+..+. +.....
VC Polygono-Trisetion	
Centaurea pseudophrygia	....+1+1..1. +..1.2.2+ +2...1
Geranium sylvaticum	+++1+++ .R+.+ .1+2++++1 1++111.++ +2.111
OC/D Arrhenateretalia	
Dactylis glomerata	++..321 .++.. .+.+.....+ 23.212.2. 13.R.1
Alchemilla vulgaris agg.	.R..1.+ ....2+.1+1. +312.1

VC Violion caninae / A Polygalo-Nardetum

Galium pusillum pumilum	....1....... ..11.1... 1211.V
Dianthus deltoides	....+..+++++ +....1
Viola canina	.... .11111
OC Nardetalia / KC Nardo-Callunetea	
Hypericum maculatum	...+11. ..+.. .+.+1..2+ 3.2+3+2A2 33.+21
Potentilla erecta	....++ ..+.R.+.1 +122+2
Danthonia decumbens	....1... ...+.1
Veronica officinalis	.... 1.+2..
Meum athamanticum	....+.+ .R....
Vaccinium myrtillus	....21A.
Thymus pulegioides ssp. pulegi	....+1.1
Briza media	....+1.1
Magerkeits- und Säurezeiger	
Agrostis tenuis	..111+. .+1.. +.2.31.22 1332.2132 322121
Holcus mollis	..1...1 ....12+.. .21.1.222 .21231
Campanula rotundifolia	....+. .....1.++ ++...1
Pimpinella saxifraga agg.	....1++. .1+1.1
Lathyrus linifolius	....+.1++. +11++1
Avenella flexuosa	....1 ..333.
Begleiter	
Galeopsis tetrahit	1.12++1 +++.+ .1+1+++22 .1+1+11+2 11..+1
Deschampsia cespitosa	R++22.. .+... .+3.3.13+ ..3....12 2.....

Außerdem kommen vor:
Ranunculus repens 2:+, 5:+, 20:+; Aegopodium podagraria 2:1, 20:+, 49:+;
Populus tremula 23:+, 26:R, 28:1; Equisetum sylvaticum 4:+, 13:R, 11:+;
Rubus idaeus 37:2, 47:3, 20:2; Galium palustre elongatum 5:R, 20:1,
11:+; Cardamine pratensis agg. 5:+, 56:+, 40:+; Gagea lutea 2:2, 5:2;
Pellia neesiana M 2:1, 5:1; Lotus corniculatus 16:+, 19:+;
Phyteuma spicatum 28:+, 40:+; Geranium robertianum 2:R, 20:+;

Tab. 3: SORT-Vegetationstabelle (gekürzt) eines Wiesentales mit fünf Biotoptypen.

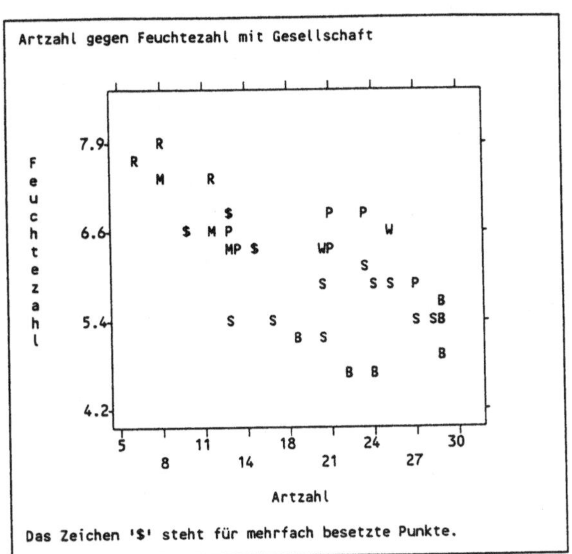

Abb. 5: Graphische Darstellung des Zusammenhanges von Feuchtezahl und Artzahl in den 36 Vegetationsaufnahmen der Gesamttabelle. XY-Graphik der Kopfzeile "Feuchtezahl" und "Artzahl".

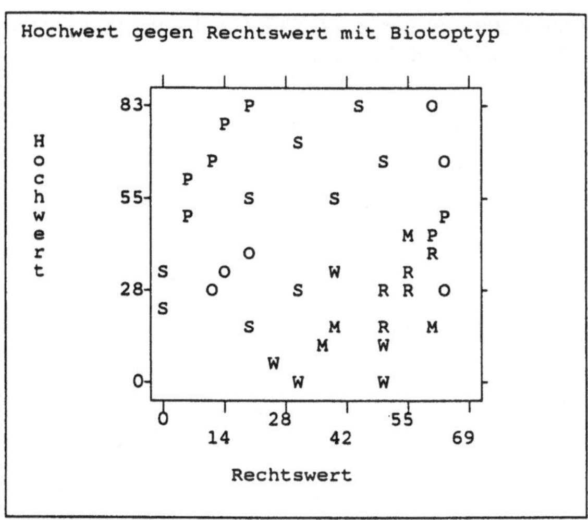

Abb. 3: Rasterkarte der Vegetationsaufnahmen mit Angabe des Biotoptypes. Auftragung der Kopfzeilen "Hochwert" gegen "Rechtswert" mit Darstellung der Zeile "Biotop" als XY-Grafik (P: Pestwurzflur; R: Rohrglanzgrasröhricht; S: Storchschnabelwiese; M: Mädesüßflur; W: Waldsimsenflur; O: Rotschwingel-Rotstraußgrasrasen).

117

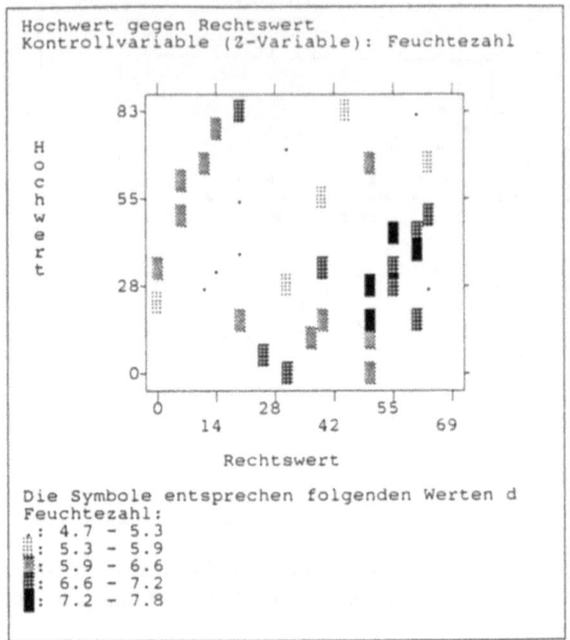

Abb. 4: Rasterkarte des mittleren Feuchtewertes: XYZ-Grafik unter Verwendung der Kopfzeile "Hochwert", "Rechtswert" und "Feuchtzahl".

Gesellschafts-Nr.	1	2	3	4	5
Aufnahmen pro Gesellschaft	7	5	9	9	6
Biotop	PestW	Rohrg	Mädes	StoWi	RotWi
Gesamt-Artzahl	50	23	36	53	55
Mittlere Artzahl	19	9.8	15	22	25

A Phalarido-Peasitetum hybridi und Typische Begleiter

Art	1	2	3	4	5
Petasites hybridus	█	░		:::	
Stellaria nemorum	█	:::		:::	
Impatiens noli-tangere	:::	:::			
Stachys sylvatica	:::				
Chrysosplenium oppositifolium	░				
Chrysosplenium alternifolium	░				

A Phalaridetum arundinaceae

Art	1	2	3	4	5
Phalaris arundinacea	:::	█	█		

VC Filipendulion/Calthion, OC Molinietalia

Art	1	2	3	4	5
Filipendula ulmaria	▓	█	▓	░	:::
Chaerophyllum hirsutum	▓	▒	▓	░	:::
Scirpus sylvaticus	:::	:::	▓	:::	
Polygonum bistorta		:::	▒	:::	:::
Crepis paludosa		:::	:::	:::	
Cirsium palustre	:::	:::	█	▒	:::
Equisetum palustre		:::		:::	
Galium uliginosum			:::	:::	
Sanguisorba officinalis			:::	:::	:::

VC Polygono-Trisetion

Art	1	2	3	4	5
Centaurea pseudophrygia			:::	▒	:::
Geranium sylvaticum	:::	:::	▒	▒	▒

OC/D Arrhenateretalia

Art	1	2	3	4	5
Dactylis glomerata	▒	:::	:::	█	░
Alchemilla vulgaris agg.	:::			▒	█
Avenochloa pubescens	:::	:::	:::	█	█
Knautia arvensis				:::	:::
Heracleum sphondylium	:::		:::	:::	:::
Anthriscus sylvestris	:::			:::	:::
Veronica chamaedrys				:::	:::
Achillea millefolium agg.			:::	█	█

Legende: ::: : < 1 %; ▦ : 1 - 3 %; ▨ : 3 - 10 %; ▦ : 10 - 30 %; █ : 30 - 100 %.

Tab. 4: SORT-Vegetationstabelle nach Zusammenfassung der fünf Biotoptypen. Als Abundanzen wurden relative Bauwerte (=Dominanzwerte) berechnet und klassifiziert:

Gesellschaft-Nr.		1	2	3	4	5
RL BRD	3	0	0	0	1	1
RL Oberfranken	2	0	0	1	1	1
RL Oberfranken	3	2	0	0	1	2

Tab. 5: Tabellarische Auswertung (Zeigerwertspektrum) zweier Roter Listen (Korneck & Sukopp 1988, Merkel & Walter 1988) für die fünf Biotoptypen.

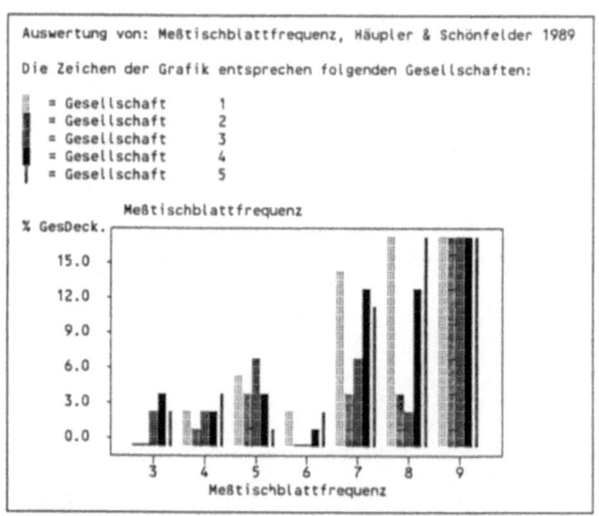

Abb. 6: Grafische Auswertung (Zeigerwertspektrum) der Meßtischblattfrequenz (Ellenberg et al. 1991) für fünf Biotypen in Form eines Säulendiagrammes. Je kleiner die Meßtischblattfrequenz, desto kleiner ist das Verbreitungsgebiet der Art. Biotope, in denen solche Arten vorkommen, stellen charakteristische, typische Landschaftsbestandteile dar.

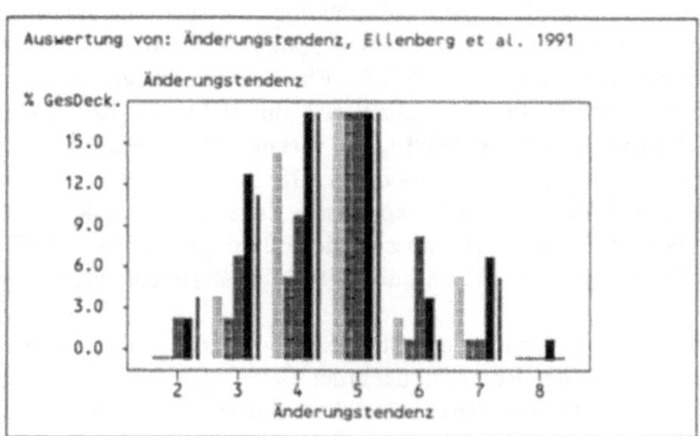

Abb. 7: Grafische Auswertung (Zeigerwertspektrum) der Änderungstendenz (Ellenberg et al.
1991) für fünf Biotoptypen in Form eines Säulendiagrammes. Je kleiner die
Änderungstendenz, desto stärker ist der Rückgang der betreffenden Art. In gleichem
Maße ist damit die charakteristische Artenzusammensetzung der Biotope, in denen
solche Arten vorkommen, gefährdet.

Literatur

AG Bodenkunde (1982): Bodenkundliche Kartieranleitung. 331 S. Hannover.

Bezzel, E. (1980): Die Brutvögel Bayerns und ihre Biotope: Versuch einer Bewertung ihrer Situation als Grundlage für Planungs- und Schutzmaßnahmen. Anz. orn. Ges. Bayern 19: 133 - 169.

Durka, W. & Ackermann, W (1993): SORT - Ein Computerprogramm zur Bearbeitung von floristischen und faunistischen Artentabellen. Natur und Landschaft 68: 16 - 21.

Ellenberg, H., H. Weber, R. Düll, V. Wirth, W. Werner, D. Paulisen (1992): Zeigerwerte von Pflanzen in Mitteleuropa. Scripta Geobotanica 18: 248 S.

Frank, D & S. Klotz (1990): Biologisch-ökologische Daten zur Flora der DDR. Martin-Luther-Universität Halle-Wittenberg. Wissenschaftliche Beiträge 1990/32: 167 S.

Hill, M.O. (1973): Diversity and eveness: a unifying notation and its consequences. Ecology 54: 427-431.

Klapp, E. (1965): Grünlandvegetation und Standort. 384 S. Verlag Paul Parey, Berlin.

Korneck, D., Sukopp, H. (1988): Rote Liste der in der Bundesrepublik Deutschland ausgestorbenen, verschollenen und gefährdeten Farn- und Blütenpflanzen und ihre Auswertung für den Arten- und Biotopschutz. - Schr.Reihe Vegetationskde. 19, 210 S., Bonn-Bad Godesberg.

Kudrna, O. (1986): Grundlagen zu einem Artenschutzprogramm für die Tagschmetterlinge in Bayern und Analyse der Schutzproblematik in der Bundesrepublik Deutschland. Nachr. ent. Ver. Apollo. Frankfurt, Suppl. 6: 1 - 90.

McNaughton, SJ (1968): Structure and function in California grasslands. Ecology 49: 962 - 972.

Merkel, J, Walter, E. (1988): Liste aller in Oberfranken vorkommenden Farn- und Blütenpflanzen und ihre Gefährdung in den verschiedenen Naturräumen.- Regierung von Oberfranken, 137 S., Bayreuth.

Mossakowski, D. & F. PAJE (1985): Ein Bewertungsverfahren von Raumeinheiten an Hand der Carabidenbestände. Verh. Ges. f. Ökologie. 13: 747 - 750.

Wolf, G. (1979): Veränderung der Vegetation und Abbau der organischen Substanz in aufgegebenen Wiesen des Westerwalders.- Schr.Reihe Vegetationsde. 13 117 S., Bonn-Bad Godesberg.

Interaktive Informationssysteme zu den Themen :
Gewässerschutz - Abfall/Altlasten - Immissionsschutz - Umwelthaftung

Carolin von Arnim

0. Zusammenfassung

Die PC-Informationssysteme der Edition UMWELTRECHT, eine gemeinschaftliche Entwicklung des Bereichs Elektronische Medien der Schlüterschen Verlagsanstalt in Hannover mit der Universität Hannover, integrieren umfangreiche juristische Gesetzesdatenbanken mit ausführlichen Fachkapiteln und zusätzlichen Informationsmodulen (Investitionsfördermaßnahmen, Adressenpool, Fachlexikon, Literaturdatenbank).Die Programme sind für den wachsenden Kreis der mit dem Umweltrecht befaßten Personen in Unternehmen, Behörden, in der wissenschaftlichen und betrieblichen Aus- und Weiterbildung konzipiert:

-       plandende und beratende Ingenieure
-       Mitarbeiter in Umweltbehörden
-       Umwelt- / Betriebsbeauftragte in Unternehmen
-       Aus- und Weiterbildungsinstitute
-       Universitäten, Fach- und Berufsbildende Schulen/Hochschulen

Die Systeme können ohne EDV-Kenntnisse genutzt werden.

Die auf Standard PC laufenden Informationssysteme verwenden eine grafische Benutzeroberfläche und beinhalten parallele Informationsstrukturen auf mehreren Ebenen, eine Hypertext-Anwendung und leicht erschließbare integrierte Rechtsdatenbanken.

Die Funktionalität der Programme wird laufend weiterentwickelt. Die derzeitige Version stellt dem Nutzer folgende neue Funktionen zur Verfügung:

-       Stichwortsuche in der Gesetzesdatenbank
-       Ausdruck von Gesetztestexten und Lexikon- bzw. Hypertexteinträgen
-       Datenexport aus der Gesetzesdatenbank zur Weiterverarbeitung in der eigenen
        Textverarbeitung

1. Einleitung

In den Tageszeitungen finden sich tagtäglich beunruhigende Meldungen über die zunehmende Umweltbelastung: Verschmutzte Gewässer, Abfallberge, Smogalarm, Gerichtsverfahren in Sachen Umwelthaftung.

Die Fülle an gesetzlichen Regelungen des Umweltrechts durch die Europäische Gemeinschaft, den Bund, die Länder und nicht zuletzt durch die kommunalen Gebietskörperschaften macht es den Rechtsanwendern nicht gerade leicht, umweltschützend und gesetzestreu zu handeln.

Größere Unternehmen leisten bereits erhebliche Anstrengungen für den Umweltschutz und stellen qualifiziertes Personal und erhebliche Sachmittel für Umweltschutz zur Verfügung, was sie beim Umwelt-Marketing im Wettbewerb auch umsatzfördernd herauszustellen wissen. Mittelständische und kleine Unternehmen verfügen häufig nicht über das notwendige technische und juristische Know-how, daß das äußerst komplexe Umweltrecht ihnen abverlangt, zumal Umweltrecht in der Ausbildung an Universitäten, Fach- und Verwaltungshochschulen in der Regel immer noch kein Pflichtfach ist. Nur an wenigen Universitäten ist das Umweltrecht im Curriculum der juristischen Fakultäten vorgesehen. In anderen, insbesondere technischen Studiengängen, werden zumeist keine juristischen Veranstaltungen zum Umweltschutz angeboten, obwohl die Absolventen in der beruflichen Praxis für die Einhaltung von Umweltschutzvorschriften direkt verantwortlich sind.

Eine empirische Untersuchung des Instituts für Umweltwissenschaften an der Universität Lüneburg belegt, daß in der Wirtschaft ein erhebliches Interesse an Umweltschutzrecht und bei fast 90% der Befragten an Weiterbildung der Mitarbeiter im Umweltrecht besteht.[1] Dieses Ergebnis wird auch durch die Erfahrung bestätigt, daß die Aus- und Weiterbildungsangebote zum Umweltrecht von Akademien und anderen Bildungsträgern auf große Resonanz stoßen. Auch in der Verwaltung wird ein Mangel an entsprechenden Fachkenntnissen beklagt. Diese hier nur skizzierte Mangelsituation wird durch die Anforderungen an den Umweltschutz in den neuen Bundesländern noch verstärkt.

Zu den Aufgaben der Rechtsinformatik gehört, die neuen Möglichkeiten der elektronischen Datenverarbeitung und Kommunikation auch zur Vermittlung juristisch relevanten Wissens nutzbar zu machen[2].

Dazu gehören auch juristische Umweltinformationssysteme, die die naturwissenschaftlichen Umwelt-Datenbanken[3] und die für Planungs- und Kontrollzwecke entwickelten Umweltinformationssysteme[4] ergänzen. Das konstatierte Informationsdefizit und der Informationsbedarf im Umweltrecht waren Anlaß für die Entwicklung der hier vorgestellten Systeme.

2.   Entwicklungsziele

Der dringende Bedarf der Praxis an schnell zugänglichen Rechtsinformationen und fundierter Aus- und Weiterbildung im Umweltrecht führte 1991 zunächst zur Entwicklung eines elektronischen Informationssystems zum Gewässerschutzrecht mit integrierter Gesetzesdatenbank und problemorientiert ausgerichteten Fachkapiteln. Entwicklungsziel war ein benutzerfreundliches Instrument, das sowohl auf unterschiedliche Anforderungen der sehr heterogenen Adressaten, auf deren unterschiedliche Vorerfahrungen sowie auf die technischen Voraussetzungen beim praxisorientierten Einsatz Rücksicht nehmen muß. Es sollten die vielfältigen Möglichkeiten von modernen Hypertextsystemen (optionales Abrufen zusätzlicher Informationen zu im Erläuterungsteil genannten Stichworten) und die Erkenntnisse aus der Lernsystementwicklung berücksichtigt werden.

Die Komplexität der Inhalte, ebenso wie die für elektronische Hypertextsysteme typischen Kohärenzprobleme, machten die Entwicklung eines speziellen Oberflächendesigns erforderlich.

Auch die Erfahrungen aus der Evaluation bei zukünftigen Nutzern aus unterschiedlichen Bereichen sind in die marktreife Programmversion eingeflossen. Bei der Evaluierung wurden von den Nutzern die folgenden Aspekte positiv hervorgehoben:

-    das Angebot an sofort erschließbaren Rechtsvorschriften,
-    die Möglichkeit, auf Tastendruck rechtsvergleichende Untersuchungen der Landesvorschriften vornehmen zu können,

124

-   in Sekundenschnelle die relevanten Gesetzestexte ohne Verwendung einer Datenbanksprache aufzufinden,
-   die grafische Unterstützung der Texte,
-   die Möglichkeit, bei Bedarf Zusatzinformationen aus den Hypertexten zu erhalten,
-   die Freiheit, den Grad der "Informationstiefe" selbst bestimmen zu können,
-   die einfache, selbsterklärende Bedienbarkeit des Programms, die auch Personen ohne EDV-Erfahrung eine sofortige Nutzung ermöglicht.

3.   Didaktische Konzeption

Bei der Entwicklung der Umweltinformationssysteme wurde besonderer Wert auf die Benutzerfreundlichkeit gelegt. Auch in der Benutzung der EDV unerfahrene Personen sollten sofort mit dem Programm arbeiten können. Dementsprechend mußten die Oberfläche und die Bedienerführung gestaltet sein.

Nach dem Programmaufruf können sich die Nutzer entscheiden, ob sie Informationen über die Bedienung des Programms abrufen oder ob sie sogleich das Programm starten wollen. Wählen sie bei erstmaliger Benutzung die Hinweise über die Bedienung, wird bei Betätigung einer beliebigen Taste kurz die Bedeutung der Funktions- und Pfeiltasten erklärt.

Eine Betätigung anderer als dieser Tasten oder gar die Kenntnisse einer Retrievalsprache sind zur Nutzung der Programme nicht erforderlich. Im übrigen kann an jeder Stelle des Programms eine Hilfe mit der Funktionstaste F1 aufgerufen werden.

Die Entwickler gingen von einem erwachsenen, intrinsisch motivierten Nutzer aus, der zu praxisorientierten Fragestellungen aus seinem beruflichen Alltag ohne lange Recherchetätigkeit entweder Detailinformationen zur Entscheidungsfindung oder einen Überblick über das jeweilige, im Programm behandelte Fachgebiet erwartet.

Daraus ergab sich die Kombination von juristischer Datenbank, fachlichen Erläuterungen und zusätzlichen Informationsmodulen (Investitionsfördermaßnahmen, Adressenpool, Fachlexikon, Literaturdatenbank) zu einem integrierten Informationssystem. Die Nutzer mit unterschiedlichen Vorkenntnissen sollten in der Lage sein, die Informationstiefe frei bestimmen zu können. Der gesamte Informationsprozeß ist individuell steuerbar; die Orientierung wird von der grafischen Benutzeroberfläche gewährleistet. Der selektive Zugriff auf alle Programmteile sollte, soweit didaktisch sinnvoll, ermöglicht werden.

4.   Benutzeroberfläche, Grafiken und Texte

Da sich das Programm ausdrücklich auch an EDV-unerfahrene Nutzer wendet, kommt der Oberflächengestaltung besondere Bedeutung zu. Der Standardbildschirm zeigt den Nutzern am oberen Rand in einer Statuszeile, an welcher Stelle im Programm sie sich befinden.

Am unteren Rand ist eine Fußzeile permanent sichtbar, aus der die jeweils möglichen Programmaktionen ersichtlich sind. Die sieben belegten Fuktionstasten sind hier als erhabene Tasten dargestellt. Die Tastenbezeichnungen sind auf der Taste nur dann dargestellt, wenn sie von der gerade aufgerufenen Seite auch bedient werden können.

Der zwischen Status- und Fußzeile verbleibende Bildschirm wurde in zwei Seiten unterteilt: Auf der linken Bildschirmhälfte werden ergänzend zu den Fachtexten ca. zweihundert mehrfarbige Visualisierungen, Übersichtsgrafiken oder animierte Schaubilder eingeblendet. Durch diese Positionierung bieten die Grafiken vor allem für visuelle Lerntypen einen wichtigen Wahrnehmungskanal. Die zahlreichen Grafiken wirken als optische Orientierungshilfe bei sehr komplexen Sachverhalten, veranschaulichen den Gesamtkontext oder dienen als Visualisierung der Motivation des Nutzers. Eine einheitliche Farbgestaltung der Bildschirme und zahlreiche Piktogramme dienen ebenfalls der optischen Strukturierung des Textes. So erscheinen die Basistexte immer auf der rechten Bildschirmhälfte auf grauem Hintergrund, während Zusatzinformationen auf der linken Hälfte ergänzend zum eigentlichen Text auf blauem Hintergrund 'hinzugeschaltet' werden.

Da die Programme mehrere tausend Bildschirmseiten umfassen, muß der Seitenaufbau ausnahmslos gleichartig bleiben, damit eine konzentrationsfördernde Gewöhnung und eine Erwartungshaltung bei dem Aufruf der jeweils folgenden Seite eintritt. Auf einer Bildschirmseite dürfen nur die unbedingt notwendigen Orientierungs-, Bedienungs- und Basisinformationen stehen.

Eine Besonderheit stellen die Texte aus der Gesetzesdatenbank dar; sie werden - wegen des großen Textvolumens - ganzseitig auf die Basisseite gelegt. Aber auch von hier kommt der Nutzer sehr schnell mit einem Tastendruck zu seinem Ausgangsbildschirm zurück.

Im Sprachduktus streben die Programme ein hohes Maß an Allgemeinverständlichkeit an; wo es möglich ist, werden juristische Fachbegriffe allgemeinsprachlich erklärt. Da alle Kapitel und Unterkapitel einzeln anwählbar sind, stellen sie auch inhaltlich und sprachlich abgeschlossene Einheiten dar.

5.   Die Datenbank

Kernstück der Programme ist die umfangreiche Gesetzesdatenbank zu dem jeweiligen Umweltrechtsgebiet, die von jeder Bildschirmseite aus aufrufbar ist. Über diese Datenbank, deren Nutzung keine Kenntnisse einer Retrievalsprache erfordert, sind mehrere tausend Seiten Richtlinien der EG sowie Gesetzestexte und Verwaltungsvorschriften der Bundesrepublik Deutschland und der Bundesländer schnell erschließbar. Die Eröffnungsseite stellt dem Nutzer folgende Bereiche zur Auswahl:

I.   Europäische Gemeinschaft
II.   Bundesrepublik Deutschland
III.   Bundesländer

Innerhalb dieser Bereiche lassen sich dann die jeweiligen Richtlinien, Gesetze, Verwaltungsvorschriften oder Verordnungen im Wortlaut abrufen.

Eine Druckfunktion stand von Beginn an zur Verfügung. Die Funktionalität der Systeme wurde mittlerweile um eine Volltext-Stichwortsuchfunktion und die Möglichkeit des Datenexports zur Übernahme von Gesetzestexten in die eigene Textverarbeitung erweitert.

6. Die Fachkapitel

Im Mittelpunkt der Strukturierung des Fachkapitel-Moduls stand einerseits die Forderung nach Transparenz des gesamten Themas und andererseits der Wunsch, einzelne Teilgebiete als in sich geschlossene Einzelbereiche bearbeiten zu können. Dieser Forderung wurde durch eine mehrschichtige Parallelstruktur mit didaktisch kleinschrittig aufgebauten Unterkapiteln Rechnung getragen. Gleichzeitig ermöglichen Direkteinstiege dem erfahrenen Nutzer die zielgerichtete Anwahl von Hintergrundinformationen.

Die Geschwindigkeit des Bildschirmaufbaus und eine möglichst kurze Einarbeitung in die Bedienung des Programms waren ebenso wie ein hohes Maß an freier Nutzerführung eine Grundvoraussetzung.

Mit Hilfe von Quereinstiegen, einem Lexikon mit Fachbegriffen und einer stichwortbezogenen Datenbank (Hypertexte) sollte dem Nutzer ein Programm mit großer vertikaler und horizontaler Durchlässigkeit geboten werden. Der Einsatz unterschiedlicher Grafiken dient der memotechnischen Unterstützung des Gesamtkonzepts und bewirkt somit eine Verbesserung der Behaltensleistung.

Kurze und präzise, in der Diktion und juristischen Terminologie an Nichtjuristen orientierte Texte, die von Fachjuristen verfaßt sind, führen in die einzelnen Umweltrechtsbereiche ein. Die Nutzer können die Bearbeitungstiefe durch Anwahl der Hypertexte steigern. Definitionen unbestimmter Rechtsbegriffe, Legaldefinitionen, Leitsätze von Gerichtsentscheidungen oder der Wortlaut von Rechtsvorschriften lassen sich durch Betätigen der Hypertext-Funktionstaste F4 in einem die Grafik auf der linken Bildschirmseite überdeckenden Fenster einblenden, wenn im Text farbig hervorgehobene Begriffe oder Paragraphen die Hypertextanwahl anbieten. Hypertexte sind hier stichwortbezogene Zusatzinformationen auf unter Umständen mehreren Ebenen, die durch Tastendruck angewählt werden können. Nach der Kenntnisnahme der Zusatzinformationen kehren die Nutzer wieder zur Ausgangsseite zurück. Bewußt vermieden wird dadurch ein unkontrolliertes, zufallsgesteuertes, bedingt assoziatives Bearbeiten, wie es bei den Hypertext-Systemen im engeren Sinn häufig zu beobachten ist ("lost in hyperspace").

Den Anwendern wird nach dem Start ein Hauptmenü angeboten, das je nach Programm zehn oder elf Fachkapitel enthält. Die Benutzer können hier auswählen, über welches Fachgebiet sie sich informieren möchten. Die Auswahlentscheidung wird dadurch unterstützt, daß vor der Auswahl eines Kapitels der wesentliche Inhalt des jeweils gewählten Kapitels kurz erläutert wird.

Nach der Auswahl eines Kapitels wird der Wissensstoff kurz vorgestellt.

Den Anwendern wird die Möglichkeit angeboten, das gesamte Kapitel durchzuarbeiten oder einzelne Unterkapitel aus dem Untermenü auszuwählen.

So geht z.B. das Programm Gewässerschutz inhaltlich auf die folgenden Themen ein:

1. Einführung
2. Gewässerbenutzung (inkl. Landwirtschaft)
3. Abwasserbeseitigung
4. Abwassereinleiter
5. Abwasseranlagen
6. Wassergefährdende Anlagen

7.   Gewässerschutzbeauftragter
8.   Rechtsfolgen im Schadensfall
9.   Wasserschutzgebiete
10.   Wasserbau
11.   Wasserbehördliche Zuständigkeiten

Die Edition UMWELTRECHT wurde als umfassendes Informationssystem konzipiert. Nutzer, die spezielle Informationen erhalten wollen, können diese gezielt aus dem Programm abfragen. So können Betriebsbeauftragte in Unternehmen sich beispielsweise in den Basistexten informieren, ob eine bestimmte Gewässerbenutzung rechtlich zulässig ist, ob mit Auflagen oder Bedingungen zu rechnen ist, wie Haftung und Verantwortlichkeit in bestimmten Situationen geregelt sind, welche Behörde die zuständige Überwachungsbehörde ist, welche Anschrift sie hat und ob von Seiten der Europäischen Gemeinschaften, des Bundes oder des Bundeslandes Förderprogramme vorgesehen sind, die Anreize für die Verwendung umweltfreundlicher Technologien bieten. Weitere Informationsfunktion hat das 12. Kapitel, das

-       eine Übersicht über Investitionsförderprogramme
-       Anschriften von allen zuständigen staatlichen und zahlreichen
        nichtstaatlichen Stellen des Bundes und der 16 Länder und
-       eine umfangreiche Literaturübersicht

enthält.

Von jeder Seite des Programms sind die Datenbanken "Lexikon" und "Gesetze" anwählbar. Das **Lexikon** enthält ein alphabetisch geordnetes Glossar mit den relevanten Fachbegriffen aus dem jeweiligen Rechtsgebiet. Werden das Lexikon oder die Gesetzesdatenbank geschlossen, finden sich die Nutzer wieder an der Programmstelle, von der aus sie die Zusatzinformationen abgefragt hatten.

7.   Die Autoren

Alle Programme der Edition UMWELTRECHT werden von Fachjuristen verfaßt und von Fachverbänden (DEKRA, ATV) betreut:

Gewässerschutz:

Dr. Jürgen Taeger: Institut für Rechtsinformatik,
                            Universität Hannover, Schwerpunkt Umweltrecht

Abfall/Altlasten:

Dr. L.A. Versteyl: Rechtsanwalt und Notar; Mitautor eines Kommen-
                            tars zum Abfallgesetz; Fachanwalt für Verwaltungs-
                            recht; Schwerpunkt Umweltrecht

Hans-Peter Hoyer: Rechtsanwalt c/o Versteyl und Partner;
                            Schwerpunkt Umweltrecht

Dr. Jürgen Taeger: s.o.

Immissionsschutz:

Prof.Dr. M. Bothe: Forschungsstelle Umweltrecht Johann Wolfgang
           Goethe-Universität Frankfurt/Main

Dr. Dagmar Meidrodt: Frankfurt/Main

Dr. Jürgen Taeger: s.o.

Umwelthaftung:

Prof.Dr.Dr. P.Salje: Universität Hannover, Fachbereich Rechtswissenschaften
           Zivilrecht u. Recht der Wirtschaft

Dr. Jürgen Taeger: s.o.

8. Die Zielgruppen:

Die Edition UMWELTRECHT wendet sich an den gesamten mit dem komplexen Umweltrecht befaßten Personenkreis, Juristen wie Nichtjuristen. Nach der Markteinführung (1991) hat sich folgender Nutzerkreis besonders herauskristallisiert:

- plandende und beratende Ingenieure
- Mitarbeiter in Umweltbehörden
- Umwelt- / Betriebsbeauftragte in Unternehmen
- Aus- und Weiterbildungsinstitute
- Universitäten, Fach- und Berufsbildende Schulen/Hochschulen

9. Technische Voraussetzungen / Aktualisierung:

Die mit einem eigens entwickelten Autorensystem erstellten Programme laufen auf jedem AT-kompatiblen Rechner unter MS-DOS 3.3 aufwärts oder kompatiblen Betriebssystemen. Die Programme wurden für hochauflösende VGA-Farbmonitore konzipiert, sind mit entsprechenden Einbußen aber auch auf monochromen VGA-Bildschirmen lauffähig. Sie werden mit Handbuch und einer Installationsroutine ausgeliefert und nehmen auf der Festplatte ca. 10 MB (pro Programm) in Anspruch.

Die notwendigen Aktualisierungen der Datenbanken und Fachkapitel werden durch regelmäßige, abonnierbare Updates sichergestellt.

[1] Jürgen Simon; Regina Kaml, Erhebung zum umweltbezogenen Weiterbildungsbedarf, in: Studien, Berichte, Informationen zu Umweltrecht und Umweltökonomie, Heft 1, Lüneburg 1990.

[2] Wolfgang Kilian, Institut für Rechtsinformatik (IRI) der Universität Hannover - Organisation und Aufgaben, in: Wissenschaft und Praxis, Heft 6, Hannover 1990.

[3] Jürgen Taeger; Jürgen Simon; Michael Peez, Datenbanken im Umweltschutz, in: JurPC 1990, S. 713-720, 738-744.

[4] Siehe hierzu näher die Proceedings in W. Pillmann; A. Jaeschke (Hrsg.), Informatik für den Umweltschutz, Berlin Heidelberg 1990, und in M. Hälker; A. Jaeschke (Hrsg.), Informatik für den Umweltschutz, Berlin Heidelberg 1991, sowie Wolfgang Du Bois; Konrad Otto-Zimmermann (Hrsg.), Umweltdaten in der kommunalen Praxis, Königstein 1992.

Kostengünstige Entsorgung von Sonderabfall — Simulation der Logistik

Dr. Hubert Bischoff

Einleitung

Die Organisation der Aktivitäten innerhalb der Logistik eines Entsorgungsunternehmens ist weitgehend von den Zwängen des in einer Region bestehenden Standort- und Verkehrssystems geprägt.

Die Aktivitäten resultieren aus

- der Notwendigkeit von Kontakten mit anderen Institutionen zu verschiedenen Zeiten an verschiedenen Orten, wobei die Kontakte unterschiedlich häufig und regelmäßig im Verlauf einer Zeitspanne sind;

- der Abhängigkeit der Kontakte von Randbedingungen, z.B. Rücksichtnahme auf die Verfügbarkeit von Mitarbeitern (betriebsinterne Bedingungen);

- der Bestimmtheit durch die betriebsexternen Bedingungen, wie Entfernung zu den Kontaktorten, Verfügbarkeit von Verkehrsmitteln usw.

Die Zwänge stehen einer frei vom Betrieb bestimmten Aktivitätendurchführung entgegen. Vielmehr muß sich das Entsorgungsunternehmen den in der Umwelt herrschenden Bedingungen anpassen, z. B.

- den Öffnungszeiten von Aktivitätenstandorten;

- der Verfügbarkeit von Verkehrsmitteln usw.

In diesem Vortrag soll ein Simulationsmodell vorgestellt werden, das die in einem gegebenen Standort- und Verkehrssystem enthaltenen Möglichkeiten zur Ausführung verschiedener aufeinanderfolgende Aktivitäten berechnen kann.
Das Modell testet Aktivitätenprogramme von Mitarbeitern eines Entsorgungsunternehmens auf ihre Verträglichkeit mit der raumzeitlichen Struktur des Standort- und Verkehrssystems. Diese raumzeitliche Struktur der Umwelt legt für das Individuum den Rahmen fest, in den es sein Aktivitätenprogramm einpassen muß.

Mit dem hier präsentierten Simulationsmodell können Experimente in einer Modellumwelt durchgeführt werden, die darüber Auskunft geben,

- welche Art der Organisation eines Aktivitätenprojektes im Bereich der Sonderabfall-Entsorgung die kostengünstigste ist;

- ob es einen Zusammenhang zwischen dem gegebenen Standort- und Verkehrssystem und der Ausführungsmöglichkeit von Aktivitätenprojekten eines Entsorgungsunternehmens gibt;

- bis zu welchem Grad das Standort- und Verkehrssystem veränderbar ist, ohne die Organisation und Durchführung von Aktivitätenprojekten nachhaltig zu beeinflussen, d. h. wann Änderungen der Organisation notwendig sind.

Im folgenden wird kurz auf die methodischen Grundlagen eingegangen, die diesem Ansatz zugrunde liegen. Im Anwendungsteil wird der Simulationsansatz auf ein Entsorgungsproblem in der Kfz-Branche angewandt.

Methodische Grundlagen

Der hier verwendete methodische Ansatz geht auf die Zeitgeographie zurück, die bereits in den 70er Jahren besonders in Schweden zur Standortbeurteilung herangezogen wurde. Bei der zeitgeographischen Betrachtung von Individuen bzw. Institutionen wird davon ausgegangen, daß jegliches menschliche Tun zielgerichtet ist und die Ziele durch die Ausführung von Aktivitäten erreicht werden können. Die einzelnen Aktivitäten werden zu Projekten zusammengefaßt. Ihre Ausführung erfordert Zeit, Raum und andere Ressourcen, wie z.B. Geld, Fahrzeuge, Menschen usw.

Es sind Projekte denkbar, die nicht ausgeführt werden können, weil die bestehende Konstellation von Raum, Zeit und anderen Ressourcen dies nicht zuläßt. Für eine Analyse der Durchführbarkeit eines Aktivitätenprojektes müssen alle relevanten Bestandteile des zeitgeographischen Raum-Zeit-Blockes berücksichtigt werden: das Standortsystem von simulationsrelevanten Einrichtungen mit Öffnungszeiten, das Verkehrssystem sowie der Entsorgungsbetrieb mit seinen Ressourcen (z. B. Fahrzeuge) sowie die Mitarbeiter mit ihren Beziehungen untereinander.

In einem räumlich abgegrenzten Gebiet existiert ein Standortsystem, das in die Ausführung der Projekte einbezogen wird. Das abgegrenzte Gebiet bildet einen Raum-Zeit-Quader, vergleichbar mit einem Aquarium. In dem Raum-Zeit-Block sind alle darin exi\-stierenden und interessierenden Lebewesen, Dinge und Ereignisse durch Trajektorien oder Pfade abgebildet. Jedes Individuum stellt eine unteilbare Einheit dar, die im Raum-Zeit-Kontinuum einen ununterbrochenen Pfad aufweist. Hält sich ein Individuum im Raum stationär auf, so verläuft sein Pfad parallel zur Zeitachse, während Bewegungen im Raum Pfade erzeugen, die je nach Geschwindigkeit einen mehr oder weniger großen Winkel mit der Zeitachse bilden. Der Verlauf des Pfades eines Individuums verdeutlicht, wie ortsfeste oder stationäre Aktivitäten durch Ortsveränderungen miteinander verbunden werden. Es ist ebenso möglich, stationäre Elemente im Raum, wie z. B. Arbeitsstätten, Kaufhäuser, Schulen etc. durch Pfade darzustellen. Diese Pfade verlaufen parallel zur Zeitachse. Die Achsen des Quaders setzen sich aus zwei Raumachsen und einer Zeitachse zusammen.

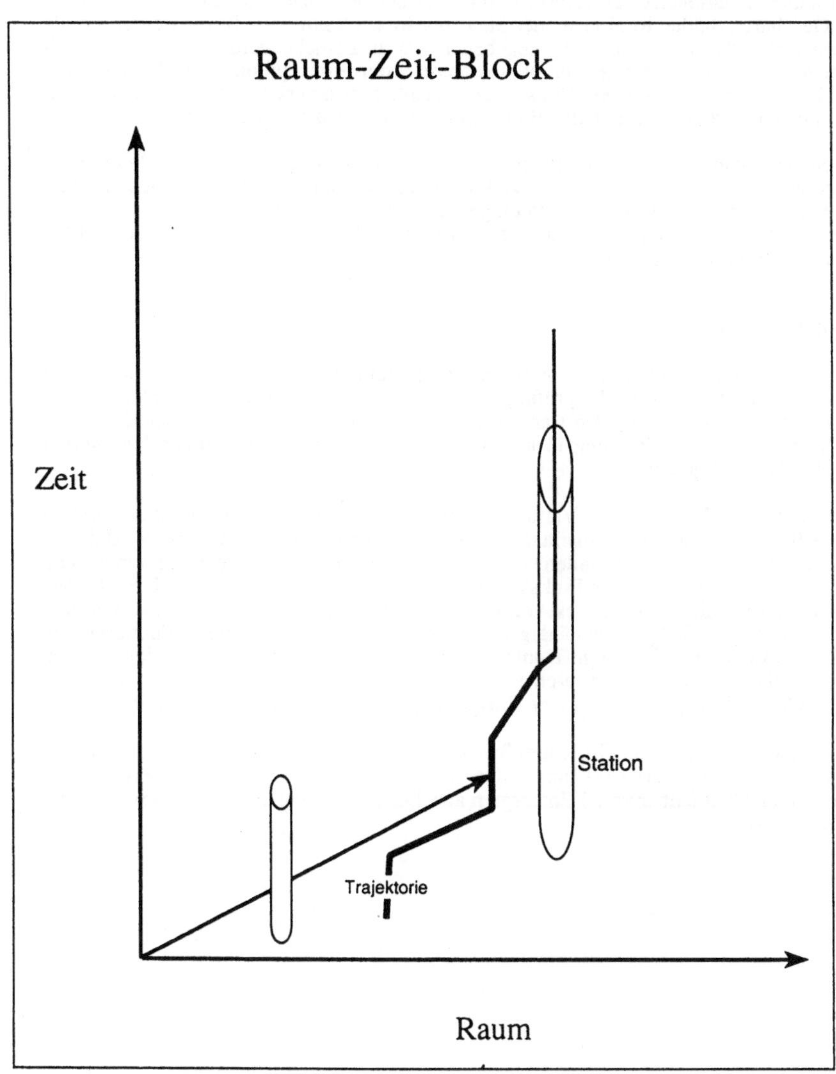

Raum-Zeit-Block
Zeit
Station
Trajektorie
Raum

Aus Gründen der Anschaulichkeit und der Vereinfachung wird die dritte Raumachse vernachlässigt, so daß wir es mit einem dreidimensionalen Raum-Zeit-Kontinuum zu tun haben. Jedes im Quader befindliche Element läßt sich anhand der Koordinaten über eine beliebige Zeit genau beschreiben. Da die Elemente des Standortsystems ortsfest sind, können sie ihre räumlichen Koordinaten im Unterschied zu den Menschen nur selten verändern. Sie werden als Stationen bezeichnet. Durch die simultane Berücksichtigung von Raum und Zeit lassen sich Entstehung, Existenzdauer und Entfernung zu anderen Stationen genau erfassen. Stationen können je nach räumlicher Aggregation Wohnungen, Geschäfte, Städte, Regionen oder Staaten sein. Im Raum-Zeit-Block werden sie als Zylinder dargestellt, die von Individuen gegebenenfalls aufgesucht werden. Befinden sich gleichzeitig mehrere Individuen in einer Station, so kommt es dort zur Kopplung ihrer Trajektorien oder Pfade . Eine Trajektorie oder ein Pfad ist eine sachlich zusammengehörende Anzahl von Koordinaten, die den Durchgang durch den Raum-Zeit-Block genau reproduzieren.

Das Simulationsmodell analysiert das mögliche Verhalten innerhalb einer geltenden Raum-Zeit-Block-Konfiguration. Die Durchführbarkeit von Aktivitätenprogrammen wird unter systematischen Veränderungen bestimmter im Raum-Zeit-Block geltenden Bedingungen simuliert.
Der Anwender des Modells kann damit verschiedene Varianten von Verhaltensmustern überprüfen und die angemessene Variante auswählen.

Anwendung des Simulationsmodells

Mit dem hier vorgestellten Anwendungsbeispiel des Simulationsmodells werden zwei Ziele verfolgt. Das erste Ziel betrifft die Überprüfung der Anwendbarkeit des Modells als planerisches Instrument zur Auswahl der günstigsten Variante der Sonderabfallentsorgung in einem Standort- und Verkehrssystem. Das zweite Ziel liegt in der Darstellung und Interpretation der von dem Modell berechneten Simulationsergebnisse.

Eingesetzt werden soll das Modell bei der Variantenbestimmung im Bereich Sonderabfallentsorgung im Tankstellen-Bereich. Hier wird bespielhaft das Altöl betrachtet. In dem Szenario wird davon ausgegangen, daß die jeweiligen Tankstellen von unterschiedlichen Entsorgern bedient werden. Die Entsorger werden auf Anforderung der Tankstellen hin tätig. Die Tankstellen melden ihren Bedarf beim Entsorger an, wenn die Altöltanks fast voll sind. Die zu entsorgende Menge Altöl variiert und ist von der Größenklasse der Tankstelle abhängig. Geprüft werden soll, ob durch ein Zuordnungssystem von Tankstellen zu Entsorgern eine signifikante Einsparung von Transportkosten erreicht werden kann. Weiterhin soll geprüft werden, ob durch den Einsatz von automatischen Meldeanlagen bei den Tankstellen eine Optimierung und damit eine Einsparung im Bereich der Kosten erzielt wird.

Als Untersuchungsgebiet wurde der Großraum Bremen mit seinen Umlandgemeinden ausgewählt. Innerhalb dieser Grenzen werden ca. 60 Tankstellen in das Simulationsexperiment mit einbezogen. Wir gehen der Einfachheit halber von 3 Entsorgern aus. Die Zuordnung der Tankstellen zu den 3 Entsorgern ist zufällig.

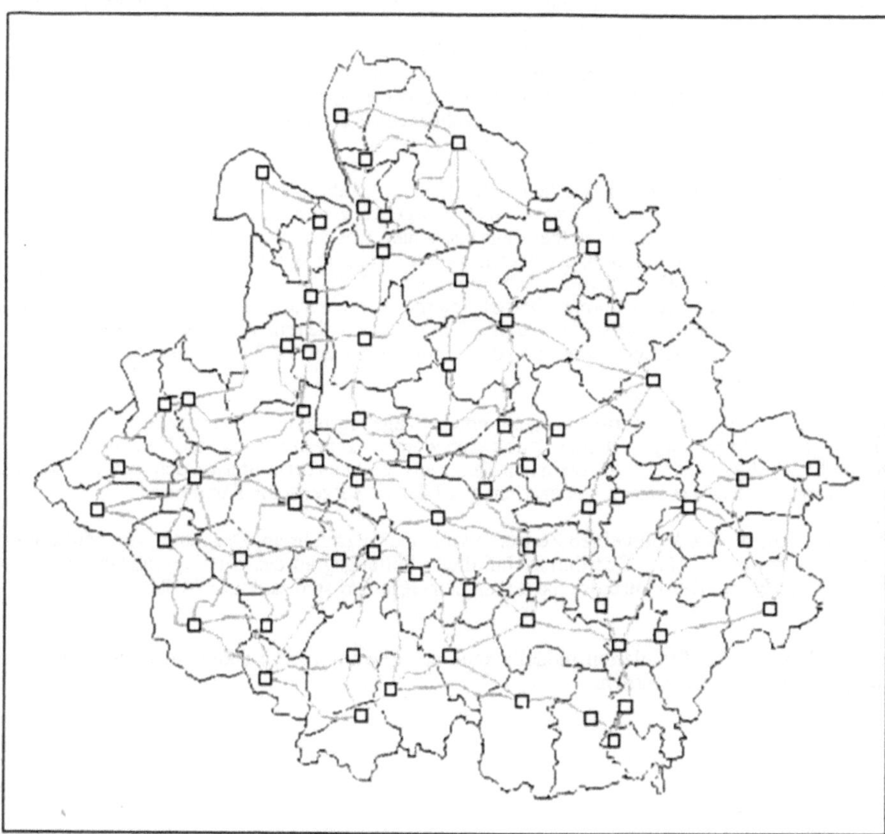

Der Simulationsablauf ist folgender

-       Simulation der Entsorgung auf traditionelle Weise

-       Simulation der Entsorgung bei neuer Zuordnung der Tankstellen zu den Entsorgern -
        (Standort-Zuordnung nach dem Prinzip der kurzen Wege)

-       Simulation der Entsorgung durch den Einsatz automatischer Meldeanlagen.

Bei der Simulation der Entsorgung ist zu berücksichtigen, daß sich die Entsorgungsfirmen nicht
ausschließlich mit der Entsorgung von Tankstellen beschäftigen, da das Geschäftsaufkommen aus
diesem Bereich nicht ausreicht. Eine eindimensionale Simulation ist dem Problem daher nicht
angemessen. Vielmehr müssen die übrigen Entsorgungstätigkeiten ebenfalls in das
Aktivitätenspektrum einbezogen werden.

Die Simulation der traditionellen Entsorgungsweise diente in erster Linie der Kalibrierung des Modells. Ausgehend von den hier erhaltenen Zahlen lassen sich erst Verbesserungen der anderen Modellvarianten erzielen. Kennzeichnend für den Ausgangszustand ist die zufällige Zuordnung der Entsorgerfirmen zu den Tankstellen, deren Altöltanks entsorgt werden müssen. Der in der Simulation betrachtete Zeitraum betrug stets 1/2 Jahr. Durch die zeitlich sehr auseinandergezogen eintreffenden Tank-Voll-Meldungen ergibt sich ein relativ niedriger Anteil von zufälligen Multiple-Purpose-Trips an den Fahrten von 47 %, die Mehrzahl davon 2-Standort-Fahrten. Der durchschnittliche Füllungsgrad des Entsorgungstankwagens betrug 73 %.

In dem ersten Alternativszenario wurde ein Standort-Allokationsmodell zur wegeoptimierten Zuordnung der Tankstellen zum nächstgelegenen Entsorger vorgenommen. Auch hier wurde wieder ein Simulationszeitraum von einem halben Jahr betrachtet. Der Anteil an Multiple-Purpose-Trips stieg auf 54 % an, der Anteil von 3- und 4-Standort-Fahrten betrug jetzt 8 %. Der durchschnittliche Füllungsgrad des Entsorgungstankwagens erhöhte sich auf 76 %.
Durch die Standort-Zuordnung können betriebsinterne Verbesserungen erzielt werden, die im konkreten (angenommenen) Untersuchungsfall 7 % bezogen auf die reinen Fahrtkosten ausmachen. Eine Auswirkung auf die Betriebskosten und damit auf die Kosten der Entsorgung pro Liter Altöl hat das allerdings nicht.

Im Szenario 2 blieb die im Szenario 1 vorgenommene wegeoptimierte Zuordnung der Tankstellen zum nächstgelegenen Entsorger erhalten. Zusätzlich wurde angenommen, daß die Tankstellen über ein MODEM ständig die Altölbestände in den Tanks an die Entsorger weitermelden. Auf der Basis dieser Informationen sowie seinen Kapazitäten plant der Entsorger seine Rundreise.

Die Simulation deckt wiederum einen Zeitraum von einem 1/2 Jahr ab. Der Anteil der Multiple-Purpose-Trips betrug 96 %. Der durchschnittliche Füllungsgrad des Entsorgungstankwagens erhöhte sich auf 95 %. Der Fahrtkostenanteil an den Gesamtkosten sank um 38 %.

Fazit: Der Einsatz eines Simulationsmodells kann zur Bewertung von Handlungsvarianten sehr gewinnbringend eingesetzt werden.

EDV-gestützte Abwicklungs- und Planungssysteme für die Hausmüllsammlung

Dr. Peter Freckmann

1. Einführung

Die Abfallentsorgung stellt Kommunen und private Entsorger heute vor ein komplexes Problem.
Die Ursachen dafür liegen in

- der Verwendung unterschiedlicher Behältertypen,
- den Erschwernissen bei der Bereit- und Rückstellung der Behälter (Trag-/ Schlüsselhäuser)
- der Verkehrssituation in den zu entsorgenden Straßenabschnitten),
- der Realisierung neuer Müllkonzepte (z.B. Müllverwiegung, DSD).

Eine EDV-gestützte Lösung dieser Probleme führt erfahrungsgemäß nicht nur zu einer besseren
Ausnutzung von Personal- und Fahrzeugressourcen bei der Mülleinsammlung selbst sowie zu einer
Verringerung des zeitlichen bzw. personellen Aufwands für die notwendigen Abwicklungs- und
Planungsvorgänge, sondern sie kann auch einen Beitrag zum Umweltschutz leisten. Das ist dann der
Fall, wenn durch die eine Optimierung der Revier- und Tourenplanung die Müllfahrzeugflotte
effektiver eingesetzt werden kann.

2. Grundkonzept für ein integriertes DV-System

Der Entsorgungsbereich Hausmüll ist durch verschiedene Aufgaben gekennzeichnet, die durch ein
integriertes DV-System unterstützt werden können. Zu diesen Aufgaben zählen:

- Bearbeitung von Entsorgungsaufträgen für Kleintonnen und Großbehälter
  (An-, Ab-, Ummeldungen)
- Bearbeitung von Anfragen (Bestellung von Müllsäcken, Sondergestellungen)
- Rechnungswesen (Kontierung)
- Satzungsvollzug (Betriebsvereinbarungen, Bearbeitung der Hausmüllge-
  bührensatzung, Bußgeldbescheide bei Satzungsverstößen)
- Tourenplanung für Kundenaufträge in den verschiedenen Revieren

Ein DV-System für den Einsatz in den oben genannten Aufgabenbereichen sollte modular aufgebaut
sein und DV-Funktionen für folgende Anforderungen bereitstellen:

- Auftragsbearbeitung
- Tonnenverwaltung
- Gebührenbescheiderstellung
- Satzungsvollzug
- Tourenplan
- Statistik
- Ausgabe von Tourbüchern und Übersichtskarten

Abb. 1 zeigt, wie die einzelnen Module miteinander gekoppelt sind. Als zentrale Elemente sind die Tonnenverwaltung und die Tourenplanung anzusehen. Von der Tonnenverwaltung werden Bestands- und Auftragsdaten über eine interne Schnittstelle zur Tourenplanung übergeben. Nach der Planung werden die Ergebnisse zur Tonnenverwaltung zurückgegeben. Alle anderen Elemente sind ebenfalls intern miteinander verknüpft. Über externe Schnittstellen werden Daten mit anderen Fachämtern ausgetauscht.

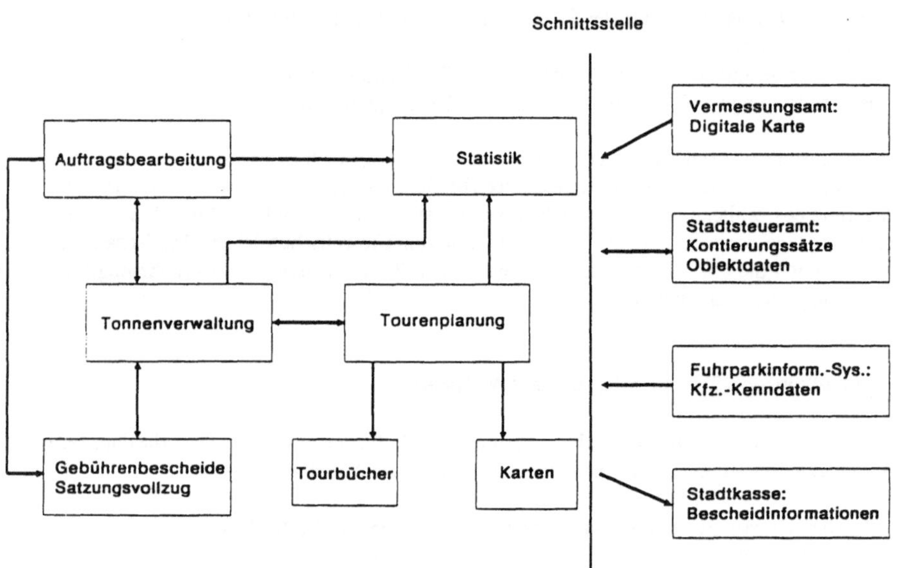

Abb.1:   Grundkonzept integriertes System

Das DV-System muß, um den beschriebenen Anforderungen gerecht zu werden, die DV-Funktionen Datenbank, Graphik, implementierte Statistik- und Planungsalgorithmen, Ausgabefunktionen sowie interne und externe Schnittstellen zur Verfügung stellen, die als integriertes System von einer einheitlichen Benutzeroberfläche angesprochen werden können (vgl. Abb. 2).

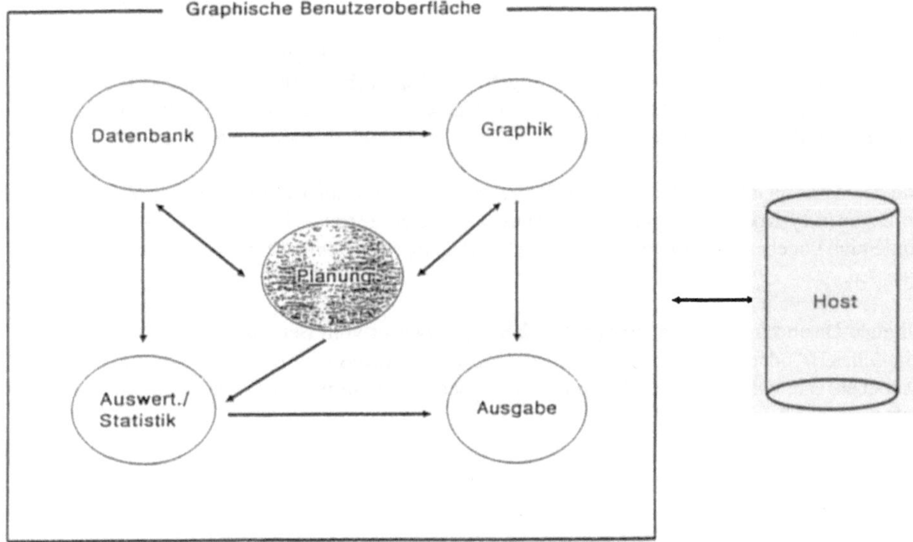

Abb. 2: Systemkonzept

Die erfolgreiche Einführung von EDV-gestützten Verfahren erfordert eine hohe Akzeptanz bei den Benutzern. Eine wesentliche Voraussetzung dafür bildet eine benutzerfreundliche Schnittstelle zwischen Sachbearbeiter und DV-System. Das DV-System muß dazu ohne Programmierkenntnisse bedient werden können und den Mitarbeiter bei den bei ihm anfallenden Arbeiten entlasten. Das DV-System sollte deshalb als graphikorientiertes, cursorgesteuertes (Maus) Dialogprogramm konzipiert sein, das als wesentliche Voraussetzungen standardisierte Bildschirmmasken, einheitliche Funktions- und Vearbeitungstastenbelegung sowie eine umfangreiche Bedienerunterstützung bietet.

3. Das Modul Tourenplanung als Hilfsmittel für eine effiziente Sammelroutenführung

3.1 Raumbezugssystem

Grundlage für die Tourenplanung bildet das sogenannte Raumbezugssystem, das drei verschiedene Arten räumlicher Objekte mit den dazugehörigen Sachdaten verwaltet und graphisch darstellt:

- Punkte (Betriebshöfe, Entsorgungsanlagen, Stützpunkte)
- Linien (Straßennetz)
- Flächen (Entsorgungsreviere, Stadtviertel und andere administrative Raumeinheiten, Gewässer, Grünflächen)

Gleichartige Objekte werden zusammen mit den Sachdaten in einer thematischen Schicht verwaltet, die getrennt dargestellt und abgefragt, aber auch überlagernd dargestellt werden können. Weiterhin besteht die Möglichkeit, die Objekte zu Beschriften und in unterschiedlichen Farben und Signaturen wiederzugeben, so daß eine vollständige, digitale Karte vorliegt.

Die geometrischen Daten, durch die die Objekte repräsentiert werden, müssen dabei in Vektorform vorliegen (x-, y-Koordinaten) und eine eindeutige topologische Struktur besitzen, d.h. sie müssen eine eindeutige Lagebeziehung zueinander haben, um Planungsalgorithmen auf diesen Daten aufsetzen zulassen.

Digitale Daten für das Raumbezugssytem können entweder vom Benutzer selbst aufgenommen (digitalisiert) oder in regelmäßigen Abständen von Vermessungsämtern (soweit dort solche Datenbestände vorhanden sind) übernommen werden, um so immer auf einem aktuellem Bestand aufsetzen zu können.

3.2 Tourenplanung

Mit der Tourenplanung wird festgelegt, welche Müllbehälter in welcher Tour und an welchem Tag entsorgt werden sollen. Hinzu kommen Angaben zum Betriebshof, von dem eine Tour startet, zur Kolonnenstärke, zum Fahrzeugtyp und zur Anlage, wo entsorgt werden soll.

Die kleinste räumliche Planungsebene bilden entweder Straßenabschnitte mit Hausnummernbereichen, an denen die entsprechenden Behälterdaten hinterlegt sind oder einzelne Containerstandorte, die mit planungsrelevanten Daten verknüpft sind.

Für die Planung werden straßenabschnittsbezogene Restriktionen berücksichtigt:

- Tagesrestriktionen (Leerungen nur an bestimmten Tagen)
- Tageszeitrestriktionen (Leerungen nur zu bestimmten Tageszeiten)
- Gebietsrestriktionen (nur befahrbar für bestimmte Fahrzeugtypen)

Das DV-System stellt automatisierte Planungsfunktionen zur Verfügung, deren Ergebnisse Planungsgrundvorschläge darstellen, die vom Planer zu jedem Zeitpunkt manuell zu modifizieren sind. Grundsätzlich ist auch eine vollständige manuelle Planung möglich.

Die Planung besteht sowohl in einer strategischen Planung, um den gesamten Behälterbestand zu überplanen, als auch in der Veränderungsplanung, mit der tägliche An-, Ab- und Ummeldungen in die bestehenden Touren übernommen werden können. Sowohl bei der strategischen als auch bei der Veränderungsplanung wird zwischen drei Planungsarten unterschieden:

- Gebietsplanung zur Zuordnung aller Behälter aggregiert auf Straßenabschnittsebene oder als Einzelstandort (z.B. Container) zu einzelnen Revieren
- Wochenplanung zur Verteilung der zu entsorgenden Behälter in einem Revier auf einen bestimmt
- Tagesplanung zur Erstellung einer Abfahrreihenfolge der Aufträge innerhalb einer Tour

Die Planungsergebnisse werden abschließend in ein Tourbuch ausgegeben, das alle für eine Tour wichtigen Daten wie zu entsorgende Straßenabschnitte mit Straßennamen, Hausnummerbereichen, Anzahl der Behälter nach Behälterart, Leerungstage und Kolonnen-Nr. enthält. Die Planungsergebnisse können auch in die digitale Karte übernommen und damit graphisch dargestellt werden.

Die Optimierungskriterien bei der Planung basieren zum einen auf Vorgaben aus bestehenden Betriebsvereinbarungen, d.h. die geplante Tour geht nicht über bestimmte Ober- und Untergrenzen dieser Vorgaben hinaus. Zum anderen ist die Tour räumlich zusammenhängend, um unnötige Wege zu vermeiden. Je nach Ausgangssituation liegt hier ein Einsparungspotential vor, das aufgrund des optimierten Fahrzeugeinsatzes, der angefangen bei einer Verringerung des Kraftstoffverbrauchs der bestehenden Fahrzeugflotte bis zur Einsparung von Fahrzeugen reichen kann, eine Entlastung der Umwelt darstellt.

4. Technische Realisierungsmöglichkeiten

4.1 Hardwarekonfiguration

Als geeignete Konfiguration für ein EDV-gestütztes Abwicklungs- und Planungssystem kann ein Client-Server-Modell dienen. Dabei kann sowohl ein leistungsstarker PC als auch ein UNIX-Rechner als Server eingesetzt werden, die mit graphikfähigen Arbeitsplatz PCs gekoppelt sind. Abb. 3 zeigt beispielhaft eine denkbare Konfiguration für ein Entsorgungsnetz.

4.2 Software

Zur Realisierung des DV-Systems können drei Softwarekomponenten als Basis zum Einsatz kommen. Für Auftragsbearbeitung und Behälterverwaltung werden Datenbanksysteme eingesetzt. Das Raumbezugssytem wird durch ein sogenanntes Geographisches Informationssystem (GIS) abgedeckt, das einerseits Datenbankfunktionen nutzt, um geometrische Objekte und die dazugehörigen Sachdaten zu verwalten, und andererseits Graphikfunktionen zur Verfügung stellt, um die digitale Karte erstellen zu können. Als dritte Komponente werden für die Optimierung Planungsmodule, die auf Savings- und Clusterverfahren basieren, in das Gesamtsystem integriert.

Darüber hinaus müssen benutzerspezifische Funktionen sowie Schnittstellen durch Neuentwicklung, Makroprogrammierung innerhalb vorhandener Komponenten und Systemanpassungen realisiert werden.

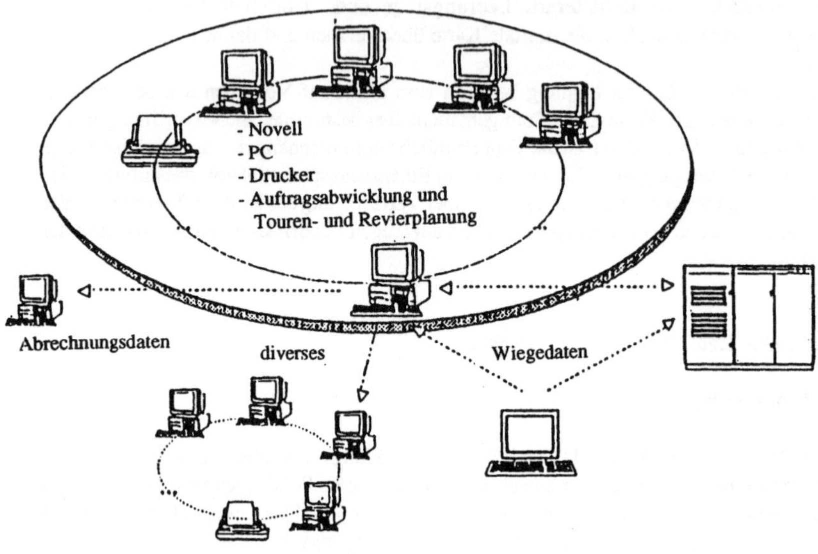

Abb. 3   Entsorgernetz
          Entwurf: IVU GmbH Berlin

5.   Zusammenfassung

EDV-gestützte Abwicklungs- und Planungssysteme für die Hausmüllentsorgung unterstützen den Benutzer bei seiner täglichen Arbeit in verschiedener Hinsicht. Unter umweltrelevanten Gesichtspunkten ergeben sich im Bereich Tourenplanung Ansatzpunkte für eine umweltgerechtere Auslegung der Sammeltouren. Aufgrund der Optimierung auf einem digitalen Straßennetz des Entsorgungsgebietes unter Berücksichtigung einer Vielzahl von Restriktionen wird dafür gesorgt, daß durch Vermeidung unnötiger Wege Betriebsmittel wie z.B. Kraftstoffe für die Fahrzeugflotte eingespart werden und damit ein Beitrag zur Entlastung der Umwelt geleistet werden kann. Insbesondere durch die interaktive Bearbeitung des Planungsvorgangs mit dem DV-System sind für den Benutzer Auswirkungen im Tourverlauf aufgrund von Änderungen im Auftragsbestand oder anderer Randbedingungen unmittelbar ersichtlich und damit besser zu beurteilen.

Dipl.-Ing. Stefan Orgass

Themen-Abgrenzung:

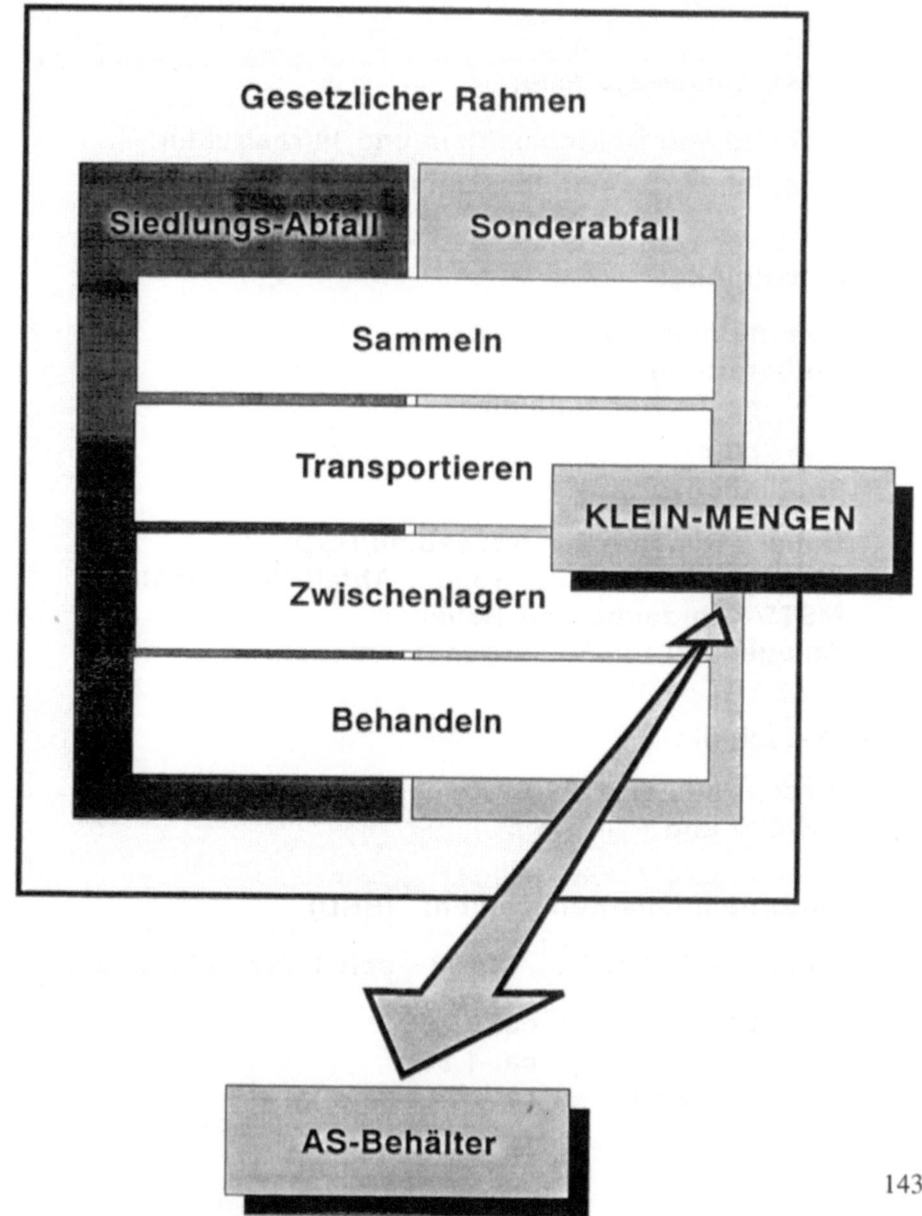

Unternehmens-Schwerpunkte:

* Sammeln, Transportieren, Behandeln von Abfällen;
* Siedlungs-Abfall/DSD;
* Sonder-Abfall: Schwerpunkt: Klein- und Kleinstmengen.

* Entsorgungs-Systeme:

   Verbund von Betriebsmitteln und Infrastruktur:
   Beispiele: AS-Behälter-Logistik, MSTS-Logistik

* Behandlung:

   Konditionierung,
   Aufbereitung,
   CP- und Th-Behandlung.

* Produktion:

   Umleer-Behälter für Hausabfall/DSD;
   Wechsel-Behälter für Sonder-Abfall (AS-Behälter);
   MSTS-Fahrzeuge und Behälter;
   Anlagenbau für Entsorgungs-Anlagen.

* IK-Technik:

   Dezentralisierte DV-Systeme:
   AS/400 und PC-LAN's

* Unternehmens-Kennzahlen: (BRD)

   Gegründet: 1952   1992   seit 11/92: VEW-zugehörig

   Mitarbeiter: ca. 3.300
   Fahrzeuge: ca. 1.850
   Umsatz: (BRD)   ca.   700 MioDM

Allgemeines

Nachfolgendes Referat bezieht sich auf Erkenntnisse und Erfahrungen, die im Hause EDELHOFF sowohl mit mehrjährig betriebenen Pilot-Projekten (z.B. OLISS und EFÜ) gewonnen wurden, als auch auf die laufende Realisierung eines Hochregallagers für die Zwischenlagerung von Sonderabfällen in AS-Behältern.

Rückblick OLISS und EFÜ

Beide Projekte wurden als förderungswürdige FE-Projekte (OLISS durch BMU/UBA, EFÜ durch MU Niedersachsen) zur Erprobung neuer Kommunikationstechniken zwischen Anlagenbetreiber und Aufsichtsbehörde geplant. Dabei ging es insbesondere um die Spezifikation des Informationsbedarfs und die Sicherstellung der technisch/organisatorischen Voraussetzungen für einen Dauerbetrieb. Beide Projekte haben zur Bildung einer guten Vertrauensbasis geführt und damit auch hohen strategischen Wert.

On-Line-Informationssystem Sonderabfall (OLISS)

Im Rahmen des Projektes "Erprobung von organisatorischen Regelungen zur geplanten TA Abfall" wurde im Oktober 1989 das System OLISS in Betrieb genommen. Es dient einerseits der Betriebskontrolle auf Basis der Anforderungen nach TA Abfall, d.h. insbesondere durch On-Line-Zugriff auf das Betriebstagebuch und erzeuger- und abfallbezogene Daten. Andererseits dient es der Direkt-Information bei Abweichungen zwischen Identifikation und Deklaration: dann wird durch das System automatisch ein Sperr-Status gesetzt und die Behörde sofort per Terminal informiert. Dieser Sperr-Status kann nur durch die Behörde aufgehoben werden, nachdem das weitere Vorgehen geklärt ist und eine Freigabe durch die Behörde erteilt wurde.
(s. Anlage TAA026, TAA018)

Hierbei handelt es sich um ein Dialog-Informationssystem auf Basis einer Daten-Wählleitung zwischen dem Staatlichen Gewerbeaufsichtsamt Osnabrück und der von EDELHOFF Entsorgung GmbH & Co betriebenen SAV Bramsche-Achmer. Die Emissionsdaten (8 Parameter und 4 Bezugsdaten wie: Abluftvolumen, Feuchte, Temperatur) werden als gepufferte Halbstunden-Mittelwerte nachts abgerufen und beim GAA gespeichert. Darüber hinaus kann das GAA zu beliebiger Zeit direkt abrufen. Im Falle akuter Grenzwertüberschreitung erfolgt ein automatischer Anruf und Übertragung durch die Emissions-Quelle. Das System ist seit 1988 im Betrieb (s. Anl. DT010).

Sonderabfall-Behandlung in Bramsche-Achmer

Die Sonderfall-Behandlungsanlage hat eine Kapazität von ca.:

    25.000 t/a Flüssige Abfälle

    45.000 t/a Feste/pastöse Abfälle zur Aufarbeitung und Konditionierung.

Es werden dort behandelt:

Lösemittelhaltige Abfälle:

darunter fallen: Flüssige Lösemittel und deren Gemische, Abfälle aus Lack- und Farbenbereich, Kleber, Kunststoffrückstände etc.

Öl- und fetthaltige Abfälle:

Altöle, Emulsionen, Tankreinigungsrückstände, Werkstattabfälle etc.

Mineralische Abfälle:

Galvanikrückstände, Schlämme aus Metallbearbeitung, Ofenrückstände etc.

Abfälle aus Kleinstmengen-Sammlung: Entsorgung von Labors, Schulen, Kleingewerbe und privaten Haushaltungen.

Die überwiegende Masse der Anlieferungen erfolgt mit AS-Behältern. Es werden täglich bis zu 300 solcher Behälter angenommen, identifiziert, beprobt und behandelt. Wegen der unterschiedlichen Behandlungswege (s. Anlage TAA 011) und der Notwendigkeit einer geplanten Chargierung ergeben sich unterschiedliche, wechselnde Bereitstellungsbereiche, die nur aufwendig manuell zu verwalten sind, eine große Fläche beanspruchen und sicherheitstechnisch nicht dem Stand der Technik entsprechen.

Deshalb wurde ein Hochregallager (HRL) geplant und per Planfeststellungsbeschluß genehmigt. Dieses HRL verfügt als Besonderheit über eine Stickstoff-Atmosphäre als Maßnahme zum vorbeugenden Brandschutz. Damit wird für die Zwischenlagerung von Sonderabfall ein neuer "Stand der Technik" gesetzt. Das HRL ist als "geschlossenes System" geplant, Ein- und Auslagerungen erfolgen rechnergesteuert, manuelle Eingriffe verbieten sich aufgrund der Stickstoff-Begasung von selbst und sind nur auf Wartungs- und Reparatur-Tätigkeiten (mit Atemschutz) beschränkt (s. Anlage TAA031).

Das HRL wird über zwei wechselweise zu betreibende Biofilter (Rinden-Kompost) entlüftet und über eine Stickstoff-Anreicherungsanlage geflutet. Die gesamte Anlage besteht aus dem Lager-Bauwerk (L60 x H20 x B12 mtr.), der überdachten Anlieferungszone, dem Probenahme-Bereich und den Förderstrecken für Einlagerung und Auslagerung. Die Behälter durchlaufen nach der Entleerung eine automatische Hochdruckreinigung und manuelle Prüfung. Hier werden auch die zur TÜV-Prüfung fälligen Behälter bereitgestellt (s. Anlage TAA028).
Das HRL ist für 1.200 Behälter-Stellplätze ausgelegt. Es ist zweizügig, d.h. mit zwei parallel laufenden Regalförderzeugen (RFZ) geplant (s. Anlage TAA029). Die Einlagerung der in der Bauform und Größe unterschiedlichen Behälter erfolgt vollautomatisch mittels berührungslos identifizierter Paletten.

Organisatorisches Umfeld.

EDELHOFF betreibt mehrere Systeme AS/400 im SNA-Netzwerk. Der in Bramsche stehende Rechner bedient derzeit kommerzielle Anwendungen im Bereich der Auftragsverwaltung. Die Auftragsverwaltung bietet alle Überwachungs- und Kontrollfunktionen nach TA Abfall: Betriebstagebuch, Mengen- und Sorten-Bilanzen und Verwaltung der Entsorgungsnachweise (ESN). Integrierter Bestandteil der ESN-Verwaltung ist ein PC-basiertes Labor-Management-System (LabBase), das im Dialog mit der AS/400 betrieben wird. Wegen der engen Verzahnung von Auftragsverwaltung und Lagerverwaltung wird hier besonderer Wert auf eine hohe System-Integration gelegt (s. Anlage VDI012 und FLOW1 bis FLOW3A).

<u>Projekt-Status HRL</u>

Die Planungsarbeiten für Hochregallager und zugehörige Infrastruktur sind abgeschlossen. Die Rohbau-Arbeiten wurden im Dezember 1992 begonnen. Das Projekt wird mit Mitteln des BMU gefördert, weil hier ein "Neuer Stand der Technik" gesetzt wird. Die geplante Gesamt-Investition liegt bei ca. 16 Mio DM.

Die Inbetriebnahme ist für Mitte 1994 geplant.
Als DV-Hardware sind vorgesehen:

Steuer-Systeme	SIEMENS S5
Lager-Steuerung	DEC VAX
Auftrags-/Lagerverwaltung	IBM AS/400.

Die Software für die untergeordneten Steuersysteme ist in der Lagertechnik Stand der Technik. Das erweiterte Auftrags- und Lagerverwaltungssystem auf AS/400 wird von EDELHOFF mit externer Hilfe entwickelt.

Informations-Systeme OLISS und EFÜ

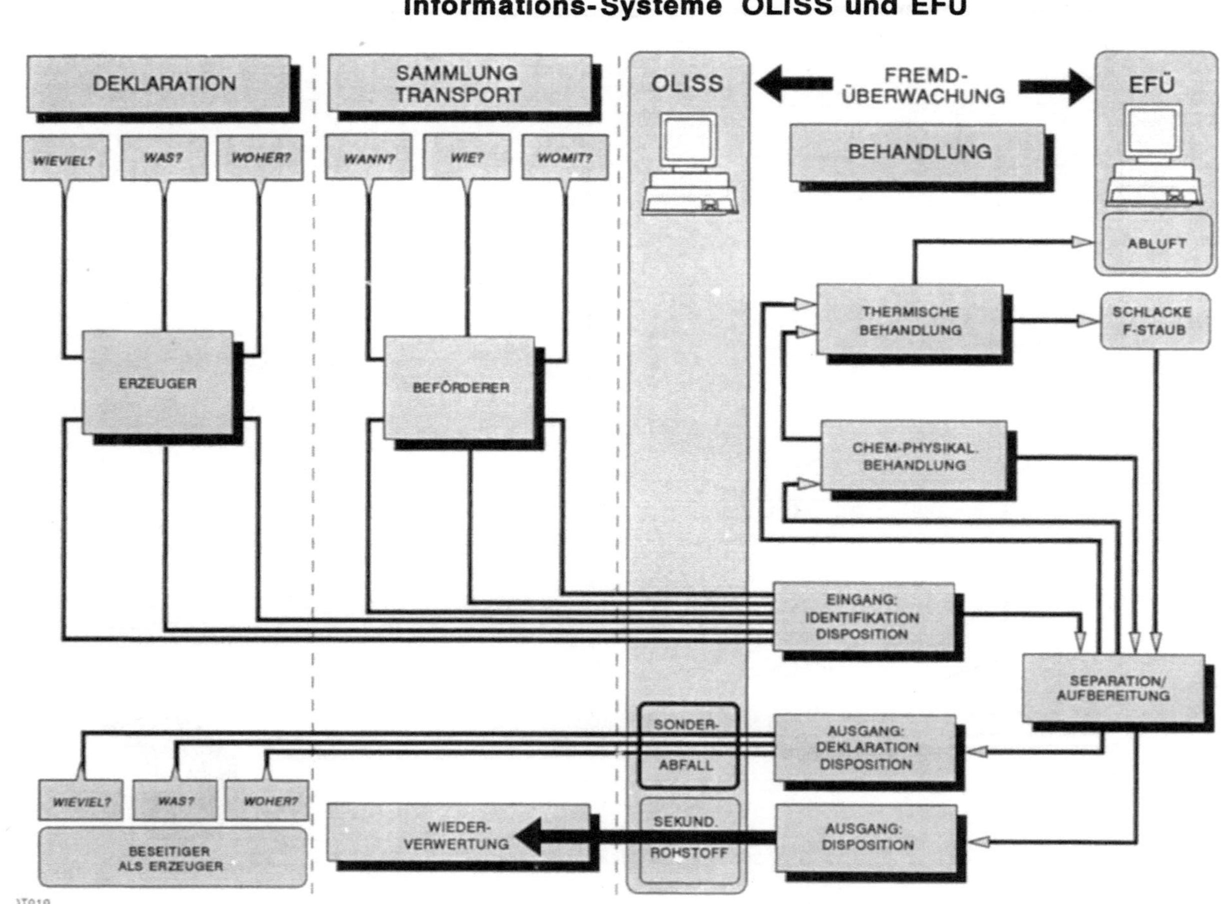

Organisationskonzept TA-Abfall
Abfallstrom- und Status-Verwaltung

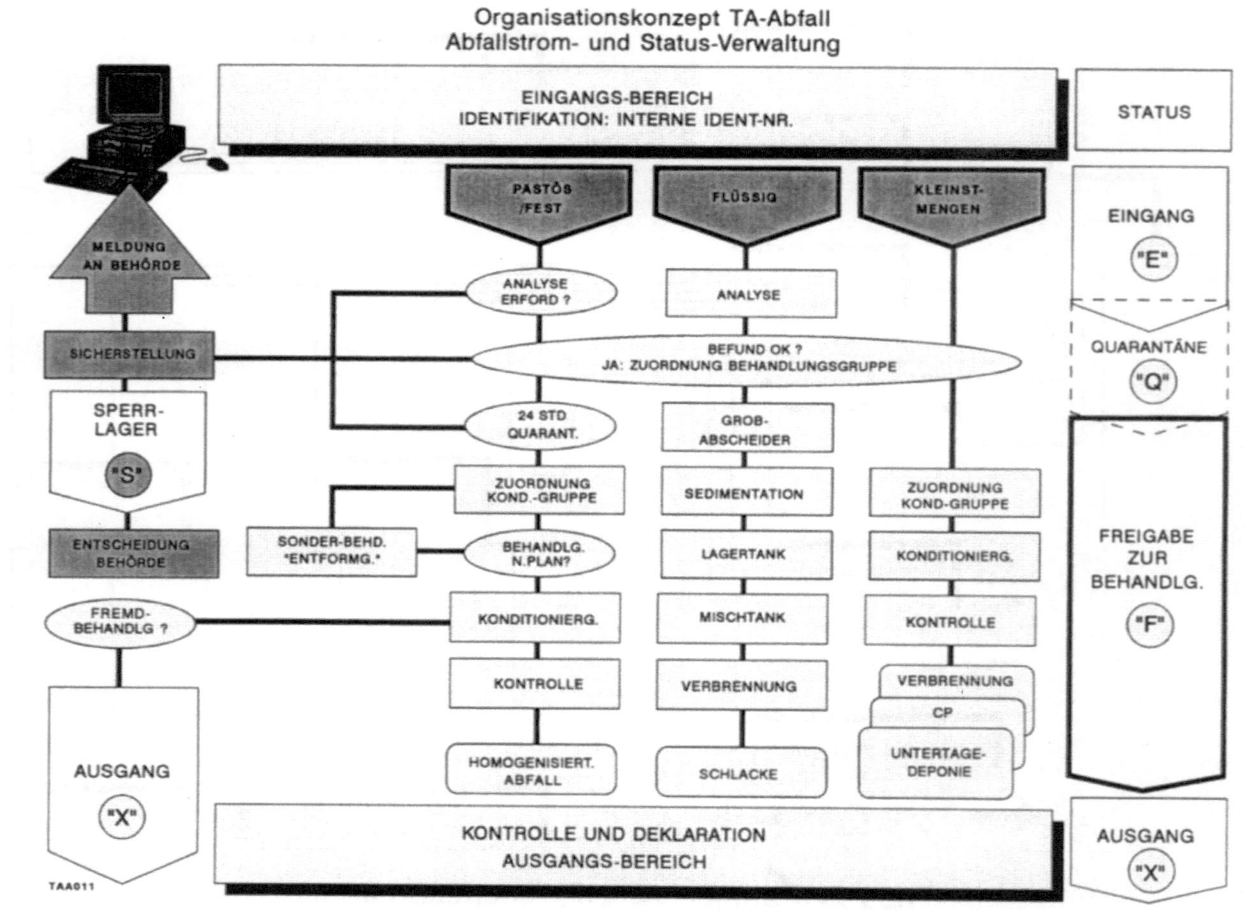

Projekt TA-Abfall
On-Line Informations-System Sonderabfall OLISS

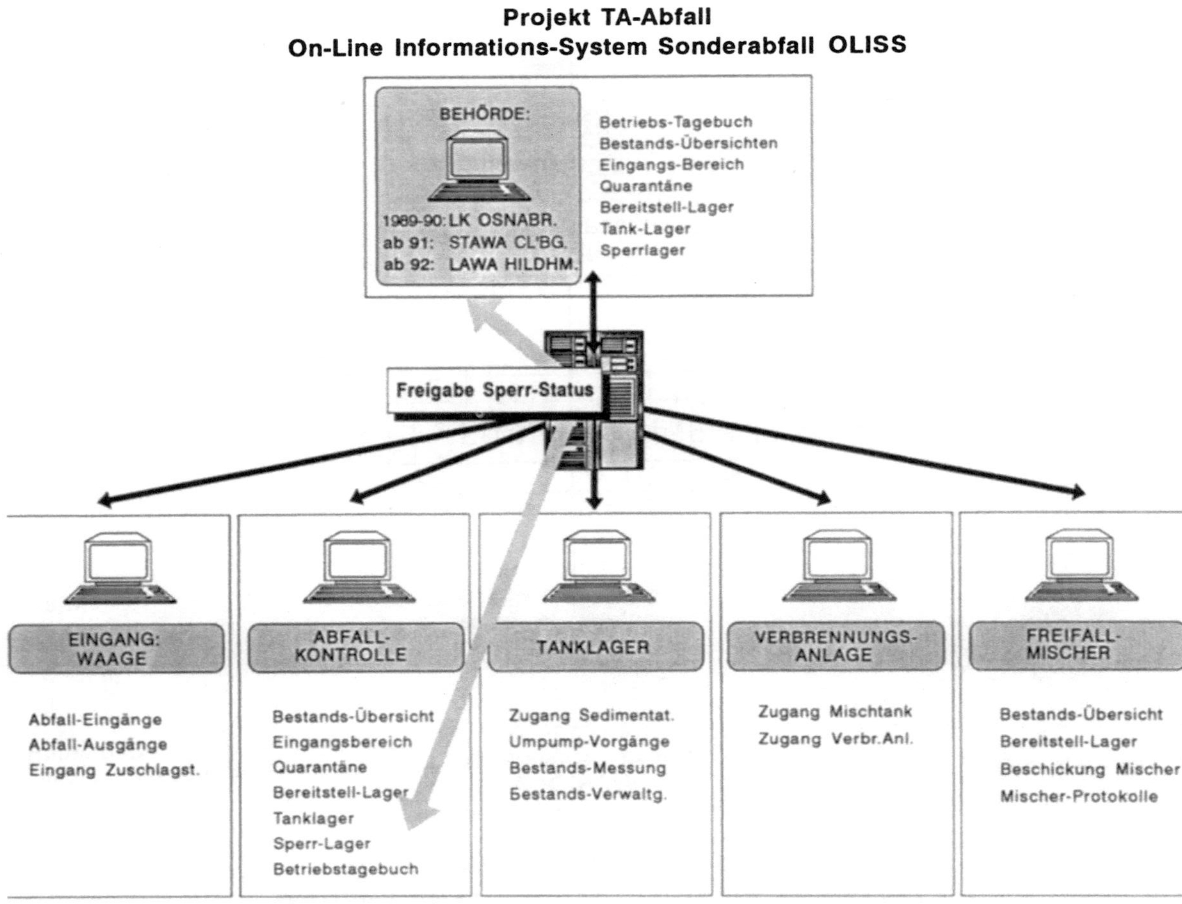

On-Line Informations-Systeme EDELHOFF
Netzwerk-Konfiguration

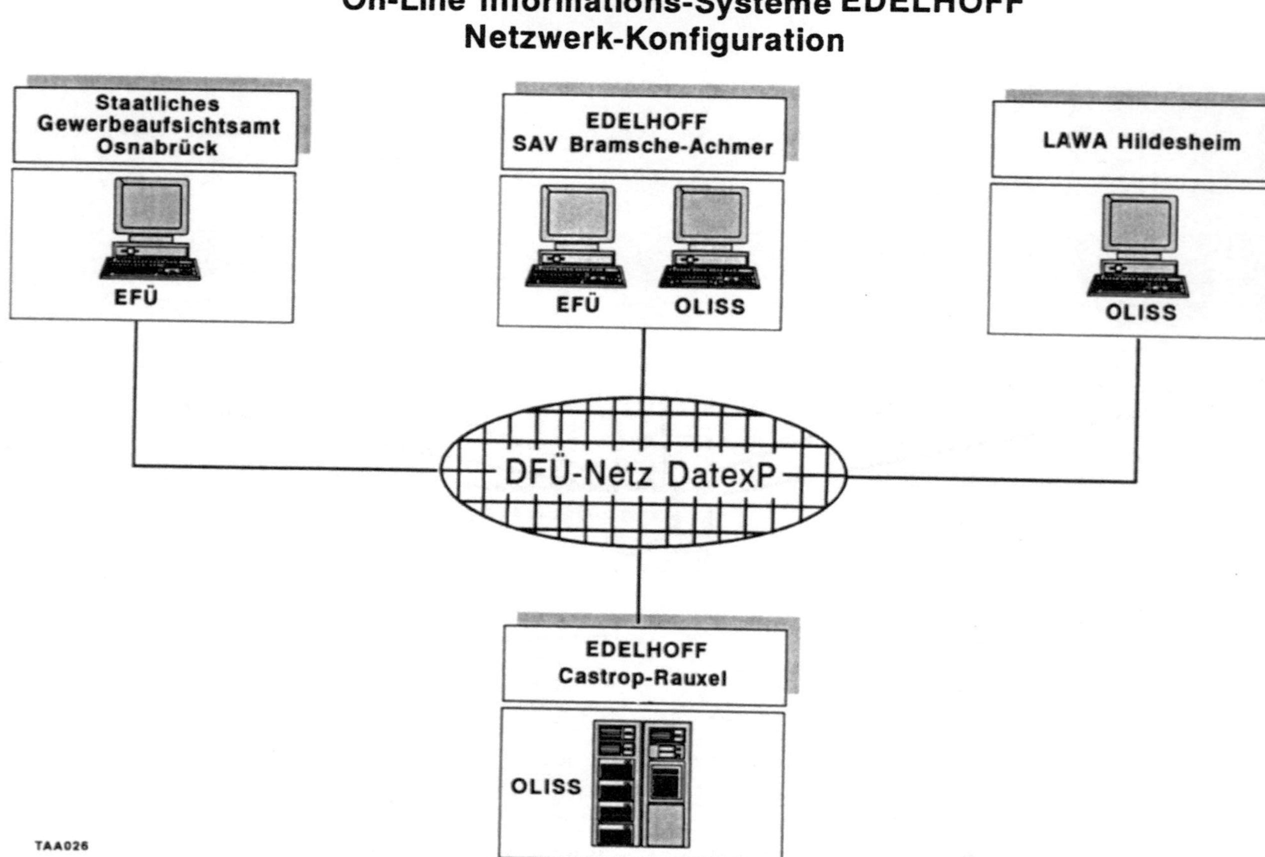

Hochregallager Achmer

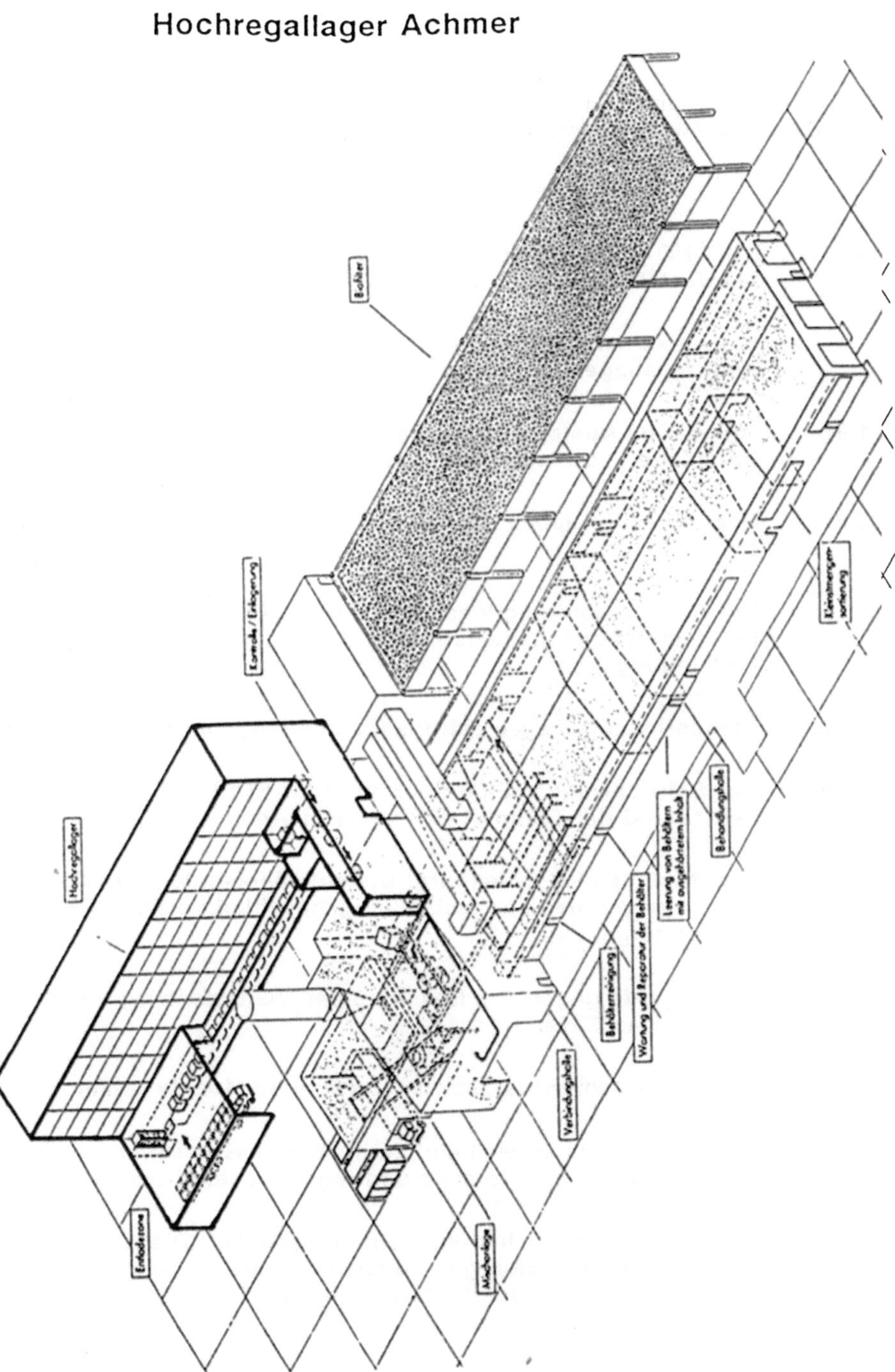

TAA031

Chronologie des Planfeststellungsverfahrens für Errichtung und Betrieb einer Anlage zur Konditionierung von Sonderabfall-Kleinmengen

24.09.86:   EDELHOFF beantragt bei der Bezirksregierung Weser-Ems die Planfeststellung.

              Bauwerke der geplanten Anlage u.a.: Stickstoffintertisiertes Hochregallager.

12.01.87:   Öffentliche Auslegung der Planunterlagen bei der Stadt Bramsche und bei der Bezirksregierung Weser-Ems

28.03.87:   Gegen das Vorhaben werden insgesamt 338 Einwendungen erhoben.

07.05.87:   Die Bezirksregierung Weser-Ems erläßt beantragten Planfeststellungsbeschluß unter Anordnung der sofortigen Vollziehung.

15.07.87:   Klageerhebung gegen den Planfeststellungsbeschluß.

25.04.88:   Der BMU bewilligt FE-Fö rdermittel für EDELHOFF, um den "Stand der Technik" neu zu definieren.

16.06.88:   Beschluß des VG Oldenburg: Die aufschiebende Wirkung der Klagen gegen den Planfeststellungsbeschluß vom 07.05.87 wird wieder hergestellt.

01.07.88:   Beschwerde gegen den Beschluß des VG Oldenburg durch beantragtes Eilverfahren.

04.12.89:   Das "Eilverfahren" ist inzwischen über 18 Monate anhängig.

05.91:   Niedersachsens Umweltministerin Monika Griefahn engagiert sich für das Projekt in Bramsche und regt eine vermittelnde Lösung an.

29.05.91:   Das OVG Lüneburg hat (endlich) entschieden: Die Anträge auf Aussetzung der sofortigen Vollziehung des Planfeststellungsbeschlusses der Kläger/Antragsteller werden abgelehnt.

Gesamt-Übersicht Hochregallager Achmer

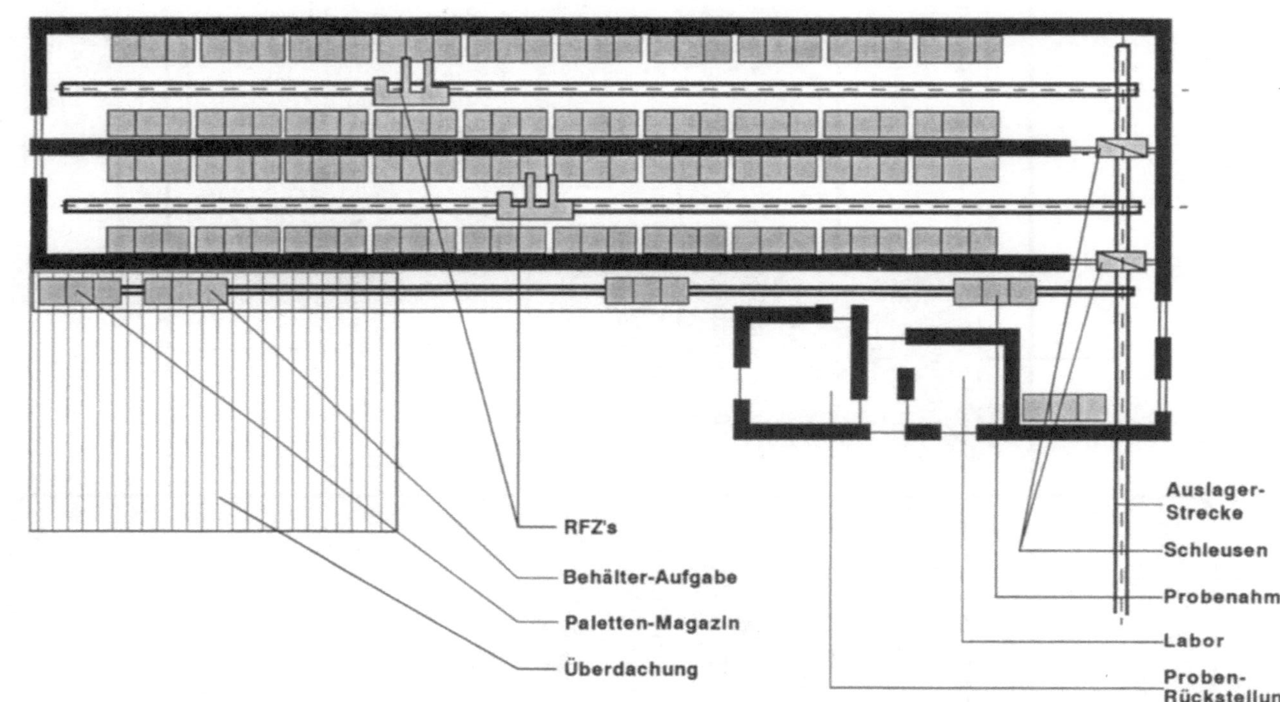

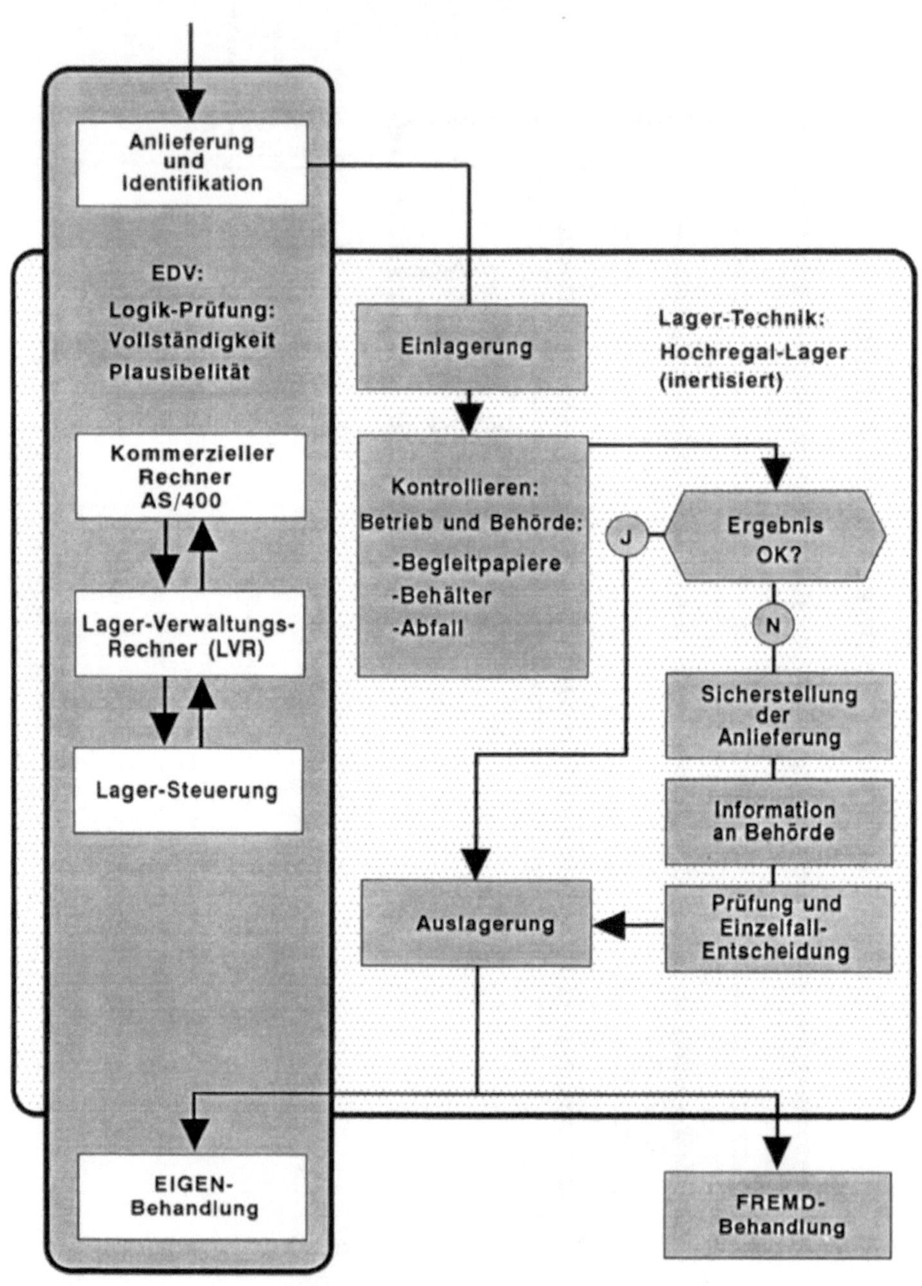
Anlieferung
und
Identifikation

EDV:
Logik-Prüfung:
Vollständigkeit
Plausibelität

Kommerzieller
Rechner
AS/400

Lager-Verwaltungs-
Rechner (LVR)

Lager-Steuerung

Einlagerung

Kontrollieren:
Betrieb und Behörde:
-Begleitpapiere
-Behälter
-Abfall

Lager-Technik:
Hochregal-Lager
(inertisiert)

J

Ergebnis
OK?

N

Sicherstellung
der
Anlieferung

Information
an Behörde

Prüfung und
Einzelfall-
Entscheidung

Auslagerung

EIGEN-
Behandlung

FREMD-
Behandlung

Sonderabfall-Behandlung Achmer
System-Integration

AS/400

Auftrags-Verwaltung:

ESN: WAS-WOHER-WOHIN-WIE?

Analyse-Werte: Parameter/Grenzwerte

Leistungsbestätgg./Begleitschein

Interner Auftrag

Gefahrstoff-Katalog

Betriebstagebuch, Status-Verwaltung : OLISS

Bestandsführung Tanklager und Zuschlagstoffe

Personal-Zeiterfassung

Lab-Base

Analyse/Labor-Management:

Analyse: Deklaration u.Identifikation

Methoden, Parameter, Werte

DEC LVR

Lager-Verwaltung:

Paletten, Lagerplätze und Förderstrecken:

WAS-WO-WANN-WOHIN?

S5

Lager-Steuerung:

Steuerung/Überwachung:

Horizontal-/Vertikal-Förderer, Regal-Förderzeuge (RFZ),

HRL: Schleusen

HRL: Gas-Sensorik: Druck und Konzentration

Brandmelde- und -Schutz-Systeme,

PHILIPS

Prozess-Steuerung/-Überwachung:

Protokoll Qualitäten/Quantitäten

Behandluns-Technik:

Emiss.Daten-Fern-Überwachg. EFÜ

Diverse

Sicherheits-Technik:

Zugangs-Kontrolle,

Betriebs-Überwachung;

Energieversorgungs-Systeme,

System-Konfiguration HRL Achmer

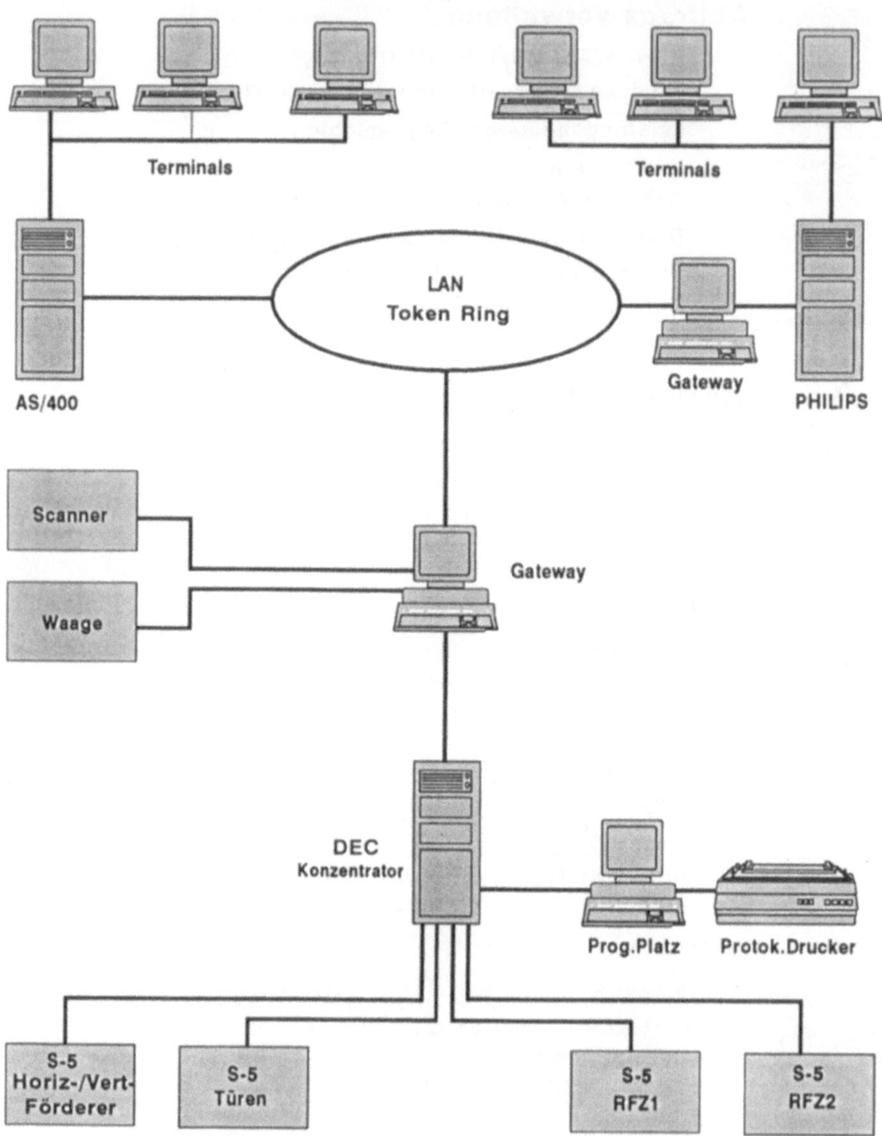

FLOW4

Ablaufschema: Hochregallager Achmer (Blatt 1)
DT: 17.12.1991

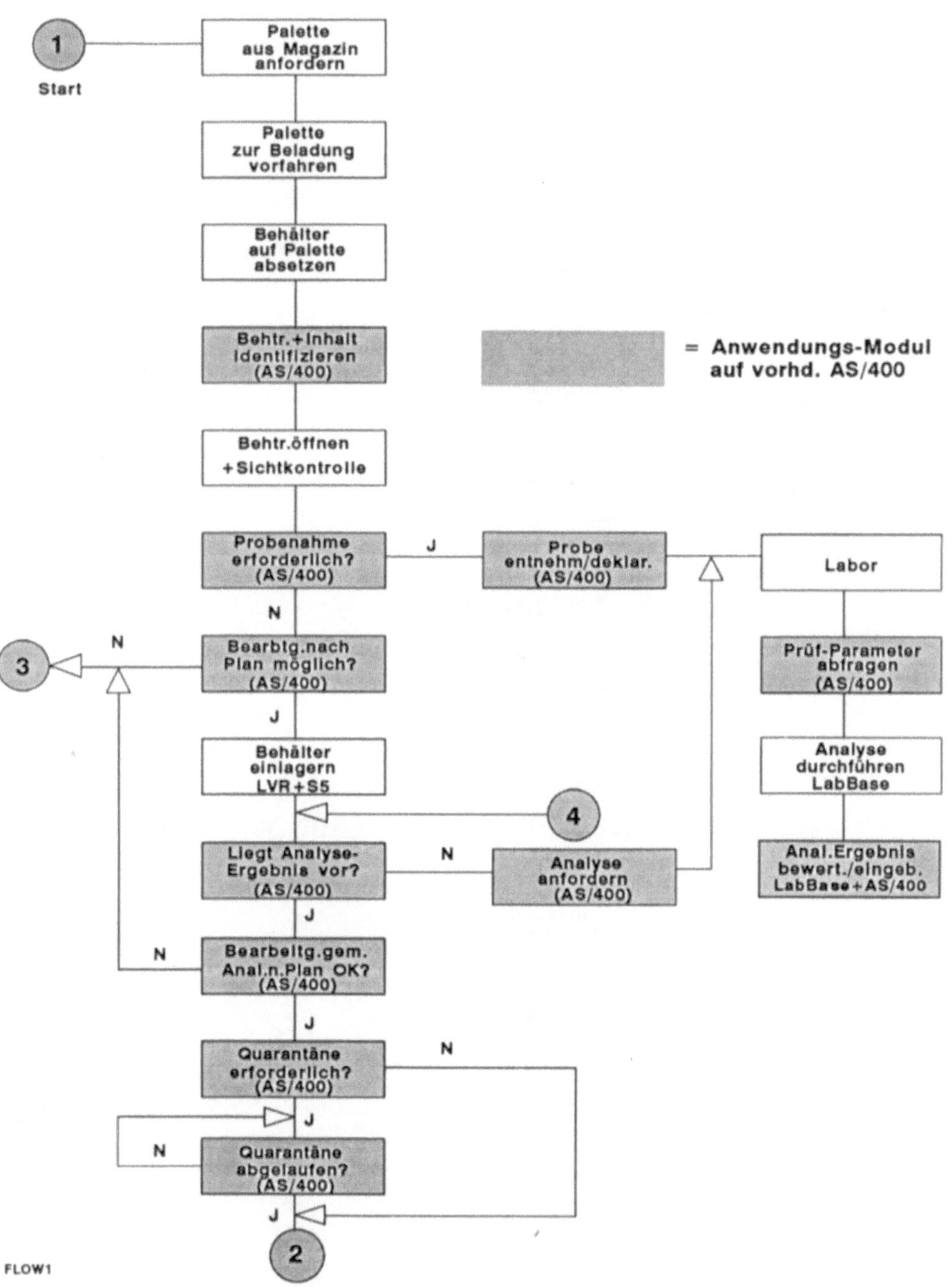

159

2
Einzel-Auftr. erstellen (AS/400)
J
Einzel-Bearbeitung erforderl.?
N
Bearb-Gruppen zus.stellen (AS/400)
= Anwendungs-Modul auf vorhd. AS/400
Einzel-Status "EA" setzen (AS/400)
Status "GA" setzen (AS/400)
Tank-/Bearb-Kapaz.prüfen (AS/400)
Warte-Status "WA" setzen (AS/400)
N
Tank-/Bearb-Kapaz.frei? (AS/400)
J
LVR an RFZ: "Auslagern" (AS/400)
Transport an Exit LVR+S5
Abfrage: Exit 1/2/3.. LVR+S5
Ankunft melden: LVR+S/5
Identif.+Behdl aufrufen (AS/400)
Behtr.aufnehm. + entleeren
5
FLOW2

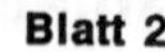

160

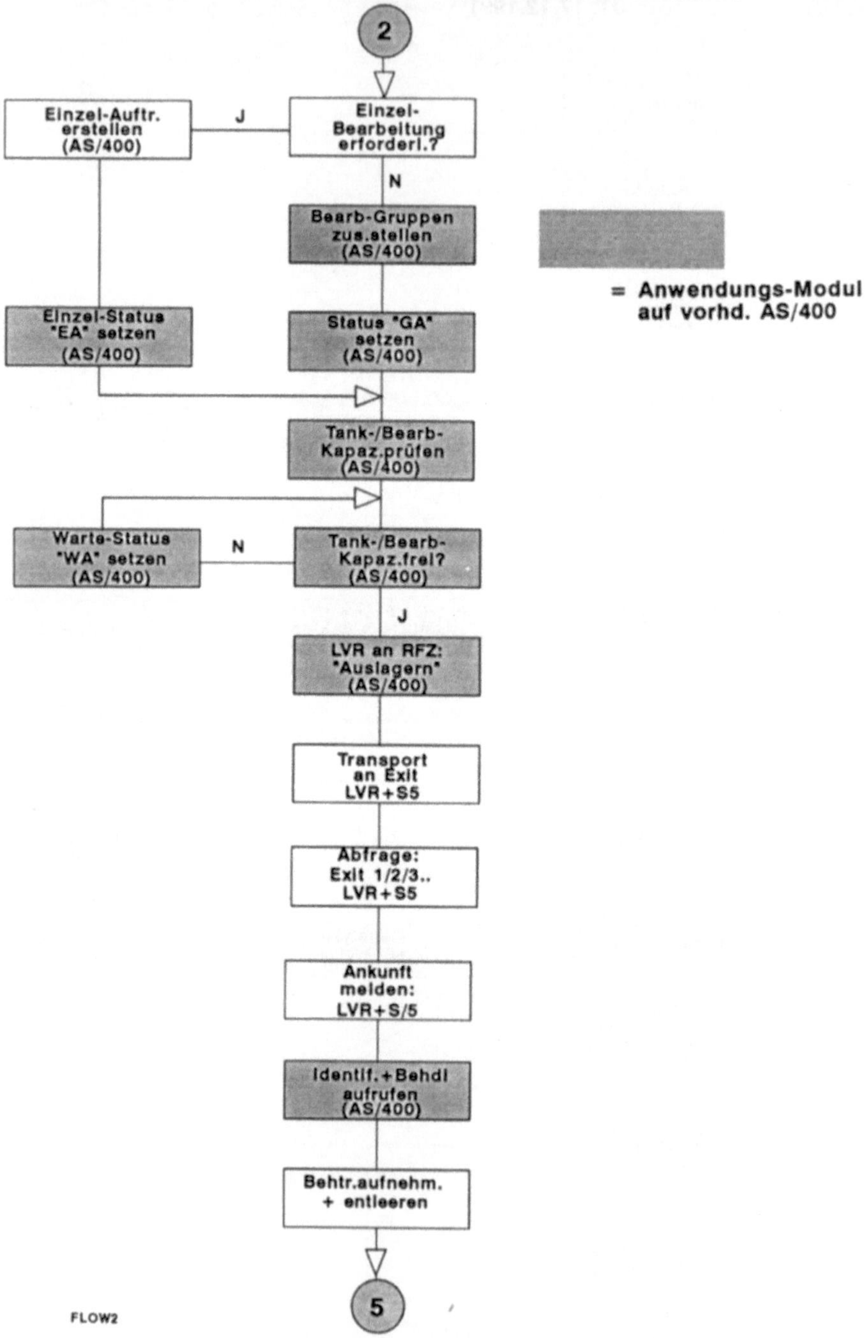

Ablaufschema: Hochregal-Lager Achmer

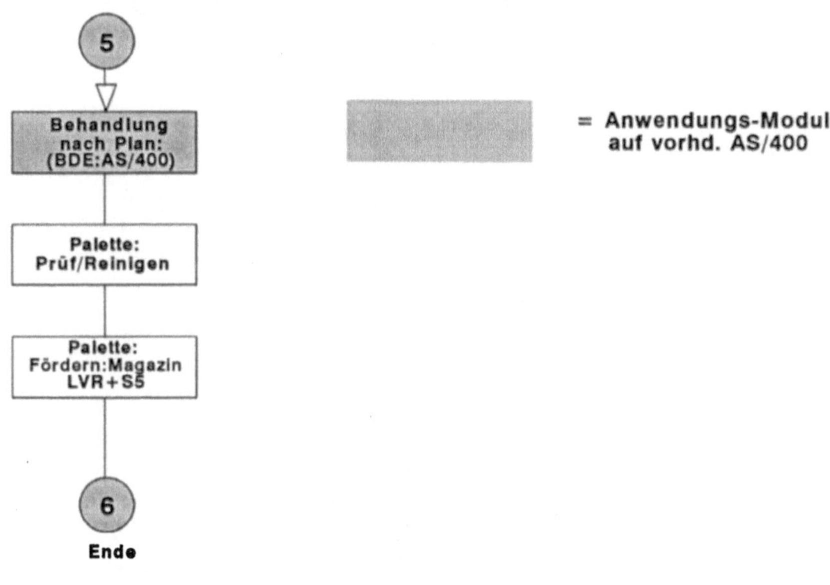

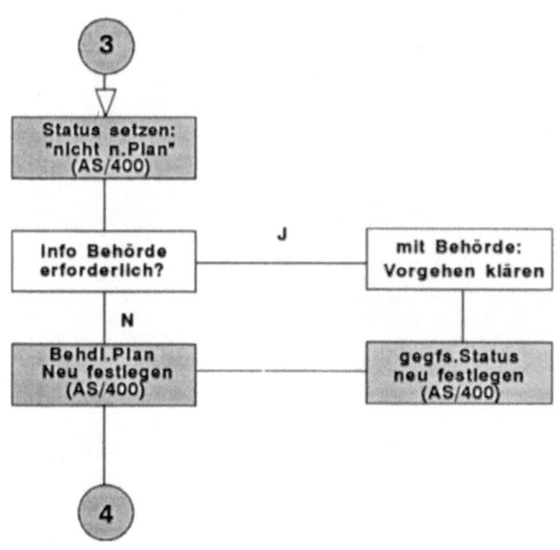

FLOW3

Ablaufschema: Sonderabfall-Behandlung Achmer

DT: 17.12.1991

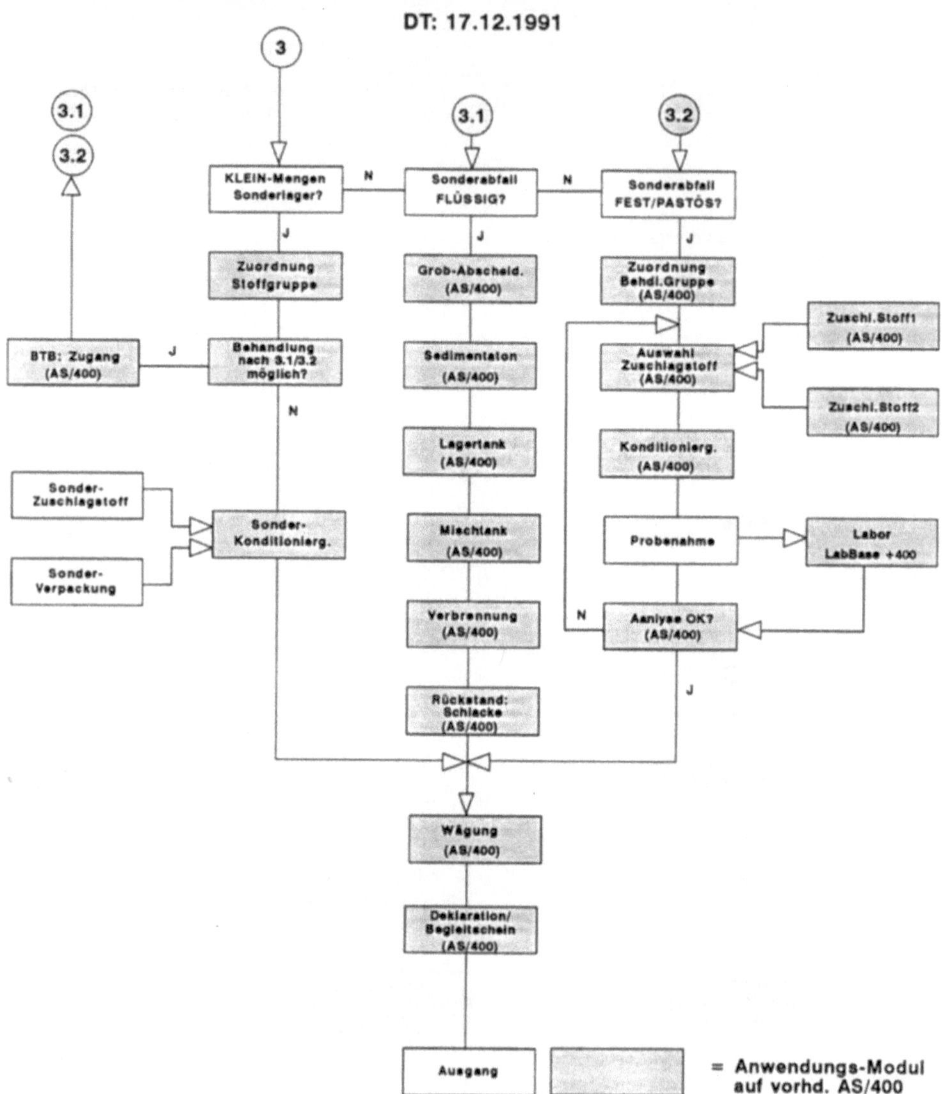

Zweite allgemeine Verwaltungsvorschrift zum Abfallgesetz
(TA Abfall), Teil 1:

Technische Anleitung zur Lagerung, chemisch/physikalischen, biologischen Behandlung, Verbrennung und Ablagerung von besonders
überwachungsbedürftigen Abfällen vom 12. März 1991
(nachfolgend auszugsweise wiedergegeben)

5. Anforderungen an die Organisation und das Personal von
   Abfallentsorgungsanlagen sowie an die Information und
   Dokumentation

5.4 Information und Dokumentation

5.4.1 <u>Betriebsordnung</u>

Der Betreiber ... hat ... eine Betriebsordnung zu
erstellen. Sie ist fortzuschreiben ... und hat ... Vorschriften für die betriebliche Sicherheit und Ordnung
zu enthalten ...

5.4.2 <u>Betriebshandbuch</u>

Der Betreiber ... hat ... ein Betriebshandbuch zu
erstellen. Es ist fortzuschreiben ... Es sind für den
Normalbetrieb, die Instandhaltung und für Betriebsstörungen die für ... die Betriebssicherheit der Anlage
erforderlichen Maßnahmen festzulegen ... Im Betriebshandbuch sind ... , die Kontroll- und Wartungsmaßnahmen
sowie die Informations-, Dokumentations- und Aufbewah-
rungspflichten ... festzulegen.

5.4.3 <u>Betriebstagebuch</u>

5.4.3.1 Inhalt des Betriebstagebuchs

Der Betreiber ... hat ... ein Betriebstagebuch zu führen ... Dieses hat alle für den Betrieb der Abfallent-
sorgungsanlage wesentlichen Daten zu enthalten, insbesondere:

- die <u>Entsorgungsnachweise</u> für die in der Anlage zu
  entsorgenden Abfälle ... und Rückstände, die außer-
  halb der Anlage verwertet oder sonst entsorgt werden,

- das Nachweisbuch für die <u>angenommenen</u> Abfälle,

- das Nachweisbuch für Rückstände, die <u>außerhalb der
  Anlage verwertet</u> oder sonst entsorgt werden,

- die Dokumentation bei <u>Nichtübereinstimmung</u> des ange-
  lieferten Abfalls mit den Angaben ... des Entsor-
  gungsnachweises und getroffenen Maßnahmen,

- <u>besondere Vorkommnisse</u>, vor allem Betriebsstörungen,

- Betriebszeiten und Stillstandzeiten der Anlage,

- Ergebnisse der Eigenkontrolluntersuchungen ... ,

- Art und Umfang von Instandhaltungsmaßnahmen,

- Ergebnisse der Funktionskontrollen

5.4.3.2   Führung des Betriebstagebuchs

Das Betriebstagebuch ist vom Leiter der Organisations-
einheit Kontrolle mindestens wöchentlich abzuzeichnen.
... Es kann mittels elektronischer Datenverarbeitung
geführt werden. Es ist dokumentensicher anzulegen und
vor unbefugtem Zugriff zu schützen. ... Es muß jederzeit einsehbar sein und in Klarschrift vorgelegt werdeı
können.

5.4.3.3   <u>Aufbewahrungsfristen</u>

Das Betriebstagebuch ist mindestens 5 Jahre lang, ...
aufzubewahren.

5.4.4   Informationspflichten gegenüber der Behörde

5.4.4.1   Meldung von besonderen Vorkommnissen ...

5.4.4.2   <u>Jahresübersicht</u>

Über die Daten ... ist jeweils eine Jahresübersicht ..
unter Angabe von Abfallschlüsseln ... und Abfallerzeu-
gern ... zu erstellen.

**6.   Übergreifende Anforderungen an Zwischenlager, Behand-
lungsanlagen und Deponien**

6.1   Anlagenbereiche

Zwischenlager nach Nr. 7, ... haben mindestens aus Eingangsbereich, Lagerbereich und Arbeitsbereich zu bestehen.

6.3.1   Eingangsbereich

Der Eingangsbereich hat mindestens zu bestehen aus:

- Stauraum für Anlieferungsfahrzeuge,

- Waage mit Eingangsbüro

- Labor,

- Probenahmestelle mit separater Abwassererfassung,

- Lagermöglichkeit für Rückstellproben,

es sei denn, es wird nachgewiesen, daß diese Einrichtungen in engem räumlichen und betrieblichen Zusammenhang vorhanden sind ...

6.3.3   Lagerbereich

6.3.3.1   Allgemeines

... Es sind getrennte und gekennzeichnete Lagerbereich
für Behälter und Behältnisse einzurichten.

Die getrennte Lagerung ist durch einen ausreichenden
Abstand sicherzustellen, es sei denn, Art und Beschaf-
fenheit der Abfälle erfordern zusätzliche technische
Maßnahmen. Der Inhalt einzelner Behältnisse darf im
Falle von Leckagen nicht in andere Lagerbereiche gelan-
gen ...

6.3.3.1.1 Zwischenlager

Die Lagerkapazitäten der Zwischenlager sind auf die ...
Kapazitäten der vorgesehenen Abfallentsorgungsanlagen
abzustimmen.

Für Abfälle zur Ablagerung, chemisch/physikalischen
Behandlung, biologischen Behandlung oder zur Verbrennung sind jeweils getrennte und gekennzeichnete Lagerbereiche einzurichten ...

7.   **Besondere Anforderungen an Zwischenlager**

7.1   **Allgemeines:** Zwischenlager sind so zu betreiben, daß
die ... Verwertung, thermische, chemisch/physikalische
oder biologische Behandlung oder Ablagerung des Abfalls
nicht beeinträchtigt oder der Abfall ... nicht verändert wird ...

Die Annahme eines Abfalles in einem Zwischenlager ist
nur dann zulässig, wenn für die weitere Entsorgung des
Abfalls ein Entsorgungsnachweis erbracht werden kann.

7.2   **Unterscheidungsmerkmale:** Zwischenläger werden nach
ihrer Funktion wie folgt unterschieden:

7.2.1   Anlagen im Zusammenhang mit Einrichtungen zur vorberei-
tenden Behandlung;

7.2.2   Anlagen, die ausschließlich dem Lagern zum Zwecke der
späteren Entsorgung dienen;

7.2.3   Anlagen, in denen größere Einheiten für die weitere
Entsorgung zusammengestellt werden ...

7.6   **Lagern von Kleinmengen:** ... Die Sortierung der Abfälle
muß nach Maßgabe des Betreibers der vorgesehenen Ab-
fallentsorgungsanlage ... erfolgen. Der Betreiber des
Zwischenlagers hat ein von den Anforderungen nach
Nr. 5.4.3 abweichendes Betriebstagebuch zu führen. Es
hat mindestens zu enthalten:

- Belege über angenommene Abfälle,

- Entsorgungsnachweise für die abgegebenen Abfälle und
  Reststoffe,

- besondere Vorkommnisse ...

- Dokumentation der Eigenüberwachung der Anlage.

Der Betreiber hat eine ... Jahresübersicht zu erstellen, die mindestens die angenommenen und gelagerten
Abfallarten und -mengen sowie die Lagerzeiten enthält.
Er hat diese innerhalb von drei Monaten nach Ablauf
eines jeden Kalenderjahres der zuständigen Behörde
vorzulegen ...

Austausch von Umweltdaten als Voraussetzung für die Integration verschiedener Anwender in eine gemeinsame Aufgabenstellung am Beispiel der Datenschnittstelle "Sickerwasser"

Markus Wahl

Das Bayerische Landesamt für Umweltschutz

Das Bayerische Landesamt für Umweltschutz (LfU) ist zuständig für folgende Aufgaben aus dem Gebiet des Umweltschutzes:

-   Ermittlung von Grundlagen, Behandlung von Grundsatzfragen und Ausarbeitung von Zielvorstellungen
-   Behandlung von Fachfragen auf folgenden Gebieten: Luftreinhaltung, Lärm- und Erschütterungsschutz, Schutz vor nicht ionisierenden Strahlen, Abfallwirtschaft, Abfallüberwachung, Bodenschutz, Altlasten, wasserwirtschaftliche Rahmenplanung, Gewässerschutz, Aufsicht über kerntechnische Anlagen, Strahlenschutz, Landschaftspflege, Naturhaushalt, Umwelttechnologie, Umweltanalytik und Umwelthygiene.

Für diese Aufgabenbereiche nimmt das LfU Vollzugsaufgaben wahr, soweit sie ihm durch Gesetz oder Rechtsverordnung übertragen sind.

Seit Gründung des LfU im Jahre 1972 wird EDV eingesetzt. Aufgrund des besonders hohen Informations- und Handlungsbedarfs im Bereich Umweltschutz werden heute alle Arbeitsgebiete des LfU mit EDV unterstützt. Besonders hohe Bedeutung kommt hierbei der Speicherung, Auswertung und Veröffentlichung von Meß- und Erhebungsdaten zu.

Die derzeit laufenden DV-Projekte des LfU sind stark durch den Integrationsgedanken geprägt. Besonders hohe Bedeutung hat neben der technischen Integration von Großrechner- und PC-Welt die Vereinheitlichung der Datenstrukturen und der Thesauri sowie die fach- und amtsübergreifende Prozeßoptimierung. Eine Schlüsselrolle nimmt hierbei die Definition von Schnittstellen für den Austausch von Umweltdaten ein.

Im folgenden wird am Beispiel der Vollzugsaufgabe "Deponieüberwachung" über dieSchaffung einer Schnittstelle zum Austausch von Sickerwasserdaten berichtet.

Die Überwachung der Mülldeponien in Bayern

Die Überwachung des ordnungsgemäßen Betriebs von Mülldeponien in Bayern wird im wesentlichen durch zwei Maßnahmen erreicht: durch Begehung und routinemäßige Beobachtung der Qualität von Sickerwasser, Oberflächen- und Grundwasser.

Für letzteres werden alle drei Monate Wasserproben aus den Sickerwasserpegeln der Deponien und aus dem Grund- und Oberflächenwasser in unmittelbarer Umgebung entnommen.

Diese Proben werden in besonders dafür zugelassenen Meßlabors auf eine umfangreiche Anzahl von Umweltparametern hin analysiert.

In Bayern sind rund 170 Deponien (anwachsend auf ca. 250 - 300) zu überwachen, die durchschnittlich je 10 Meßstellen - d.h. Probenahmeorte - haben. Pro Quartal wird an jedem Probenahmeort eine Wasserprobe gezogen, die auf durchschnittlich 40 - 50 Umweltparameter untersucht wird. Hinzu kommen etwa 10 - 20 Parameter, die die Probenahme- und Meßsituation beschreiben. Somit fallen in diesem Aufgabenbereich pro Jahr rund eine halbe Million Einzeldaten an.

Die Analysewerte wurden bisher zusammen mit einer Beurteilung quartalsweise an den Deponiebetreiber, das LfU und an das jeweils zuständige Wasserwirtschaftsamt (WWA) geleitet. Hinzu kommt jährlich ein zusammenfassender Bericht je Deponie der ebenfalls an o.g. Stellen und zusätzlich an das Landesamt für Wasserwirtschaft (LfW) geht. Am LfU wurden die wichtigsten Daten dieser Berichte erfaßt, bei den anderen Stellen lagen sie in Papierform vor.

Die beteiligten Behörden haben die Daten zu sichten und ggf. Maßnahmen zu veranlassen, die in ihren Zuständigkeitsbereich fallen.

Ursprünglich sollte der Schwerpunkt bei der Einführung eines DV-Systems für diese Aufgabe auf der Speicherung und grafischen Auswertung der Daten am LfU liegen. Schon bald zeigte sich aber, daß der Datenaustausch ein mindestens ebenso großes Problem war, da die Datenerfassung am LfU viel zu viel Personalkapazität beanspruchte und die Behörden der Wasserwirtschaft die Daten ebenfalls benötigten.

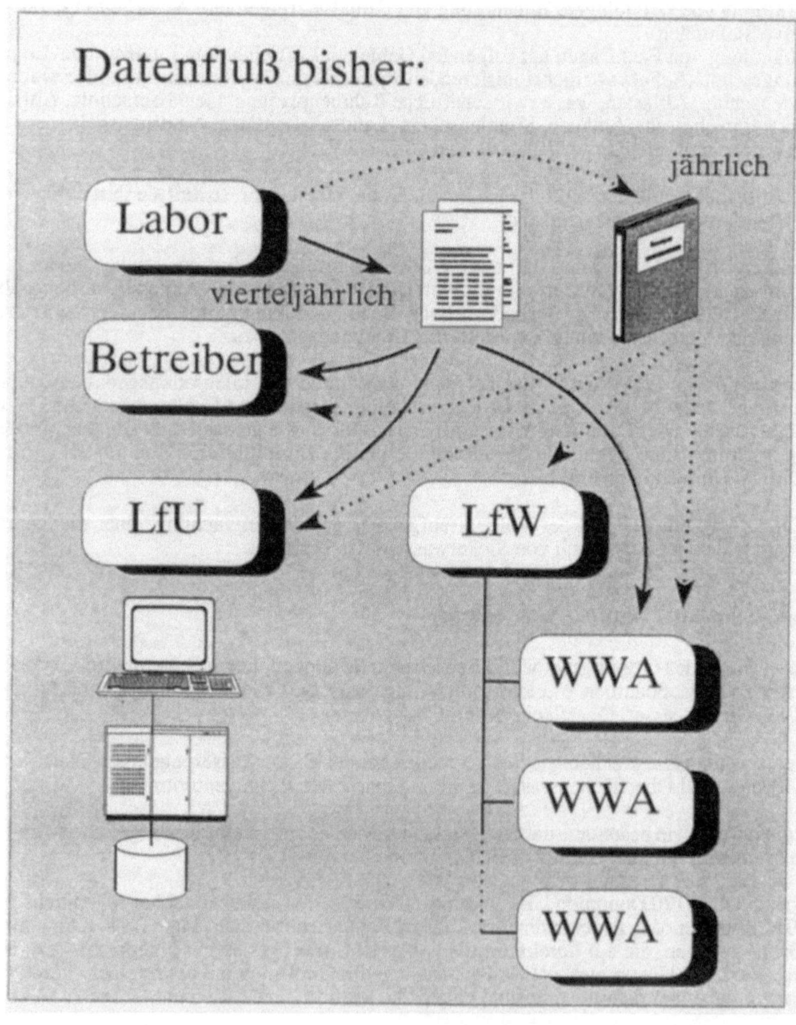

Ziele

Die Ziele bei dem Aufbau der Schnittstelle waren:

- allen Beteiligten die Arbeit zu erleichtern und die Qualität der Arbeit zu verbessern
- Flexibilität in bezug auf sich ändernde fachliche Anforderungen und in bezug auf technischen Fortschritt zu erreichen
- einen Einstieg in die Standardisierung von Schnittstellen im Rahmen eines Pilotprojektes zu schaffen

Das Projekt ist Teil eines Pilotprojektes des interministeriellen Arbeitskreises "Neue Informations- und Kommunikationstechniken in der staatlichen Verwaltung" (AK IuK).

Probleme

Die Probleme, die es zu bewältigen galt, waren allesamt Abstimmungsprobleme bei der Einigung auf:

- Arbeitsablauf bzw. Datenfluß
- Datenumfang
- Begriffsinhalte
- Datei- bzw. Nachrichtenstruktur
- Übermittlungsmedien
- Zuständigkeiten bzgl. der Schnittstellenfestlegungen

Bei den Abstimmungsgesprächen waren die o.g. Behörden, deren übergeordnete Behörden und fünf größere Analyse-Labors beteiligt.

Arbeitsablauf und Datenfluß nach Einführung der Schnittstelle

Die **Analyse-Labors** geben über ihre eigenen DV-Systeme die Daten im Schnittstellenformat aus und senden sie an den Deponiebetreiber, der die Daten im Rahmen der Eigenüberwachung interpretiert und um einen Beurteilungstext ergänzt.

Daten und Beurteilungstext werden dann dem **LfU** übersandt, das alle Einzellieferungen prüft und sammelt. Die Prüfungen beinhalten technisch formale Prüfungen, Vollständigkeitsprüfungen und fachliche Prüfungen aus der Sicht des Umweltschutzes.

Der komplette Datenbestand eines Quartals wird dann dem **LfW** übermittelt. Dort werden die Daten in die Datenbank der Wasserwirtschaft überspielt, auf die auch die einzelnen **Wasserwirtschaftsämter** Zugriff haben.

Hat die Schnittstelle eine ausreichende Qualität erreicht, ist zur Abkürzung der Dienstwege z.B. auch eine parallele Übermittlung der Daten vom Betreiber an LfU und Wasserwirtschaftsämter möglich - insbesondere bei Einsatz der Datenfernübertragung.

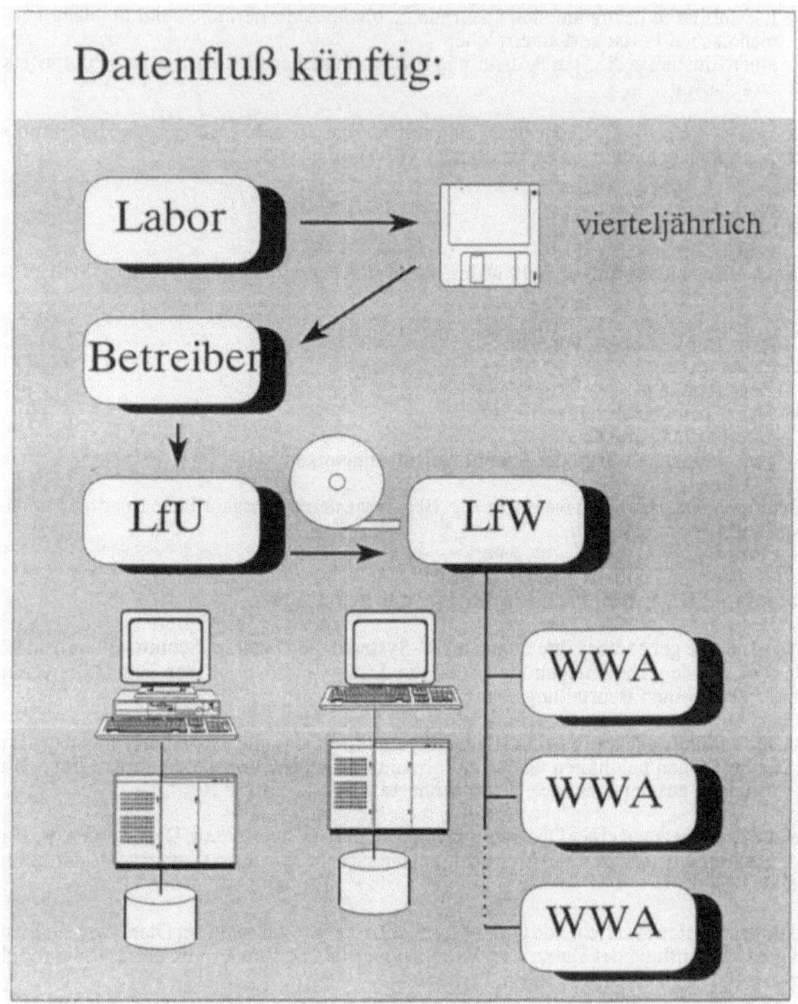

Datenumfang

Übermittelt werden Daten zum Sach-, Orts- und Zeitbezug, zur Probenahme und zu den Analysenergebnissen. Im Rahmen der Abstimmungsgespräche wurde der Datenumfang bereinigt und auf das unbedingt notwendige Maß reduziert.

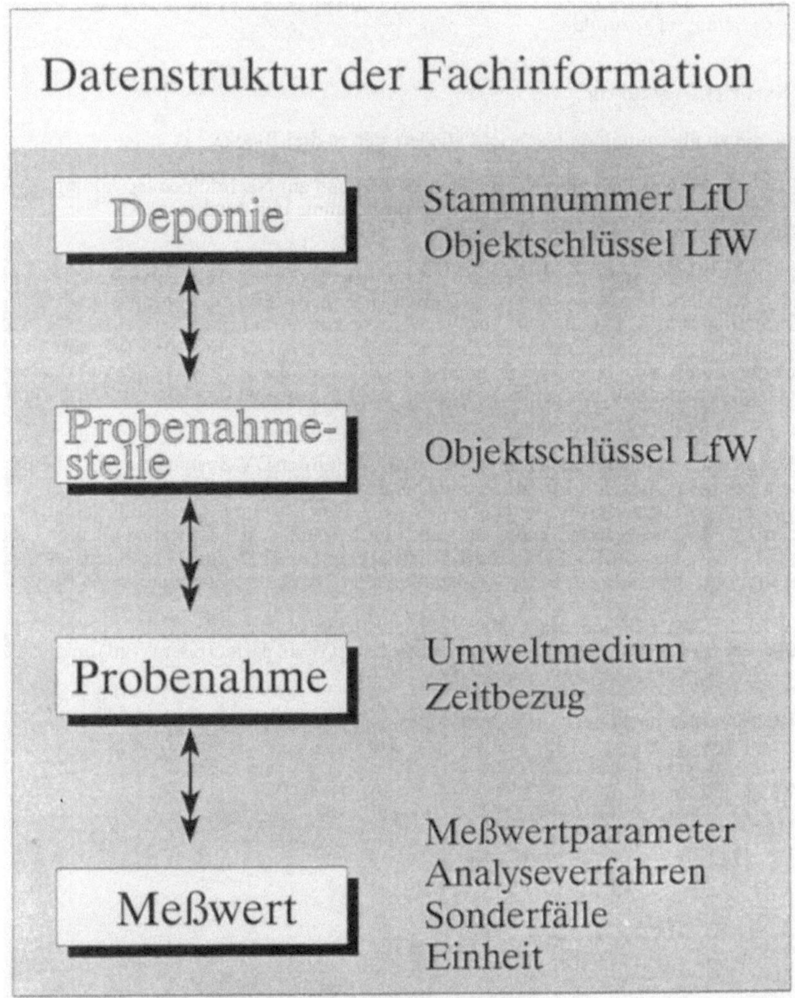

Begriffsinhalte

Um bei den Angaben zu den o.g. Bereichen "die gleiche Sprache zu sprechen", mußten eine Reihe von Begriffen und Schlüssellisten einheitlich definiert werden:

- Raumbezug: Gemeindeschlüssel und Gauß-Krüger-Koordinaten (werden im Rahmen der Schnittstelle nicht übermittelt, sind jedoch Bestandteil der Stammdaten)
- Zeitbezug: ideelles und reales Probenahmedatum
- Deponie: Stammnummer des LfU und parallel Objektschlüssel des LfW
- Probenahmeort: Objektschlüssel des LfW
- Parameter: LfU-Schlüssel und parallel Systematik des LfW
- Sonderfälle: Kennzeichen für "kleiner Bestimmungsgrenze" usw., gemeinsame Regelung
- Benennungen: Schlüssel des LfU, redundant zur Parametersystematik des LfW
- Analysenmethode: zunächst laborinterne Schlüssel, später LfU-Schlüssel

171

Da die verwendeten Schlüssellisten einem zeitlichem Wandel unterliegen, wurde im Rahmen der Abstimmung auch eine Schnittstelle zum Austausch der Schlüssel definiert, die auch in der Lage ist, relativ komplexe Schlüssel abzubilden.

Datei- bzw. Nachrichtenstruktur

Die Datei bzw. die zu übermittelnde Nachricht gliedert sich in drei Blöcke:

- Kopfteil mit Angaben zum Nachrichtenversand und zur Nachrichtenverwaltung
- Datenteil mit den formatierten Daten zur Probenahme und Analyse
- Textteil mit der Beurteilung der Daten

Der **Kopfteil** wurde im Rahmen eines weiteren Pilotprojektes des AK IuK entwickelt, das die Integration vorgangsbearbeitender Systeme zum Ziel hat. Er enthält die für die Vorgangsbearbeitung wichtige Information zum Transport und zur Verwaltung einer Nachricht, wie Absender und Empfänger, Betreff, Deponiestammnummer, Untersuchungsdatum. Der Aufbau des Kopfes ist so allgemein gehalten, daß auch Nachrichten unterschiedlicher Projekte (z.B. Emissionskataster, Altlastenerhebung) über einen Kommunikationsserver zentral verwaltet und verteilt werden können.

Im **Datenteil** werden die fachbezogenen Daten übermittelt, die an den DV-Systemen der Empfänger weiterverarbeitet werden sollen. Die Struktur dieser Daten muß hierzu in der Schnittstelle abgebildet werden. Im Fall der Sickerwasserschnittstelle wird die Datenstruktur über drei Satzarten - Probenahmesatz, Meßwertsatz, Bemerkungssatz - und eine hierarchische Gliederung erzeugt. Eine Nachricht enthält die Probenahme- und Meßwert-Daten zu genau einer Deponie und einem ideellen Probenahmezeitpunkt. Innerhalb der Sätze werden die Felder durch ihre Position identifiziert.

Im **Textteil** wird der ASCII-Zeichensatz ohne Textsteuerzeichen verwendet. Falls zweckmäßig, kann später auch auf ein gängiges Format der Textverarbeitung (Word perfect oder Word) umgestellt werden.

Mit dieser Datenschnittstelle ist auch die Übermittlung von Grafiken möglich.

Struktur der Schnittstelle

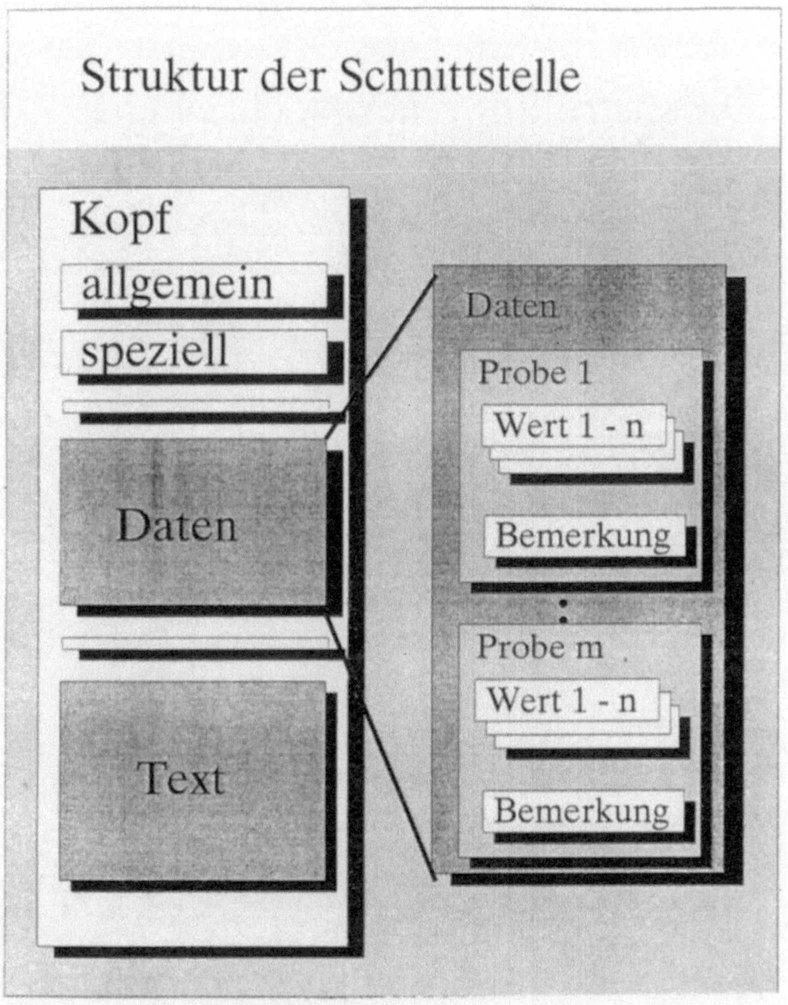

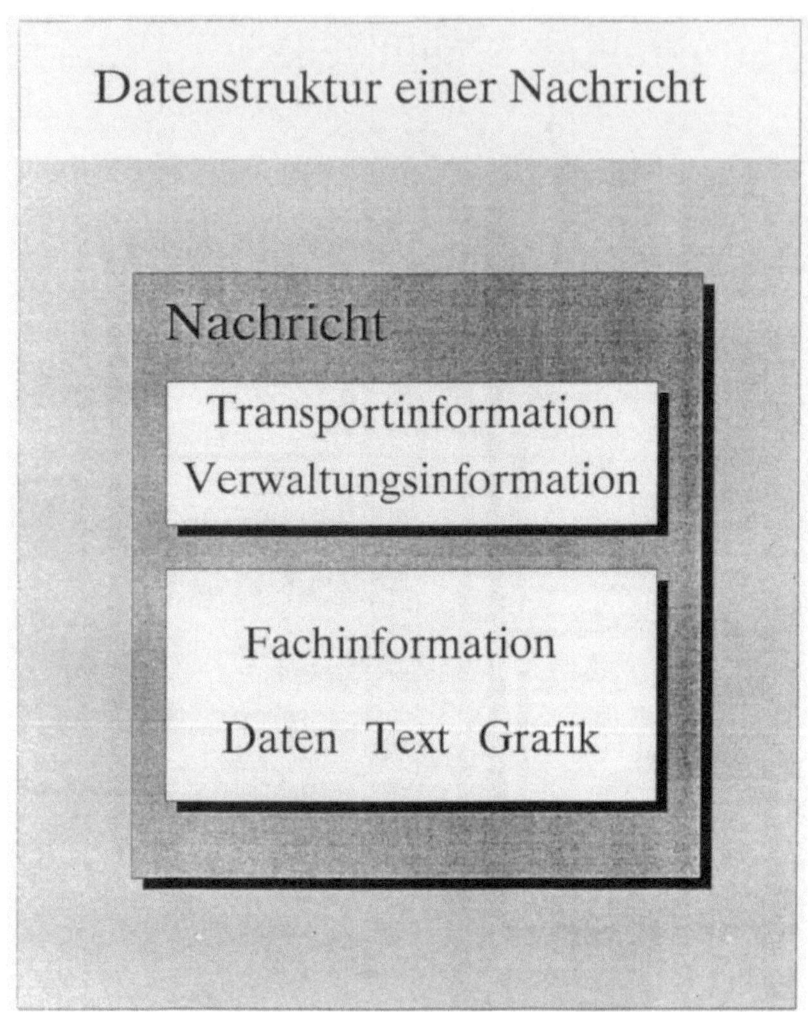

Datenübermittlung

Zunächst sollen die üblichen PC-Datenträger - 3½"- und 5¼"-Disketten - verwendet werden. Zwischen LfU und LfW kommt ein Magnetband zum Einsatz. Später soll die Übermittlung mit Datenfernübertragung erfolgen, z.B. über ISDN und FTAM.
Falls weitere Schnittstellen in anderen Projekten nach diesem Muster geschaffen werden können, wird der Einsatz eines Kommunikationsservers sinnvoll.

174

Zuständigkeiten

Federführende Stelle für die Koordinierung der gesamten Schnittstelle ist das LfU. Änderungen in den wasserwirtschaftlichen Schlüsseln liegen in der Zuständigkeit des LfW.

Rückblick beim Einsatz von Schnittstellen am LfU

Heute haben bereits viele Stellen eine optimierte und standardisierte EDV-Landschaft. Daher können institutionsübergreifende DV-Verfahren kaum noch dadurch erreicht werden, daß allen die gleiche Hard- und Software zur Verfügung gestellt wird. Vielmehr muß die zu verarbeitende Information zwischen verschiedenen Systemen über verbindlich definierte Schnittstellen ausgetauscht werden.

Ein augenfälliges Beispiel aus jüngster Vergangenheit ist die sog. **LAGA-Schnittstelle**, an deren Definition das LfU beteiligt war. Diese Schnittstelle ermöglicht den Austausch der Daten im Rahmen der Abfall- und Reststoffüberwachung. Sie orientiert sich an den per Gesetz vorgeschriebenen Formularen zum Begleitschein, Entsorgungs- und Verwertungsnachweis, Einsammlungs- und Beförderungsgenehmigung. Ohne die Schnittstelle wäre der Vollzug des Gesetzes praktisch nicht möglich.

Ein weiteres Beispiel war der **Reaktorunfall von Tschernobyl**, der nicht nur am LfU zu einer wahren Daten- und Nachrichteninflation führte. Das DV-System zur Dokumentation und Auswertung der Daten am LfU konnte damals schnell erstellt werden. Das eigentliche Problem lag hier bei der Schaffung einer Schnittstelle zum Austausch der Daten mit anderen Institutionen und insbesondere bei der Definition eines Thesaurus für die sehr unterschiedlichen Umweltmedien, aus denen die Proben stammten - z.B. Nahrungsmittel, Boden und Wasser. Die Schnittstelle wurde in mehreren Stufen zunächst in Bayern definiert und später als **IMIS-Schnittstelle** bundesweit eingeführt.

Ausblick

Die Bedeutung von Datenschnittstellen im Umweltbereich wird weiter wachsen. Derzeit sind folgende Projekte erkennbar, die eine Datenschnittstelle benötigen:

Abfallbilanz: Die Kreisverwaltungsbehörden und Zweckverbände sammeln Rohdaten über die Wiederverwertung oder Entsorgung von nicht nachweispflichtigen Abfällen. Die Rohdaten werden zentral zusammengefaßt, verdichtet und statistisch aufbereitet.

Altlastenkataster: Die Kreisverwaltungsbehörden melden Daten zu Altlasten-Verdachtsflächen an das LfU. Dort wird ein Altlastenkataster aufgebaut, auf dessen Basis weitere Beratung und Unterstützung bei der Sanierung erfolgen.

Verwerterdatenbank: Verschiedene Institutionen sammeln und validieren Adressen von Reststoffverwertern. Am LfU werden diese Daten in einer zentralen Verwerterdatenbank zusammengefaßt und z.B. an die Abfallberater weitergegeben.

Klärschlammerhebung: Die Betreiber von Kläranlagen sammeln Daten zu Klärschlamm- und Bodenanalysen, die sie den Ämtern für Landwirtschaft und den Kreisverwaltungsbehörden übersenden. Das LfU erhält einen Teil dieser Daten von den Kreisverwaltungsbehörden und verwendet ihn für die Entsorgungsplanung. Außerdem werden die Daten noch mit dem LfW und der Landesanstalt für Bodenkultur und Pflanzenbau ausgetauscht.

Emissionskataster: Die Betreiber genehmigungsbedürftiger Anlagen (mit Ausnahme derjenigen, von denen keine oder nur geringe Luftverunreinigungen ausgehen) erstellen Emissionserklärungen, die im Emissionskataster des LfU gesammelt, ausgewertet und dokumentiert werden.

Innerhalb des LfU wird in zahlreichen Arbeitsgruppen an der Standardisierung und fachübergreifenden Definition von Thesauri für z.B. Stoffe, Lebewesen, Umweltmedien und Umweltparameter gearbeitet, um die Grundlagen für ein **Umweltinformationssystem** zu schaffen, das eine fachübergreifende Zusammenschau der Daten erlauben wird.

Zukünftiges Ziel bei der Einrichtung neuer Schnittstellen wird die Bildung von universellen Schlüssellisten und Satzarten sein, die in verschiedenen Kombinationen aufgabenübergreifend einsetzbar sind.

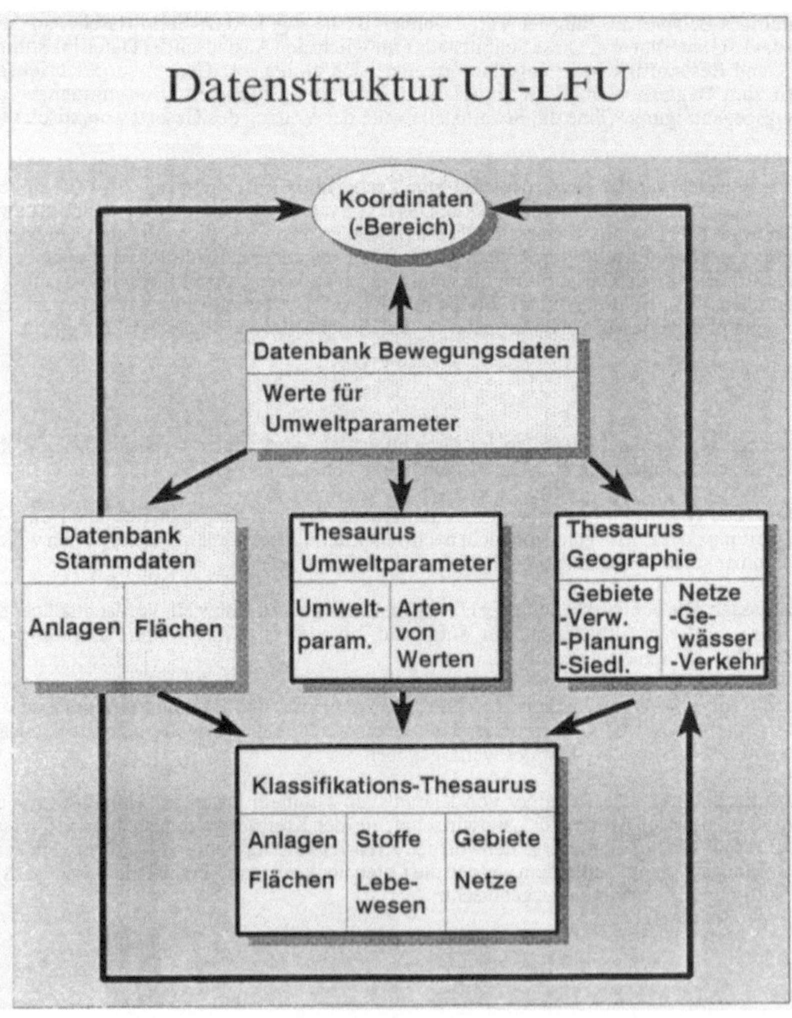

Fazit

Eine "gemeinsame Sprache" ist Grundvoraussetzung für die künftige Informationsverarbeitung im Umweltschutz. Das LfU wird dem durch Ausbau der Schnittstellen Rechnung tragen und die Erfahrungen darüber gerne mit anderen austauschen.

```
(  1)/EDI-NACHRICHT/V1.0/ASCII/<>/
(  2)<KOPF>
(  3)Nachrichtentyp: UMW-DWA-PROBE
(  4)Absender: Bezeichnung des Absenders
(  5)Empfänger: Bezeichnung des Empfängers
(  6)ID-Nummer: Absender-Nummer + Lfd.Nr.
(  7)Transportweg: DATEI (später z.B. FTAM)
(  8)Erstellungsdatum: Datum der Nachrichtenerstellung (TT.MM.JJJJ)
(  9)Erstellungszeit: Uhrzeit der Nachrichtenerstellung (HH:MM:SS)
(10)Absendedatum: Datum des Versands (TT:MM:JJJJ)
(11)Absendezeit: Uhrzeit des Versands (HH:MM:SS)
(12)Eingangsdatum: entfällt hier
(13)Eingangszeit: entfällt hier
(14)Identifikation: entfällt hier
(15)Referenz: entfällt hier
(16)Betreff: Probenahmeprotokoll für Deponie  XY
(17)Anzahl Teile: 3  (Kopf + Daten + Text)
(18)Status: entfällt hier
(19)Dringlichkeit: entfällt hier
(20)Wichtigkeit: entfällt hier
(21)Vertraulichkeit: entfällt hier
(22)übermittelt durch: entfällt hier
--------------------------------------------------------------
(23)Deponiestammnummer: LfU-Stammnummer der Deponie (7 N)
(24)Objektkennzahl: LfW-Objektkennzahl der Deponie (14 N)
(25)Untersuchungsdatum: ideelles Untersuchungsdatum (TT.MM.JJJJ)
(26)Labor: Bezeichnung des Labors (Kurzforn, 8 A)
(27)Schnittstellenversion: Version der DWA-Schnittstelle (3 N)
(28)<Kopfende>
(29)<DATEI:Daten:ASC::Daten der Probenahmen und Analysen>
     ...
     ...    weiterer Aufbau s.u. Satzbeschreibung
     ...
(nn)<DATEI:Text:ASC::Beurteilung des Gesamtbefundes>
     ...    Textgestaltung s.o.
```

Satz-Beschreibung für Datenteil:

Alle Felder werden mit TAB (ASCII 09) voneinander getrennt, soweit noch nicht das Satzende <CR>
erreicht ist. Bei Unterschreitung der maximalen Feldlänge wird nicht aufgefüllt. Entfällt eine
Angabe, so folgen zwei TABs unmittelbar aufeinander.

```
Feldinhalt                                    Länge/Art
                                         (num=N, alpha=A)
--------------------------------------------------------------

Kennzeichen für Probenahme-Satz (immer 'P') . . . . . . 1    A
Satzstatus (Neu/Update/Löschen/zur Identifikation) . . . . . . . 1    A
Probenahmestelle (LfW-Schlüssel) . . . . . . . . . . 14   N
Medium (Sicker-, Oberflächen- oder Grundwasser) . . . . 1    A
Untersuchungsumfang (Kurz-, Voll-, Sonderuntersuchung) 1    A
Probenahme-Datum (reales Datum, Format: JJJJMMTT). . 8    N
Probenahme-Uhrzeit (Format: hhmm) . . . . . . . . . 4    N
<CR>

Kennzeichen für Meßwert-Satz (immer 'W') . . . . . . . 1    A
Satzstatus (Neu/Update/Löschen) . . . . . . . . . . . 1    A
Parameter (LfW-Schlüssel)        . . . . . . . . . . . 4    N
Parameter (LfU-Schlüssel)        . . . . . . . . . . . 8    A
Probenvorbehandlung (LfW-Unterschlüssel 0802) . . . . 1    A
Analyseverfahren (LfU-Schlüssel) . . . . . . . . . . 4    N
Analyseverfahren (laborinterner Schlüssel) .max . . . 10   A
Sonderzeichen (s.u.: <,>,N,B,Blank) . . . . . . . . . 1    A
Wert, Meßwert oder Unter-Schlüssel.max . . . . . . . 10   A
Einheit (LfU-Schlüssel) max  . . . . . . . . . . . . 8    A
<CR>

Kennzeichen für Bemerkungs-Textzeile (immer 'B') . . . 1    A
Satzstatus (Neu/Update/Löschen) . . . . . . . . . . . 1    A
Textzeile . . . . . . . . . . . . . . . . . . . max 70    A
<CR>
```

Anhang: Schnittstellenbeschreibung:

Erläuterung zur Meßwert-Angabe:

Es werden nur Parameter angegeben, die nach der Vorgabe des LfU und des WWA beprobt werden müssen.

Sonder-
zeichen:

<   Bei noch erkennbaren Werten, die aber unter der Bestimmungsgrenze liegen, wird das Kleinerzeichen gefolgt vom Wert der Bestimmungsgrenze angegeben

N   Bei nicht mehr erkennbaren Werten wird das N-Kennzeichen gefolgt vom Wert der Bestimmungsgrenze angegeben

B   Parameter wurde trotz Vorgabe nicht beprobt: B-Kennzeichen und Meßwert "0", (Begründung im Feld Bemerkung)

>   Meßwert in Wirklichkeit höher - z.B. weil Probe sich verändert hat: Größerzeichen und gemessener Wert

kein Eintrag   Sonst

Meßwert: Das Dezimalkomma kann an beliebiger Stelle stehen, kann aber bei entsprechenden Werten auch ganz entfallen. Einzige Voraussetzung ist die mathematisch richtige Darstellung des Wertes.

Einheit: Die Einheiten müssen den vorgegebenen Einheiten in der LfW-Schlüsselliste entsprechen, werden jedoch zusätzlich mit dem LfU-Schlüssel übermittelt.

Anmerkung: Über das hier vereinbarte Meßwert-Satzformat werden auch andere Angaben wie "Wetter" oder "Geraet" übermittelt, die eigentlich keine Meßwerte sind. Aus Gründen der Vereinfachung werden diese Angaben jedoch wie Meßwerte behandelt und auch als solche bezeichnet. Bestimmte Angaben im Meßwert-Datensatz entfallen für diese Werte.

Parameterschlüssel:

In jedem Fall anzugeben:
(Angaben G= nur für Grundwasser Pflicht, O= nur für Oberflächenwasser Pflicht)

```
    Anlass    0813            Anlaß der Untersuchung(LfW-Unterschlüssel:1N)
    Geraet    0801            Probenahmegerät (LfW-Unterschlüssel:1N)
    Faerbung  1026            Färbung (LfW-Unterschlüssel:2N)
    Truebung  1031            Trübung (LfW-Unterschlüssel:3N)
    Geruch    1042            Geruch (LfW-Unterschlüssel:3N)
    Wetter    0940            Wetter am Entnahmetag (LfW-Unterschlüssel:5N, 2. und 4. Ziffer = 0)
G   Pegl0k    0815   m NN     Pegeloberkante, Meßpunkthöhe über NN
G   RuWaSp    0807   m        Ruhewasserspiegel unter Rohroberkante (Meßpunkt)
G   ETiefe    0808   m        Entnahmetiefe unter der Rohroberkante (Meßpunkt)
G   FDauer    0810   h        Förderdauer des Freipumpens
G   FStrom    0811   l/s      Förderstrom während des Abpumpens
O   Abfluss   1001   l/s      Abfluß, geschätzt
```

Abhängig vom Untersuchungsumfang anzugeben:

```
    T-vO      1021   C        Temperatur vor Ort; andere Meßgeräte
                              (d.h.: andere als geeichtes Hg-Termometer)
    pH-vO     1061            pH-Wert vor Ort; elektrometrisch
    O2-vO     1281   mg/l     O2-Gehalt vor Ort, gelöster Sauerstoff
    LF        1083   uS/cm    Leitfähigkeit, bezogen auf 20  C
    GesTR     1421   mg/l     Gesamttrockenrückstand
    AbsSt     1452   ml/l     absetzbare Stoffe in 2 Stunden; DIN 38 403 Teil 9 (H9)
    GlueR     1435   mg/l     Glührückstand des Abdampfrückstandes
    KW        1544   mg/l     KW, Kohlenwasserstoffgehalt; nach Slg LfW II.S - 110*, DIN 38 409 Teil 18
                              (H18)
    Phenole   1552   mg/l     Phenole gesamt (Phenolindex)
    TOC       1523   mg/l     TOC (C), Gesamt organischer Kohlenstoff; DIN 38 409 Teil 3 (H3)
    DOC       1524   mg/l     DOC (C), Gelöster organischer Kohlenstoff
    CSB       1533   mg/l     CSB, Oxidierbarkeit mit Kaliumdichromat, (>15); DIN 38409 Teil 41 (H41)
    "         1536   mg/l     CSB, Oxidierbarkeit mit Kaliumdichromat; photometrisch
    KMnO4     1532   mg/l O2  KmnO4-Index, Oxidierbarkeit mit Kaliumpermanganat;
                              (Mn VII -> Mn II), DEV H4-1
    BSB5      1654   mg/l     BSB5, Biochemischer Sauerstoffbedarf in 5 Tagen; mit Unterdrückung der
                              Nitrifikation, Verdünnungsmethode
    NH4       1248   mg/l     NH4, Ammonium
```

... usw.

Fortsetzung Anhang: Schnittstellenbeschreibung

<u>Schnittstelle für den Austausch der DWA-Schlüssellisten:</u>

Dateiname: KEY*.*
Kopfinformation: analog zu den Deponiedaten; Besonderheiten hier:

(3)**Nachrichtentyp: UMW-DWA-KEY**
(16)**Betreff: Schlüsselverwaltung DWA**
(17)**Anzahl Teile: 2** *(Kopf + Daten)*
(23)**Schnittstellenversion:** *Version der KEY-Schnittstelle (3N)*
(24)**Schlüssel:** *Pauschale Bezeichnung der übermittelten Schlüssel*
(25)**Gültigkeitsdatum:** *Datum ab dem übermittelte Schlüssel gelten*
(26)**<Kopfende>**
(27)**<DATEI: Schluessel:ASC::Schlüssellisten>**
        ...
weiterer Aufbau s.u. Satzbeschreibung, hierarchische Struktur s.o.

```
Feldinhalt                                            Länge/Art
                                               (num=N, alpha=A)
-------------------------------------------------------------------
Kennzeichen für Schlüssel-Satz (immer 'S') . . . . . . 1    A
Satzstatus (Neu/Update/Löschen/zur Identifikation) . . . . . . . 1    A
Schlüssel-Kurzname . . . . . . . . . . . . . . . max  8    A
Schlüssel-Version  . . . . . . . . . . . . . . . . . 3    N
Pflegende Stelle . . . . . . . . . . . . . . . . max  8    A
Schlüssel-Länge . . . . . . . . . . . . . . . . . max  2    N
Schlüssel-Format (Numerisch/Alphanumerisch)  . . . . 1    A
Schlüssel-Name des übergeordneten Schlüssels  . . max  8    A
Schlüssel-Code im übergeordneten Schlüssel . . . max 30    A
Schlüssel-Position im übergeordneten Schlüssel . max  2    N
Bezeichnung des Schlüssels . . . . . . . . . . max 70    A
Bedeutung des Zusatzfeldes 1 . . . . . . . . . max 30    A
...                      bis
Bedeutung des Zusatzfeldes 10  . . . . . . . . max 30    A
<CR>

Kennzeichen für Code-Satz (immer 'C')  . . . . . . . 1    A
Satzstatus (Neu/Update/Löschen)  . . . . . . . . . . 1    A
Code . . . . . . . . . . . . . . . . . . . . max 30    A
Klartext Zeile 1. . . . . . . . . . . . . . . max 50    A
Klartext Zeile 2. . . . . . . . . . . . . . . max 50    A
Klartext Zeile 3. . . . . . . . . . . . . . . max 50    A
Klartext Zeile 4. . . . . . . . . . . . . . . max 50    A
Zusatzfeld 1 . . . . . . . . . . . . . . . . . max 30    A
...        bis
Zusatzfeld 10. . . . . . . . . . . . . . . . . max 30    A
<CR>
```

Code-Sätze beziehen sich immer auf den davorliegenden Schlüssel-Satz.
Die Zusatzfelder dienen zur Übermittlung von Alias-Schlüsseln oder ergänzender Angaben wie z.B.
Gauß-Krüger-Koordinaten bei Deponie-Stammnummern.

Fortsetzung Angang: Schnittstellenbeschreibung

Altlasteninformationssystem (AIS) zum Management von Altlastverdachtsflächen

Dr. rer. nat. Hans-Walter Borries

1.   Einleitung

Im Rahmen der Altlastenerfassung und Erstbewertung wird aus verschiedenartigen Informationsquellen (z.B. Karten, Luftbildern, Akten) eine Vielzahl von qualitativ und quantitativ unterschiedlichen Informationen zusammengetragen und analysiert.

An Informationen, die im Zuge der Altlastenerfassung anfallen, sind hierbei zu nennen die (geometrisch) genaue Lage von Verdachtsflächen, die Areal-/Größenausdehnung (Flächenwerte), die innere Differenzierung und Abgrenzung untereinander, die Klassifizierung nach der Art einer Verdachtskategorie sowie sämtliche Zusatzinformationen, die Auskunft geben über die Entstehung und zeitliche Entwicklung einer Verdachtsfläche.

Hinzu kommen bei der beprobungslosen Gefährdungsabschätzung (Erstbewertung) ergänzende Informationen zu möglichen, dort anfallenden oder eingesetzten Produktions-, Rest- und Abfallstoffen, zur Verfahrenstechnik und zu Unfällen/Verlustquellen, die eine erste Abschätzung des Kontaminationspotentials und der davon ausgehenden Gefährdung der Umwelt ermöglichen. Darüber hinaus können weitere Daten zum "Umfeld" einer Altlastverdachtsfläche, neben der Geologie/Hydrologie u.a. die aktuelle Flächennutzung bzw. die Entfernung einer Verdachtsfläche zu sensiblen Nutzungen, einbezogen werden.

Damit diese Datenfülle für den Altlastenbearbeiter nachvollziehbar, nachprüfbar und in der Praxis verwendbar wird, ist eine systematische Datenspeicherung unerläßlich. Bisher sind mit mehr oder weniger großem Erfolg tabellarische, katalogartige Auflistungen in Gutachtenform (Texte, Ergebnisberichte) neben Ergebniskarten unterschiedlicher Maßstäbe (teilweise als Papier- oder Folienkarten) erstellt worden, die die Altlastensituation eines Standortes beschreiben.

Während bei Einzeluntersuchungen im Rahmen einer Standortanalyse ein direkter Vergleich von Untersuchungsergebnissen i. d. R. noch bedingt möglich ist, wird bei zunehmender Größe und Komplexität von Altstandorten/Abtriebsflächen und erst recht bei großflächigen Gebietsinventuren/ Raumanalysen (z.B. ganzer Stadtteile, Kreisgebiete) ein Vergleich bzw. eine übersichtliche und anschauliche Wiedergabe der Erfassungsergebnisse und des Kontaminationspotentials unmöglich. Vor dem Hintergrund der möglichen Vielzahl von Verdachtsflächen und insbesondere bei Nutzungsüberlagerungen kann ein herkömmlicher Vergleich von diversen Ergebniskarten und Ergebnisberichten zu einem sehr zeitaufwendigen und unökonomischen Verfahren ausarten. Eine unmittelbare, direkte Zuordnung und ein Überblick über die Altlastensituation und die Ergebnisse einer beprobungslosen Gefährdungsabschätzung für einen Untersuchungsraum sind auf diese Weise nicht mehr möglich.

Um die vielschichtigen Erfassungs- und Erstbewertungsinformationen für die Darstellung/Ausweisung der Verdachtsflächen mit ihrem Kontaminationspotential, der Altlastgefährdung und letztendlich für eine Prioritätenfindung zur Beprobungsplanung benutzerfreundlich aufbereiten zu können, ist demzufolge ein computergestütztes Dateninformationssystem unerläßlich.

Wie dieses System eingesetzt werden kann, welche Leistung damit erzielt werden kann und letztendlich die Altlastensituation eines großflächigen Untersuchungsraumes damit zu bewerten ist, soll im folgenden Gegenstand der Diskussion sein. Am Beispiel der Software ARC-INFO sollen vorrangig die Vorzüge eines Geographischen Informationssystems (GIS) aufgezeigt werden und weniger die EDV-mäßige Entwicklung des Systems selbst behandelt werden.

2. Vorüberlegungen zur Anwendung von ARC-INFO für die Belange der Altlastenerkundung

Bei dem GIS ARC-INFO handelt es sich um ein anwenderbezogenes Software-System, das sich aus zwei unterschiedlichen Komponenten zusammensetzt. Der Begriff ARC-INFO bedeutet gleichzeitig die Programmstellung, die hinter dem Konzept dieser Software steht. Die Komponente 'ARC' beinhaltet die Digitalisier- und Kartenkomponente mit all ihren Verschneidungs-/Überlagerungsmöglichkeiten. Gleichzeitig steht der Programmteil 'INFO' für die den graphischen Elementen zugeordneten Daten, die entweder alphanumerisch oder in Klartext ausgegeben werden.

Im Vergleich zu anderen Programmen ist es mit ARC-INFO möglich, verschieden digitalisierte Graphiken zu überlagern und Schnittbereiche von Flächen auszumessen.

Ferner ist es machbar, beliebig viele Kartenlayer (thematische Deckkarten) herzustellen und dabei Schnittmengen von Flächen zu erfassen. Zu jeder Linie oder jedem Punkt von ARC-INFO kann eine Textdatei angelegt werden, desgleichen für jede Fläche. Diese Datei ist entweder in alphanumerischer Form angelegt oder aber auch in normalem Text.

Selbstverständlich sind sämtliche Punkte, Linien oder Polygone als Nummern speicherbar und über karthesische Koordinaten (x-, y-Koordinaten) erfaßbar. Diese können z.B. dem in der Vermessung häufig verwendeten Gauß-Krüger-Koordinatensystem zugeordnet werden.

ARC-INFO eignet sich daher besonders gut, um bereits bestehende Kartenwerke zu digitalisieren, bei Bedarf fortzuführen oder zu einer Basiskarte Themenkarten der verschiedensten Art (z.B. der Geologie, Gewässer-/Verkehrssituation) zu entwickeln.

Automatisch wird, wie bereits erwähnt, zu jedem Objekt eine Tabelle mit den verschiedensten Attributen angelegt, die u.a. Aussagen zur Nutzung oder Bodenbeschaffenheit enthalten können.

Mittlerweile ist ARC-INFO derartig weiterentwickelt worden, daß es PC-Versionen gibt, die leistungsfähig genug sind, um kleinere Untersuchungsgebiete zu bearbeiten. Eine Bearbeitung von einzelnen Industrie-/Gewerbegrundstücken oder gar kleinflächiger Stadtteile für Belange der Altlastenthematik ist möglich. Um größere Flächen, wie z.B. ganze Stadt- oder Kreisgebiete im Rahmen einer Gebietsinventur aufzunehmen, sind natürlich nach wie vor großrechnerunterstützte ARC-INFO-Versionen angemessen.

Ebenfalls ist mit ARC-INFO, falls die notwendige Erweiterungssoftware gekauft wird, die Erstellung von dreidimensionalen Geländemodellen möglich bzw. die graphische Gestaltung von Analyseergebnissen nach Quantität und Qualität der Aussage.

Zusammengefaßt sprechen folgende Faktoren für eine Anwendung von ARC-INFO im Rahmen einer Altlastenerkundung als DV-System mit GIS-Charakter:

- das System ist international weit verbreitet,
- es ist lauffähig auf jedem IBM oder IBM-kompatiblen Gerät (AT/PC)
- Verschneidungskarten mit unterschiedlichen Fragestellungen bzw. Thematiken der Altlastenerkundung können problemlos erstellt und
- mit einer hohen geometrischen Genauigkeit räumlich exakt überlagert und abgegrenzt werden,
- Datentabellen lassen sich automatisch generieren,
- eine Umsetzung von Arbeitsergebnissen auch von der PC-Version zum Großrechner ist möglich (über Diskettenaustausch machbar),
- spezielle geowissenschaftliche Probleme können gelöst (errechnet) werden.

Demgegenüber sind als Nachteile zu nennen:

- die Großrechnerversion ist sehr kostspielig, insbesondere wenn eine dreidimensionale Software gewünscht wird,
- die Austauschfähigkeit mit anderen PC-Geräten (z.B. Apple, Atari) ist nicht möglich.

An dieser Stelle sollte ergänzt werden, daß die Praxisanwendung am Beispiel von 6 Blättern der Deutschen Grundkarte 1:5000 (DGK 5) gezeigt hat, daß gerade die bei der Eingabe und Verschneidung von Flächennutzungsüberlagerungen zwangsläufig auftretenden Digitalisier- und Verschneidungsfehler eine sehr komplizierte Fehlerbereinigung nötig machen, die letztendlich sehr zeitaufwendig ist. Darüber hinaus muß man, um ARC-INFO praktikabel beherrschen zu können, mit einem Lernaufwand von ca. einem halben bis dreiviertel Jahr rechnen. Ein dauernder Umgang mit dieser Software ist ebenfalls ratsam, um geschult zu bleiben.

3.   Ergebnisse der Anwendung von ARC-INFO im Rahmen der Datenaufbereitung und -verwaltung

Die Untersuchung am Beispiel einer Fläche von 24 qkm (6 DGK 5) mit einigen hundert Verdachtsflächen unterschiedlichster Art hat gezeigt, daß die Vorzüge von ARC-INFO darin liegen, daß es als GIS sowohl raumbezogene, flächenhafte Daten von Altlastverdachtsflächen (topologische Daten über die Lokalität und Arealausdehnung) als auch Zusatzinformationen eines Altlastenkatasters als "georelationales Datenmodell" (JUNIUS, H. 1988, S. 50) verknüpfen kann. Dazu wurde auf der Grundlage der durch multitemporale Karten- und Luftbildauswertung erstellten Ergebniskarten eine Digitalisierung vorgenommen und anschließend Verdachtsflächen nach ihrer Kategorie über eine Zahlenkolonne aufgenommen. Zusätzliche Erfassungs- und Erstbewertungsinformationen, z. B. der Grad der Altlastgefährdung oder das jeweilige (beprobungslos) abgeschätzte Kontaminationspotential, wurden den Verdachtsflächen zugeordnet, um anschließend miteinander kombiniert, d.h. überlagert und verschnitten zu werden (s. hierzu Abbildung 1).

Diese sogenannte "Verschneidungs- oder Overlayfunktion" ermöglicht es, daß Altablagerungen mit Altstandorten und die heutige (reale) Flächennutzung mit den Daten zu Gefährdungsstufen kombiniert werden können. Die Datenausgabe erfolgt in Form sogenannter Coverages, beliebig zusammengestellte Verschneidungskarten, entweder interaktiv am Bildschirm oder über das

Subsystem ARC Plot mit Zeichenplottern. Unterschiedliche Farben und Flächensignaturen können zur Wiedergabe der Informationen in den Karten ausgewählt werden.

Sehr anschaulich und im Maßstab der als Basiskarte dienenden, digitalisierten aktuellen DGK 5 konnten die Arealausdehnungen (Flächengröße) von Altlastverdachtsflächen berechnet werden. Es zeigte sich, daß letztendlich zwischen 15 und 35% einer DGK 5 (= 4 qkm), je nach industrieller Nutzung, als altlastverdächtig eingestuft werden konnten, mithin ein Ergebnis der sehr effektiven und genauen multitemporalen Karten- und Luftbildauswertung. Zugleich wurde deutlich, daß ein Industriegelände nicht immer zu 100% als einheitlich hoch altlastgefährdet einzustufen ist, sondern daß deutlich einige wenige, hoch altlastgefährdete Bereiche von den generell zahlreicheren weniger hoch gefährdeten Bereichen zu differenzieren sind; eine Tatsache, die nicht nur bei der Flächenreaktivierung (Flächenrecycling) immens an Bedeutung gewinnt.

Werden diese Altlastareale in einem weiteren Arbeitsschritt mit dem branchen-, anlagen- und ablagerungstypischen Kontaminationspotential (beprobungslose Erfassung und Erstbewertung) überlagert (= eine weitere Verschneidungskarte) und zugleich die Verdachtsareale auf ihre heutige Flächennutzung untersucht, so können mögliche Altlastgefährdungen bzw. Dringlichkeitsstufen (= Belastungsklassen) errechnet werden. Hieraus läßt sich, unter Ausnutzung der Rechen- und Verschneidungsfunktion von ARC-INFO, eine sogenannte Prioritätenabstufung definieren, nach denen Flächen vorrangig vor anderen zu beproben sind.
Bei der Vielzahl der durch Karten- und Luftbilder erfaßten Altlastverdachtsflächen und unter Beachtung der oben geschilderten Zusatzinformationen konnten auf diese Weise die wichtigsten Beprobungsareale nachvollziehbar und vergleichbar errechnet sowie kartographisch anschaulich wiedergegeben werden.

Diese Ergebniskarten zur beprobungslosen Erstbewertung können in einem weiteren Arbeitsschritt mit den vorhanden geo-/hydrologischen Informationen überlagert/verschnitten werden, um so immer exakter und definitiver die Beprobungsareale auszuweisen, die einen dringenden Handlungsbedarf erfordern.

Für die Untersuchungsfläche von 6 DGK 5 konnten so großflächig Beprobungspunkte vorgegeben, die Anzahl der Bohrpunkte lagemäßig exakt definiert und gegenüber herkömmlichen Untersuchungsweisen um bis zu 85% minimiert werden. Desweiteren ließen sich wichtige bzw. typische Leitparameter für die Analytik darstellen, so daß die Beprobung insgesamt effizienter und damit arbeitsökonomischer ablaufen konnte.

4.   Bewertung des Einsatzes von ARC-INFO für ein Altlastenkataster

Über das graphische DV-System ARC-INFO konnten nahezu sämtliche beprobungsfrei ermittelten Altlastverdachtsflächeninformationen übersichtlich dargestellt und miteinander in Bezug gebracht werden.

Speziell die hohe geometrische Wiedergabegenauigkeit und die Überlagerungs-/ Verschneidungsfunktionen eignen sich in besonderem Maße für die Genauigkeitsbelange der vielfältigen Altlasteninformationswiedergabe. Der Altlastensucher erhält damit in übersichtlicher Weise am Bildschirm oder über das Subsystem ARC-PLOT Planungskarten, die für ein großflächiges Untersuchungsareal Verdachtsflächen nach Art, Anzahl, Größe und räumlicher Verbreitung von Kontaminationen und deren Gefährdungspotential aufzeigt. Diese aus der Verschneidung realer

Flächennutzung mit Verdachtsflächen (Kontaminationspotential) sich ergebende Verschneidung/ Überlagerung von Gefährdungsmustern ermöglicht es, daß auch für einen großflächigen Raum die wichtigsten Flächen mit höchster Handlungspriorität herausgesucht und mit anderen Flächen optisch nachvollziehbar verglichen werden.

Von gravierendem Nachteil für eine Altlastenbearbeitung hat sich die Tatsache erwiesen, daß die Fehlerbereinigung nicht genug bedienerfreundlich unmittelbar bei der Digitalisierung erfolgen kann.

Dies wirkt sich umso nachhaltiger aus, wenn viele Flächen (= Verdachtsareale) unterschiedlicher Kategorisierung mit weiteren Attributen zu neuen Overlaykarten verschnitten werden.

Hier müßte, gerade im Hinblick auf eine PC-gestützte Anwendung, noch Softwareentwicklungverfeinerung betrieben werden.

Insgesamt überwiegen jedoch die Vorteile dieses Systems, so daß die Leistungsfähigkeit von ARC-INFO für die Altlastenbearbeitung/-aufbereitung im wesentlichen davon bestimmt sein dürfte, inwieweit der Anwender über ausreichende Praxiserfahrung und einen individuell konzipierten Bewertungsmodus verfügt.

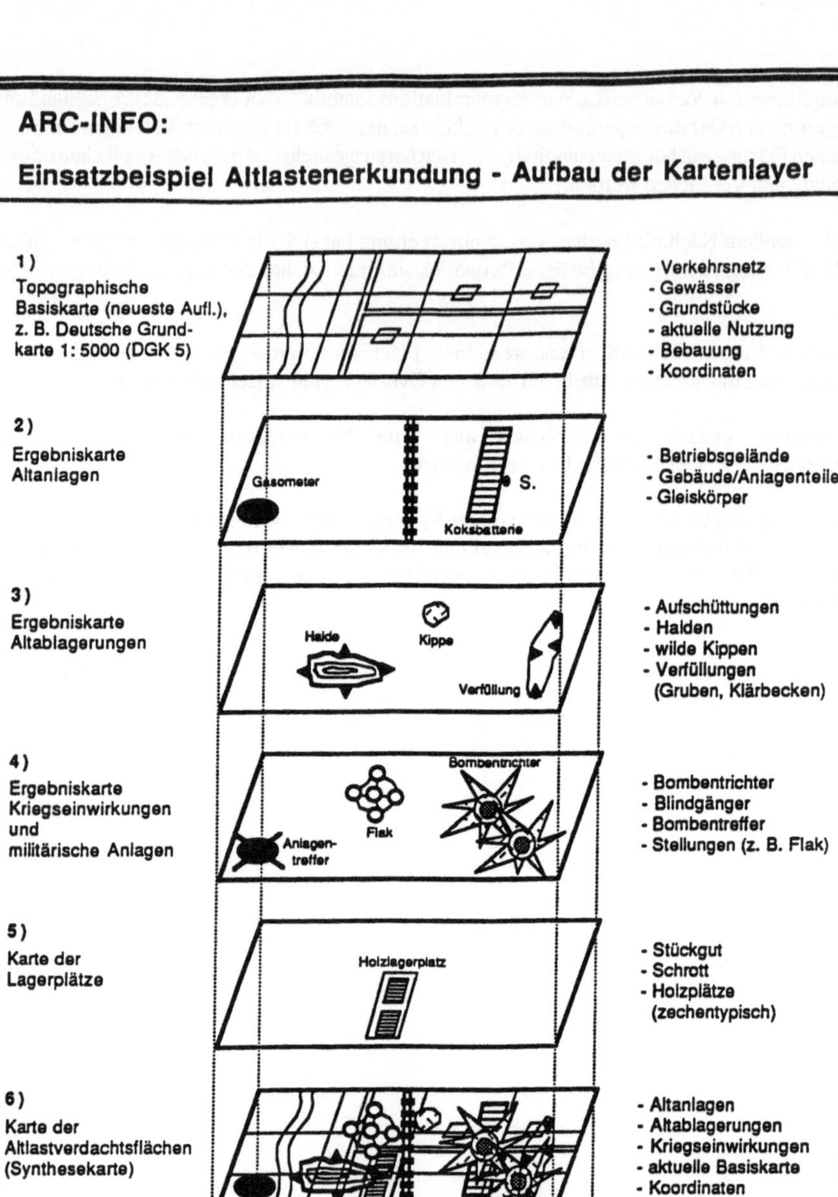

ARC-INFO:
Einsatzbeispiel Altlastenerkundung - Aufbau der Kartenlayer

1)
Topographische
Basiskarte (neueste Aufl.),
z. B. Deutsche Grund-
karte 1 : 5000 (DGK 5)
- Verkehrsnetz
- Gewässer
- Grundstücke
- aktuelle Nutzung
- Bebauung
- Koordinaten

2)
Ergebniskarte
Altanlagen
Gasometer
S.
Koksbatterie
- Betriebsgelände
- Gebäude/Anlagenteile
- Gleiskörper

3)
Ergebniskarte
Altablagerungen
Halde
Kippe
Verfüllung
- Aufschüttungen
- Halden
- wilde Kippen
- Verfüllungen
  (Gruben, Klärbecken)

4)
Ergebniskarte
Kriegseinwirkungen
und
militärische Anlagen
Bombentrichter
Flak
Anlagen-
treffer
- Bombentrichter
- Blindgänger
- Bombentreffer
- Stellungen (z. B. Flak)

5)
Karte der
Lagerplätze
Holzlagerplatz
- Stückgut
- Schrott
- Holzplätze
  (zechentypisch)

6)
Karte der
Altlastverdachtsflächen
(Synthesekarte)
- Altanlagen
- Altablagerungen
- Kriegseinwirkungen
- aktuelle Basiskarte
- Koordinaten

7)
Karte der
Altlastgefährdung
- Gefährdungsstufe 4:
- Gefährdungsstufe 3:
- Gefährdungsstufe 2:
- Gefährdungsstufe 1:

Abb. 1

Entwurf: H.-W. Borries
Graphik: H. Hüttl

Literatur (in Auswahl):

Borries, H.W. (1989): Einsatzmöglichkeiten der Karten- und Luftbildauswertung bei der Lokalisierung und Erstbewertung von Altlastverdachtsflächen. Dissertation an der Fakultät für Geowissenschaften der Ruhr-Universität Bochum.

Borries, H.-W. (1992): Altlastenerfassung und Erstbewertung durch multitemporale Karten- und Luftbildauswertung. Vogel Verlag Würzburg, Würzburg.

Junius, H. (1987): Materialien zu ARC-INFO. Universität Dortmund.

Junius, H. (1988): ARC-INFO - ein Geographisches Informationssystem. In: Nachrichten aus dem Karten- und Vermessungswesen, H. 101, S. 47-59. Frankfurt/Main.

Junius, H. (1988): Landinformationssystem - eine Grundlage für die Planung? In: Vermessungswesen und Raumordnung 50 Jg. H. 1. S. 1-7

**Bodeninformationssystem des Landes Nordrhein-Westfalen (BIS NRW)
Realisierung des Prototyps**

Dr. Volker Thiele, Dr. Bernhard Gollan

Zusammenfassung

Das Bodenschutzzentrum des Landes Nordrhein-Westfalen baut das Bodeninformationssystem für
Nordrhein-Westfalen auf. Im ersten Schritt wird bis Ende 1993 durch die Siemens Nixdorf
Informationssysteme AG ein Prototyp eingerichtet. Der Prototyp steht unter dem Thema "stoffliche
Belastung von Böden". Daneben wird im gleichen Projekt das Fachinformationssystem
Bodenbelastungskataster/Stoffkataster Boden aufgebaut.

Die Daten werden von den datenführenden Stellen weiterhin eigenverantwortlich erhoben und
geführt. Die Sachdaten werden im Bodeninformationssystem in Form von Sekundärnachweisen
vorgehalten. Die raumbezogenen Daten werden wegen der partiellen Verfügbarkeit und der großen
Datenvolumina nur auszugsweise in das System eingestellt. Die Selektion von Daten und die auf den
selektierten Daten aufsetzenden Auswertungen werden in eine Sammlung der Anwendungen
eingestellt.

Ein Kernsystem ermöglicht den Einstieg in das System und hält die Informationen über Daten und
standardisierte Anwendungen vor. Der Nutzer kann sich über Daten und Anwendungen informieren
(Nutzungsebene 1), Daten und die Ergebnisse standardisierter Anwendungen abrufen (Nutzungsebene 2) und eigenständig Anwendungen entwickeln (Nutzungsebene 3).

Im Kernsystem wird für die Nutzungsebene 2 eine Sammlung von Anwendungen aufgebaut. Sie
umfaßt Datenselektionen aus den Fachinformationssystemen, statistische Analysen und die
Visualisierung von raumbezogenen Daten mittels Business Grafik und thematischer Kartographie.

Das Kernsystem und die Werkzeuge für die Entwicklung und Ausführung der Anwendungen werden
auf einem UNIX-Rechner im Bodenschutzzentrum des Landes installiert. Das Fachinformationssystem
Bodenbelastungskataster/Stoffkataster Boden wird auf dem gleichen Rechner eingerichtet. Für das
Arbeiten mit Karten wird eine UNIX-Workstation eingebunden. Die Sachdaten werden auf einem
Host-Rechner im Landesamt für Datenverarbeitung und Statistik zentral verwaltet. Die Kommunikation mit dem Hostrechner und mit den externen Nutzern des Bodeninformationssystems wird über
das Datenvermittlungssystem (DVS) des Landes erfolgen.

1.   Einleitung

Die Belange des Bodenschutzes sind in unterschiedlichen Verwaltungsverfahren zu berücksichtigen, wie z.B. bei der Altlastenbewertung, in der Bauleitplanung, bei Raumordnungsverfahren oder
in Genehmigungsverfahren nach BImSchG. Mit diesen Verfahren sind viele Stellen in der
Landesverwaltung und bei den kommunalen Gebietskörperschaften befaßt. Sie benötigen eine
Vielzahl von Daten, die bei unterschiedlichen Stellen gewonnen und geführt werden.
Bodeninformationssysteme (BIS) sollen die benötigten Daten nach einheitlichen Kriterien verfügbar machen und Hilfestellung bei der Suche nach Daten, ihrer Beschaffung, bei der Auswertung und
bei der Bewertung der Ergebnisse leisten.

Die Umweltministerkonferenz (UMK) hat den Ländern die Einrichtung von Bodeninformationssystemen auf der Grundlage des "Vorschlag zur Einrichtung länderübergreifender
Bodeninformationssysteme" empfohlen [1]. Zuvor hatte die UMK den Ländern bereits nahegelegt,
bei der Einrichtung ihrer Bodeninformationssysteme das "Konzept für die Einrichtung von
länderübergreifenden Bodeninformationssystemen" zu berücksichtigen [2]. Dieses beruht auf der
im folgenden skizzierten Struktur:

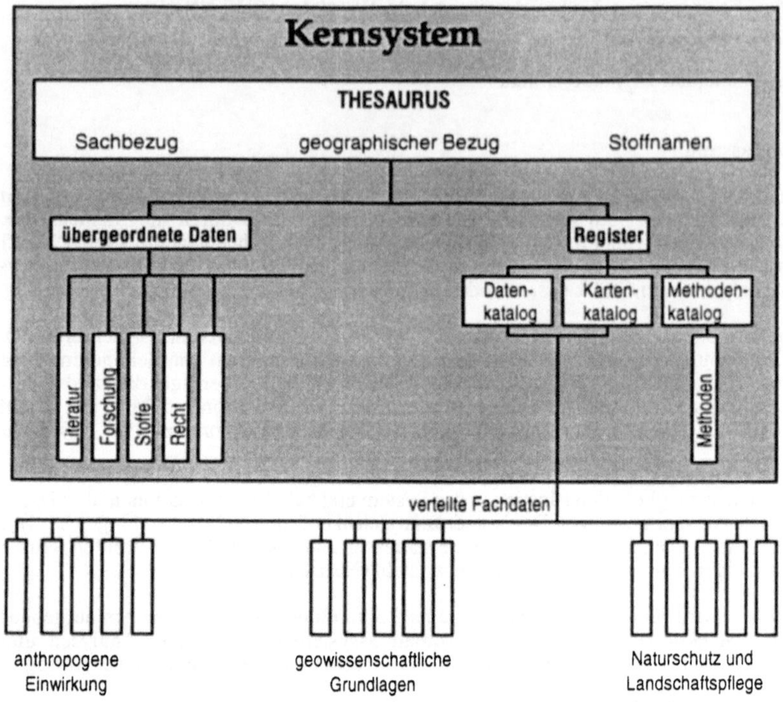

Der Arbeitskreis Bodeninformationssysteme (AK BIS) innerhalb der Länderarbeitsgruppe Bodenschutz (LABO) koordiniert die Einrichtung der Bodeninformationssysteme in den Ländern. Dort werden zur Zeit die genannten Berichte (Konzept und Vorschlag) fortgeschrieben. Parallel dazu laufen bereits in den einzelnen Bundesländern die Aktivitäten zur Einrichtung ihrer Bodeninformationssysteme.

In Nordrhein-Westfalen beauftragte das Ministerium für Umwelt, Raumordnung und Landwirtschaft (MURL) 1989 das Bodenschutzzentrum des Landes (BSZ) mit der Einrichtung des Bodeninformationssystems (BIS NRW). In einer Vor- und Hauptuntersuchung erfolgte nach Präzisierung der Ziele eine Ist-Analyse (Dateninventur) und eine Soll-Analyse (Anforderungen von Nutzern und datenführenden Stellen). Aus den Ergebnissen wurde ein Organisationsvorschlag abgeleitet. Die Ergebnisse der Vor- und Hauptuntersuchung sind in einem Abschlußbericht [3] zusammengefaßt.

Das BIS NRW wird schrittweise aufgebaut. Im ersten Schritt wird ein Prototyp eingerichtet. Nach dem Prototyp wird das BIS NRW in die Basisversion überführt und durch Erschließung von Daten und Entwicklung typischer Anwendungen Schritt für Schritt weiter ausgebaut. Um die Ausbauschritte in einem überschaubaren Umfang zu halten, werden sie jeweils einem Thema zugeordnet. Der Prototyp steht unter dem Thema "stoffliche Belastung von Böden". Weitere Themen werden für die Bereiche Bodenbelastungskarten, Bauleitplanung, Raumplanung, Bodendauerbeobachtung usw. definiert und in der Basisversion umgesetzt.

Der Prototyp wird von der Abteilung Umwelttechnik der Siemens Nixdorf Informationssysteme AG (SNI) eingerichtet. Nach Untersuchung der Detailorganisation wurde ein Feinkonzept erstellt, welches die Basis für die derzeit laufende Realisierung darstellt. Das Projekt wird Ende 1993 beendet sein.

Nachfolgend werden Ergebnisse aus der Untersuchung der Detailorganisation vorgestellt.

190

Die datenführenden Stellen erheben und führen nach wie vor eigenverantwortlich die Daten. Sie stellen die Daten für die Nutzung über das BIS NRW zur Verfügung.

Aus organisatorischen und technischen Gründen wurde vorläufig auf verteilte Datenhaltung verzichtet und stattdessen der im Landesamt für Datenverarbeitung und Statistik (LDS) vorhandene Host als Datenserver für die Sachdaten vorgesehen. Karten werden nach Bedarf auszugsweise im BIS vorgehalten.

Ein Kernsystem ermöglicht den Einstieg in das BIS, informiert den Nutzer über die Daten und Funktionen und ermöglicht den Zugang dazu. Der Einstieg erfolgt über Schlagworte mit Sach- bzw. Raumbezug. Parallel dazu sind Übersichtskarten zur schnellen Information über die räumlichen Verteilungen der vorhandenen Daten vorgesehen. Die Informationen über die Daten und Anwendungen werden in Katalogen niedergelegt. Daneben werden im Kernsystem eine Sammlung der Anwendungen und eine übergeordnete Datenbasis mit Dokumentationen über Literatur, Forschung, Stoffeigenschaften und andere angelegt.

Der Nutzer kann das System in drei Ebenen nutzen.

-   In der Nutzungsebene 1 kann sich der Nutzer über Daten und Anwendungen informieren.

-   In der Nutzungsebene 2 kann der Nutzer standardisierte Anwendungen abrufen. Die Ergebnisse können über Filetransfer in das System des Nutzers überführt werden, wo sie in eigener Verantwortung weiterverarbeitet werden.

-   In der Nutzungsebene 3 kann der Nutzer mit den im BIS verfügbaren Werkzeugen eigene Anwendungen entwickeln. Hier werden die Anwendungen für die Nutzungsebene 2 entworfen, getestet und für die Sammlung der Anwendungen vorbereitet.

Das Kernsystem wird auf einem UNIX-Mehrplatzrechner von SNI im BSZ eingerichtet. Für die Verarbeitung und Präsentation raumbezogener Informationen (z. B. in Form thematischer Karten) wird eine UNIX-Workstation beigestellt. Sie dient auch als Arbeitsplatz für die Nutzung des BIS durch die Mitarbeiter im BSZ auf der Nutzungsebene 3.

Die Anbindung der Host-Rechner im LDS erfolgt über das Datenvermittlungssystem (DVS) des Landes [4]. Das lokale Netz im BSZ wird über TCP/IP auf Basis von Ethernet angeschlossen. Der externe Nutzer wird das BIS NRW über DVS nutzen können.

Im Prototyp wird das System am Beispiel von Anwendungen zu Fragen der stofflichen Belastung von Böden mit seinen wesentlichen Funktionen aufgebaut und getestet. Der Aufbau der übergeordneten Datenbasis ist nicht Gegenstand des Prototyps. Die Möglichkeit der Anbindung externer Nutzer über das DVS-Netz wird im Prototyp aufgezeigt. Die eigentliche Anbindung von Nutzern wird erst in der Basisversion schrittweise realisiert.

3. Bausteine

3.1 Kernsystem

Das Kernsystem fungiert als Drehscheibe zwischen den verschiedenen Datensammlungen, die über das BIS NRW verfügbar gemacht werden und nach dem "Vorschlag für die Einrichtung eines länderübergreifenden Bodeninformationssystems" [1] in Fachinformationssystemen geführt werden sollen. Seine wichtigsten Funktionen sind die folgenden:

-   Information über Daten, Nutzungsmöglichkeiten und Anwendungen,

-   Nutzerführung,

-   Dokumentation des Systems für den weiteren Ausbau und die Pflege des 7 Systems,

-    Sammlung von Anwendungen.

Mit der Erschließung von Fachinformationssystemen oder Datensammlungen werden die entsprechenden Informationen über die Daten (Metadaten) in das Kernsystem eingestellt. Ebenso werden bei der Einstellung von Anwendungen die zur Nutzung der Anwendungen notwendigen Informationen dokumentiert.

Im Prototyp werden die notwendigen Strukturen bereits angelegt und, soweit für den Prototyp vorgesehen, mit Daten gefüllt. Die Daten werden je nach Typ entweder in schwach strukturierten Dateien abgelegt und über ein Volltext-Retrievalsystem zugänglich gemacht oder in festen Strukturen in einer Ingres-Datenbank verwaltet.

3.2 Metadaten und Orientierungsfunktionen

Daten sind verlorenes Kapital, wenn sie (aus welchen Gründen auch immer) nicht nutzbar gemacht werden. Die Nutzung der Daten erfordert als Minimalvoraussetzung, daß das System selbst Auskünfte darüber geben kann, welche Daten und Funktionen dem Nutzer zur Verfügung stehen.

Gerade im Umfeld eines großflächigen Informationssystems, bei dem (später) Nutzer landesweit zugreifen, muß das System außerdem so ausgelegt werden, daß es ohne schriftliches Handbuch bedienbar ist. Um darüber hinaus so weit wie möglich sicherzustellen, daß nicht inhomogene Daten in unzulässiger Weise miteinander verarbeitet werden, benötigt der Nutzer Hintergrundinformation über die Methoden und Rahmenbedingungen, mit denen die Daten gemessen bzw. erzeugt wurden.

All diese Zielsetzungen benötigen die Erarbeitung, geordnete Ablage und systematische Erschließung von freien Textdaten.

Für die systemtechnische Umsetzung wird bewußt auf das Anlegen von (relativ starren) Registern und Thesauri verzichtet, um dem Benutzer das Einarbeiten in eine vorgegebene Fachsprache zu ersparen.

Statt dessen wird ein Volltext-Retrievalsystem eingesetzt, um nicht oder schwach strukturierte Dokumente (die mit einer Vielzahl unterschiedlicher Editoren oder Textverarbeitungssysteme erzeugt sein können) zu verwalten und für den Nutzer zugänglich zu machen.

Dabei können sehr wohl vorhandene Thesauri als strukturierte Begriffssammlungen (Suchhilfen) eingebunden werden, um z.B. für die beabsichtigte Suchanfrage geeignete Stichworte zusammenzustellen.

Typische Funktionen, die damit für den Prototyp umgesetzt werden, sind die folgenden:

-    Begriffserklärungen über ein jederzeit erweiterbares Glossar

-    Dokumentation von im BIS oder an anderer Stelle im Land vorhandenen (aber nicht in das BIS NRW integrierten) Datensammlungen, incl. Kartenwerken im Überblick

-    Dokumentation der für Anwendungen im BIS erschlossenen Datensammlungen, im Detail.

-    Dokumentation von Anwendungen

-    Dokumentation der im Kernsystem zitierten Literatur

-    Später kommen weitere Dokumentationen wie Literaturdokumentation, Forschungsdokumentation, Dokumentation gesetzlicher Regelungen, Dokumentation von Stoffeigenschaften u.a. hinzu.

3.3 Datenhaltung (alphanumerische Fachdaten)

In der Vor- und Hauptuntersuchung [3] wurde festgelegt, die alphanumerischen Daten vorerst zentral zu halten. Die von den datenführenden Stellen freigegebenen Daten sind somit in eine einheitliche Struktur zu überführen. Der Zugang zu den Daten wird so konzipiert, daß ein späterer Wechsel auf eine verteilte Datenhaltung ohne großen Aufwand möglich ist.

Im Prototyp wird die Bereitstellung von Daten am Beispiel des Fachinformationssystems Stoffkataster Boden (FIS StoBo) [5] demonstriert. Dieses wird wird deswegen auf der gleichen Plattform wie das BIS NRW aufgebaut. Im FIS StoBo werden aus unterschiedlichen Datensammlungen die Daten über Stoffgehalte in Böden zusammengeführt. Der Methodenbereich mit den Informationen über die Daten, über die Methoden der Gewinnung der Daten und über die Möglichkeiten der Datenverarbeitung wird in Analogie zum Kernsystem auf dem UNIX-Rechner eingerichtet. Die Informationen des Methodenbereichs werden wie oben beschrieben über das Kernsystem zugänglich gemacht. Neben dem Beispiel FIS StoBo wird als weiteres Beispiel die Datensammlung der Staubniederschlagsmessungen erschlossen. Diese Datensammlung wird von der Landesanstalt für Immissionsschutz (LIS) geführt und wurde in das Daten- und Informationssystem des MURL (DIM) [6] eingestellt. Im BIS werden nur zusätzlich Metainformationen aufbereitet und im Kernsystem verfügbar gemacht. Damit wird beispielhaft die Nutzung von Daten durch unterschiedliche Informationssysteme gezeigt.

3.4 Kartenhaltung (raumbezogene Daten)

Für die digitale Bearbeitung von Karten ist für die Landeseinrichtungen in NRW der ALK-GIAP vorgeschrieben. Die jeweiligen datenführenden Stellen sind in unterschiedlichen Entwicklungsstadien damit befaßt, die raumbezogenen Informationen zu erfassen. Aus historischen Gründen sind jedoch nicht alle auf dem ALK-GIAP basiert. Einer on-line-Bereitstellung von Karten über DVS stehen außerdem das große Datenvolumen und die damit verbundene Übertragungszeit entgegen.

Durch diese Aspekte ist begründet, daß für den Aufbau einer Kartenhaltung im BIS eine Fülle von organisatorischen und technischen Problemen zu lösen ist. Deswegen mußte für den Prototyp ein praktikabler Kompromiß gefunden werden. Die für die Anwendungen notwendigen raumbezogenen Daten werden lokal in das BIS eingestellt. Die Auswahl orientiert sich

- an den fachlichen Vorgaben für die Anwendungen,
- an der Verfügbarkeit der digitalen Daten,
- an der Auswahl der Testgebiete.

Die Übernahme der Daten im Vektorformat erfolgt über die Standardschnittstelle EDBS oder über das ALK-GIAP-interne Format, die der Daten im Rasterformat im TIFF-Standard. Neben den Geometrien werden die Vorschriften zur Interpretation und zur Darstellung der Geometrien und Attributdaten vorgehalten.

3.5 Datensammlungen im Prototyp

Der Prototyp des BIS NRW soll die Daten für die Bearbeitung von Fragen zur stofflichen Belastung von Böden verfügbar machen. Die Daten werden zentral im FIS StoBo zusammengeführt. In der Prototypphase werden die folgenden Datensammlungen erfaßt (in Klammern ist jeweils die datenführende Stelle genannt; dabei bedeuten LÖLF=Landesanstalt für Ökologie, Landschaftsentwicklung und Forstplanung in Recklinghausen und LWA=Landesamt für Wasser und Abfall in Düsseldorf):

- Hintergrundgehalte ausgewählter Schadstoffe in Böden von NRW (LÖLF)

- Schwermetallbelastung landwirtschaftlicher Böden (LÖLF)

- Ist-Belastung von Böden mit organischen Stoffen (LÖLF)

-    Schwermetalluntersuchungen in Kleingärten (LÖLF)

-    Bodenbelastungskataster (LIS)

-    Daten zu Kieselrot-Flächen (LWA)

-    Ergebnisse des Dioxin-Meßprogramms (LWA)

-    Erhebung der PAK-Gehalte in Böden (Uni Bochum)

-    Bodenkataster für landwirtschaftlich genutzte städtische Liegenschaften
     (Stadt Dortmund)

Die Daten umfassen derzeit ca. 35.000 Datensätze. Die Auswahl wurde unter thematischen und technischen Gesichtspunkten getroffen. Nach der Prototypphase wird das FIS StoBo durch Einstellung weiterer Daten ausgebaut.

Neben dem FIS StoBo wird die Datensammlung Staubniederschlagsmessungen der Landesanstalt für Immissionsschutz (LIS) in Essen für den Prototyp erschlossen. Die Daten wurden bereits für das Daten- und Informationssystem des MURL [6] aufbereitet und werden im DIM gehalten.

Für die Anwendungen im Prototyp werden weitere Daten benötigt, um einerseits Verknüpfungen fachlicher Art vornehmen zu können und andererseits die gewonnenen Ergebnisse in Form thematischer Karten darzustellen. Hier handelt es sich um die folgenden Daten:

-    einzelne Kartenblätter der Bodenkarten 1:50.000
     (Geologisches Landesamt in Krefeld, GLA)

-    Topographische Karte 1:50.000 im Rasterformat (Landesvermessungsamt in Bonn, LVermA)

-    Ausschnitte aus dem Amtlichen Topographisch-Kartographischen Informationssystem(ATKIS, LVermA)

-    Karte der Verwaltungsgrenzen von NRW (LDS, LVermA)

-    Karte der naturräumlichen Gliederung, Bundesforschungsanstalt für Naturschutz und Landschaftsökologie (BFANL).

3.6   Sammlung der Anwendungen

Anwendungen im BIS können einfache Datenbankabfragen sein, wie z. B. die Erstellung einer Tabelle, oder komplexe Abläufe für die Erstellung einer thematischen Karte über die potentielle Gefährdung des Grundwassers durch Schwermetalle mit dem DVWK-Modell [7]. Komplexe Anwendungen bestehen aus einer Folge von Schritten, die wie folgt klassifiziert werden können:

-    Datenbankabfragen zur Selektion von Datenkollektiven oder Auswahl von Kartenausschnitten.

-    Berechnungen, um Verteilungen, Mittelwerte oder Perzentile zu bestimmen, Regressionen durchzuführen oder die Überschreitungshäufigkeiten von Grenzkriterien wie Grenz- oder Richtwerte festzustellen.

-    Verknüpfungen mit anderen Daten/Karten zur Ermittlung übergreifender Zusammehänge oder zur Erstellung thematischer Karten.

Die Anwendungen werden als abrufbare Prozeduren in die Sammlung der Anwendungen eingestellt und im Katalog der Anwendungen dokumentiert. Der Nutzer kann im Kernsystem standardisierte Anwendungen recherchieren und abrufen.

4.   Ausblick

Die hier vorgelegten Ausführungen beschreiben das strukturelle Feinkonzept für den Prototyp des BIS NRW.

In der Basisversion wird der Ausbau der Systemelemente fortgeführt. Dazu gehören in erster Linie die Weiterentwicklung der Kartenhaltung und die Anbindung externer Nutzer über das DVS NRW.

Ebenso wird die Erschließung bzw. Einbindung weiterer Datensammlungen vorbereitet. In diesem Zusammenhang werden für die Nutzer des BIS NRW spezielle Themen erarbeitet, wie zum Beispiel Literaturdokumentation, Forschungsdokumentation, Dokumentation gesetzlicher Regelungen und die Dokumentation von Stoffeigenschaften.

Literatur

[1] UNTERARBEITSGRUPPE BODENINFORMATIONSSYSTEME (1989):
Vorschlag für die Einrichtung eines länderübergreifenden Bodeninformationssystems. Hrsg.: Niedersächsisches Landesamt für Bodenforschung, Hannover. 25 S.

[2] SONDERARBEITSGRUPPE INFORMATIONSGRUNDLAGEN BODENSCHUTZ (1987):
Konzept zur Erstellung eines Bodeninformationssystems. Hrsg.: Bayerisches Staatsministerium für Landesentwicklung und Umweltfragen. Materialien 47: 26 S.

[3] THIELE, V., ROENICK, C. (1992):
Vor- und Hauptuntersuchung zur Einrichtung des Bodeninformationssystems des Landes Nordrhein-Westfalen (BIS NRW) - Zusammenfassung der Ergebnisse, Abschlußbericht. Hrsg.: Bodenschutzzentrum des Landes Nordrhein-Westfalen, Oberhausen. 23 S.

[4] DROPMANN, K., VOGEL, B. (1991):
Datenvermittlungssystem Nordrhein-Westfalen. Landesamt für Datenverarbeitung und Statistik des Landes Nordrhein-Westfalen, Düsseldorf. 51 S.

[5] NEITE, H., THIELE, V. (1991):
Das Fachinformationssystem Stoffkataster Boden (FIS StoBo), Statusbericht. Hrsg.: Bodenschutzzentrum des Landes Nordrhein-Westfalen, Oberhausen. 15 S.

[6] DIENING, A. (1989):
DIM, Daten- und Informationssystem für den Minister für Umwelt, Raumordnung und Landwirtschaft des Landes Nordrhein-Westfalen (MURL). Hrsg.: JAESCHKE, A., GEIGER, W., PAGE, B.: Informatik im Umweltschutz. Informatik-Fachberichte 228: 203-208.

[7] DEUTSCHER VERBAND FÜR WASSERWIRTSCHAFT UND KULTURBAU (1988):
Filtereigenschaften des Bodens gegenüber Schadstoffen, DVWK Regeln zur Wasserwirtschaft 212: 8 S.

Umweltbewertung durch Farn- und Gefäßpflanzen mit Hilfe des DV-Systems E V A

Dipl.-Biologe Klaus Mindrup
Dipl.-Biologe Andreas Otto

1. Einleitung

Im folgenden Referat steht ein Begriff im Vordergrund: die Bioindikation. Schon 1902 veröffentlichten KOLKWITZ und MARSSON eine Arbeit mit dem Titel: "Grundzüge für die biologische Beurteilung des Wassers nach seiner Flora und Fauna". Seitdem sind die Möglichkeiten, mit Hilfe von Tier- und Pflanzenarten auf ökologische Faktoren und ihre Ausprägung (z.B. Bodenfeuchte) zu schließen, immer weiter verbessert worden. Ein entscheidender Fortschritt für die Bioindikation mit Gefäßpflanzen war die Arbeit "Die Zeigerwerte der Gefäßpflanzen Mitteleuropas" von HEINZ ELLENBERG (1974). Diese Arbeit enthält eine Liste mit fast allen mitteleuropäischen Farn- und Gefäßpflanzenarten und ihnen zugeordneten Zeigerwerten für sechs verschiedene ökologische Faktoren sowie weitere Informationen. Zum ersten Male ist in dieser Arbeit versucht worden, das Verhalten der Arten zu den ökologischen Faktoren in Zahlen auszudrücken. Zu den einzelnen Faktoren und ihrer Quantifizierung später mehr.

Durch die Quantifizierung der Bioindikatoreigenschaften boten sich neue Auswertungsmöglichkeiten an: der Einsatz der EDV. 1979 wurde von SPATZ und anderen ein erstes Programm mit Namen OEKSYN zur Auswertung der Zeigerwerte von ELLENBERG vorgestellt, das zuerst in einer Großrechnerversion und später auch in einer PC-Version vorlag. Seitdem hat sich im Bereich der Bioindikation mit Pflanzenarten wieder einiges getan: Die Zeigerwerte von ELLENBERG sind zweimal verbessert worden; andere Autoren haben für neue Faktoren Zeigerwerte oder -typen zuordnen können. Die Möglichkeiten der EDV-Auswertung haben sich verbessert, und nicht zuletzt sind neue Auswertungsverfahren entwicklet worden. Dies war für uns Anlaß genug zu überlegen, ob diese Fortschritte sich nicht in einem neuartigen Computerprogramm zusammenfassen lassen. 1988 war der erste Schritt dazu getan: eine erste Version von EVA - die Abkürzung bedeutet "Empirisch-vegetationskundliches Auswertungssystem" - für den ATARI ST war fertiggestellt. Im Rahmen eines Forschungs- und Entwicklungsvorhabens wurde diese Rumpfversion vollständig neu konzipiert und stark erweitert in eine MS-DOS-PC-Version übertragen. Diese Version wird im folgenden beschrieben.

2. Die Datenbasis von EVA

Das Kernstück von EVA ist eine Referenzdatenbank. Sie enthält folgende Daten zu den einzelnen Pflanzenarten:

Die ELLENBERG-Zeigerwerte:

Die Lichtzahl (Beleuchtungsstärke am Standort)
Die Temperaturzahl (Temperaturverhältnisse von mediterran bis arktisch)
Die Kontinentalitätszahl (Kontinentalitätsverhältnisse von ozeanisch bis kontinental)
Die Feuchtezahl (von Trockenzeigern bis Wasserpflanzen)
Die Reaktionszahl (Bodenreaktion von sauer bis basisch)
Die Stickstoffzahl (Wuchsort stickstoffarm bis stickstoffreich)

Außerdem enthält die Datenbank die Zusatzangaben aus der Liste von ELLENBERG. Dazu gehören die Salzzahl, der Wuchsformtyp, der anatomische Bau und die Angabe zum soziologischen Verhalten.

Des weiteren sind in der Datenbank enthalten:

Soweit gegeben: Assoziationskennarten und angezeigte Assoziation.

Der Hemerobie-Zeigerwert nach KOWARIK (1988). Er bezieht sich auf die Störungsintensität durch menschliche Aktivitäten am Wuchsort.

Die Urbanität nach FRANK & KLOTZ (1990). Sie beschreibt das Verhalten der Arten zu urbanen Einflüssen, von nur in Städten vorkommend bis Städte meidend.

Der Strategietyp nach FRANK & KLOTZ (1990). Er bezeichnet das Ausbreitungsverhalten der Arten bezüglich Konkurrenzstreß.

Der Einwanderungsstatus. Die Einstufung geht von einheimischer Art bis unbeständiger Neubürger.

Die Roten Listen (derzeitiger Stand: Rote Liste Niedersachsen, Rote Liste Nordrhein-Westfalen, Rote Liste ehem. DDR, Rote Liste ehem. BRD, Rote Liste Thüringen).

3. Geländearbeit und Auswertung mit EVA

Die Erfassung von Flora und Vegetation bei wissenschaftlichen und gutachterlichen Vorhaben erfolgt durch Artenlisten ohne weitere Angaben (meistens Gesamtartenlisten), als Liste der Rote-Liste-Arten oder als pflanzensoziologische Aufnahme nach BRAUN-BLANQUET, die aus sämtlichen Arten einer begrenzten Aufnahmefläche und den Deckungsanteilen der Arten besteht. EVA kann diese drei Listentypen verarbeiten. Die Eingabe der Arten kann als Kürzel erfolgen. Das Programm ergänzt automatisch den ganzen Artnamen. Die Datenbank enthält auch eine große Zahl Synonyme.

Mit einem Laptop ist es möglich, den Arbeitsprozeß von Anfang an durch Computereinsatz zu unterstützen. Erste Auswertungen im Gelände können so direkt vor Ort zu einer verbesserten Steuerung des Arbeitsablaufs beitragen. Sind die Daten erst einmal eingegeben, sind sämtliche Auswertungsergebnisse, die das Programm liefern kann, in kürzester Zeit verfügbar.

Bevor einige Auswertungsmöglichkeiten des Programms näher beschrieben werden, ist es notwendig, einige grundsätzliche Überlegungen zur Bedeutung der Vegetationskunde aus wissenschaftlicher und planerischer Sicht anzustellen. Hintergrund dieser Überlegungen ist ein zumindest latenter Konflikt zwischen ökologischer Wissenschaft und Planung. Wissenschaftler verschiedener Fachrichtungen werfen der Planungspraxis immer wieder vor, daß die Beiträge der angewandten Wissenschaft im Planungsprozeß eine zu geringe Rolle spielen, daß sie in verzerrter oder sogar falscher Form in Planungen eingehen, daß pseudowissenschaftliche Bewertungsverfahren bevorzugt werden und daß der eigentliche planerische Beitrag die wissenschaftlichen Fachbeiträge unter sich begräbt. In dieses Problemfeld gerät auch das Programm EVA. Es ermöglicht einerseits die Verwendung von Verfahren, die bisher zum Teil noch gar nicht für die Planungsanwendung erschlossen waren, weil der Aufwand dafür zu groß war - andererseits setzt es beim Erfassungsaufwand und bei der Berücksichtigung vegetationskundlicher Aspekte ein Niveau voraus, das von der

198

heutigen Planungspraxis erheblich abweicht. Es geht dabei allerdings nicht um die Frage, ob ein Programm wie EVA vollständig im Anwendungsbereich anzusiedeln ist. EVA ist so angelegt, daß es sowohl wissenschaftliche wie planerische Arbeit unterstützen soll. Die Frage ist, ob die aus wissenschaftlicher Sicht sinnvollen Funktionen des Programms überhaupt von der jetzigen Planungspraxis einbezogen werden können.

Nun noch einige grundsätzliche Bemerkungen zur Darstellung der Auswertungsergebnisse und zur Benutzeroberfläche.

Soweit sinnvoll, besteht immer die Möglichkeit einer Darstellung in Text- oder Graphikform. Der optischen Darstellung der Ergebnisse haben wir besondere Aufmerksamkeit geschenkt, weil die Visualisierung, also im Grunde die Umwandlung von Zahlen in Bilder, eine viel bessere und schnellere Wahrnehmung erlaubt. Dieser Aspekt ist bisher bei den wenigen EVA-ähnlichen Programmen erheblich zu kurz gekommen.

Bei der Gestaltung der Benutzeroberfläche haben wir versucht, dem neuesten Stand zu entsprechen und demgemäß einen logisch-didaktisch sinnvollen Aufbau entwickelt und eine weitreichende Fenstertechnik einbezogen. Je nach Gewöhnung und Vorliebe kann der Anwender das Programm über Tasteneingaben oder mit der Maus über Menüs benutzen.

3.1 Zu den Auswertungsverfahren

Die Auswertungsmöglichkeiten von EVA sind teilweise sehr komplex und für den nicht Fachkundigen kaum ohne größeren Aufwand zu erklären. Im folgenden werden deshalb vor allem Verfahren beschrieben, die eher die planerisch-anwendungsorientierte Ebene betreffen.

3.1.1 Standardauswertung

Die Standardauswertung beinhaltet die Auswertung für die ELLENBERG-Zeigerwerte und den Hemerobie-Zeigerwert nach KOWARIK. Wie bei allen Auswertungsverfahren kann entweder eine pflanzensoziologische Aufnahme oder eine Gesamtartenliste ausgewertet werden. Nur für Listen mit Arten der Roten Liste stehen besondere Verfahren zur Verfügung.

Die Auswertung für die Zeigerwerte erfolgt wie oben schon erwähnt in Textform und in Graphikform. Die graphische Darstellung zeigt die Verteilung der Arten auf die Zeigerwerte und die Mittelwerte der einzelnen Aufnahmen jeweils in Balkendiagrammen. Aus der Verteilung der Arten können Schlüsse auf die Aussagekraft der Mittelwerte gezogen werden. Je mehr diese Verteilung von der Glockenform der Normalverteilung abweicht, desto weniger aussagekräftig ist der Mittelwert. Zur weiteren Abschätzung der Brauchbarkeit der Berechnungen werden auch noch die Spannweite, die Standardabweichung und der Standardfehler ermittelt. Für praktische Fragestellungen können mit ELLENBERG-Zeigerwerten vor allem die Feuchteverhältnisse, der Säure- bzw. Basengrad und die Nährstoffversorgung des Bodens ermittelt werden.

Der Hemerobie-Zeigerwert erlaubt Aussagen über die Intensität menschlicher Störungen am Untersuchungsstandort.

3.1.2 Auswertung für Einwanderung, Wuchsform, Strategie und Urbanität

Die Auswertung für diese Kriterien erfolgt nach dem gleichen Schema: Die Verteilung der Arten auf die einzelnen Typen wird in Form eines Stapeldiagramms dargestellt. Die Größe jedes Segments im Balken stellt den Anteil eines Typs dar. So kann zum Beispiel schnell erkannt werden, wie groß der Anteil der Neubürger in einem Bestand ist.

Anwendungsbeispiele für diese Kriterien sind z.B. für die Urbanität die Ermittlung von städtischem Einfluß weniger betroffener Bereich innerhalb der Städte.

Mit Hilfe der Strategietypen lassen sich Schlüsse auf Streßsituationen ziehen. In Verbindung mit den Hemerobie-Zeigerwerten kann zusätzlich eine Unterscheidung von natürlicher und menschlich bedingter Standortdynamik erleichtert werden.

Die Einwanderungstypen erlauben bei Berücksichtigung bestimmter Ausnahmen eine Aussage über die Standortstörung durch den Anteil von Neubürgern. Diese Arten kommen hauptsächlich in stark menschlich beeinflußten Bereichen, wie z.B. Industriegebieten, Häfen oder Bahnhöfen vor.

3.1.3 Zeigerwert-Auswertungen mit Hilfe des Ökogramms

Um die Aussagekraft der Zeigerwerte zu verbessern, haben wir eine besondere Darstellungsform zum Vorbild genommen und weiterentwickelt: Das Ökogramm. Im Ökogramm können die Zeigerwerte der Arten einer soziologischen Aufnahme dargestellt werden. Auch hier können die ELLENBERG-Zeigerwerte und der Hemerobie-Zeigerwert ausgewertet werden. Das Ökogramm im EVA ist dreidimensional aufgebaut. Die Darstellung der dritten Dimension erfolgt als Kreis mit einem, dem Zeigerwert entsprechenden Durchmesser. Der Benutzer hat die freie Wahl, welchen Zeigerwert er auf welcher Achse bzw. als Kreis dargestellt haben möchte. Der Bereich, in dem die Zeigerwerte auf der X- und Y-Achse liegen, wird von einem Rechteck umrahmt. Aus den Spannweiten der Zeigerwerte wird der Bereichsraum berechnet, der ebenfalls ein Maß für die Streuung der Werte ist.
Das Ökogramm liefert einen direkten Überblick über die Verteilung der ökologischen Präferenzen der Arten einer Vegetationsaufnahme. Der wichtigste Vorteil dieser Darstellungsweise ist, daß drei verschiedene Kriterien in ihrem Verhältnis zueinander betrachtet werden können, z.B. kann der Feuchtezeiger gegen den Stickstoffzeiger aufgetragen werden und in der dritten Dimension der Hemerobiezeiger hinzugenommen werden. Mit etwas Übung kann das Ökogramm quasi als eine Art "ökologischer Fingerabdruck" gedeutet werden.

3.1.4 Zeigerwertauswertungen mit Hilfe der Ordination

So wie die Zeigerwerte einzelner Arten einer Aufnahme im Ökogramm dargestellt werden, können auch Zeigerwert-Mittelwerte von Vegetationsaufnahmen dargestellt werden. Eine solche graphische Anordnung von Vegetationsaufnahmen nach ökologischen Kriterien wird als direkte Ordination bezeichnet. Der graphische Aufbau entspricht weitgehend dem des Ökogramms.

Für die praktische Anwendung bietet die Ordination ähnliche Möglichkeiten wie das Ökogramm. Der Vergleich ganzer Serien von pflanzensoziologischen Aufnahmen erlaubt es z.B. darzustellen, welches Spektrum die Aufnahmen im Feuchte-, Reaktions- und Nährstoffbereich einnehmen. Es können Aufnahmegruppen des sauren bzw. basischen, nährstoffreichen bzw. nährstoffarmen, feuchten bzw. trockenen Flügels abgegrenzt werden. Oft werden solche Gruppierungen überhaupt erst durch eine Ordination erkennbar.

3.1.5 Biomonitoring und Gradientenanalsye als Komponenten der Umweltüberwachung

Diese Auswertungsfunktion dient der Darstellung und Auswertung zeitlicher und räumlicher Veränderungen in den Lebensräumen. Zeitliche Veränderungen werden im allgemeinen mit Dauerquadraten erfaßt, in denen einmal pro Jahr eine pflanzensoziologische Aufnahme gemacht wird. Mit EVA können Veränderungen der ELLENBERG-Zeigerwerte, des Hemerobie-Zeigerwerts und der Diversität untersucht werden. Die Darstellung erfolgt in Form einer Fieberkurve, so daß Änderungen schnell erkennbar sind.

Das Biomonitoring mit Indikatorpflanzen erlaubt das Erkennen von Veränderungen, bevor diese deutlich sichtbar sind. Zum Beispiel können schon geringfügige Änderungen der Feuchtigkeitsverhältnisse, der Nährstoffverhältnisse oder auch der Störungssituation erkannt werden. Farn- und Gefäßpflanzen reagieren auf solche Veränderungen sehr empfindlich und schnell und sind als Indikatoren besser geeignet und mit geringerem Aufwand verwendbar als alle anderen Organismengruppen.

Die Biomonitoring-Funktion und einige weitere Funktionen von EVA eignen sich auch sehr gut zur Erweiterung kommunaler Biotopkataster und -informationssysteme. Über die reine Ansammlung von Daten hinaus sind dann auch differenzierte Beurteilungen der ökologischen Situation und ein "ökologisches Frühwarnsystem" verfügbar.

3.1.6 Die soziologische Diagnose als differenzierte Biotoptypenansprache

Viele in der Datenbank von EVA enthaltene Arten haben Schwerpunkte in Pflanzengesellschaften oder diesen übergeordneten Einheiten. Ist dies der Fall, dann steht zu einer solchen Art in der Datenbank die entsprechende Schwerpunktgesellschaft oder der Name einer Gesellschaftsgruppe (z.B. Verband). EVA wertet für Vegetationsaufnahmen aus, welche pflanzensoziologischen Einheiten in welcher Häufigkeit auftreten. Damit ist die oft gerade für Anfänger schwierige soziologische Einstufung einer Aufnahme erheblich erleichtert. Eine Zuordnung der Vegetation zu entsprechenden Einheiten eines Biotoptypenschlüssels ist damit beinahe automatisch erledigt. Diese Möglichkeiten haben allerdings da eine Grenze, wo die untersuchte Vegetation nicht mehr gut definierte Vegetationseinheiten wiedergibt. Dies ist leider durch die massive menschliche Überformung und Störung der Vegetation in Mitteleuropa oft der Fall. Dazu kommen neuerdings auch globale Effekte, wie z.B. Stickstoffeinträge durch Niederschläge. Liegt eine derart gestörte Vegetation vor, dann ist es sinnvoller, die Fragen der Störungsursachen und -intensität zu untersuchen. Auch dabei kann EVA, wie bereits beschrieben, eine Hilfe sein.

4. Die Kopplung von EVA an die GIS-Ebene

Besonders für den planerischen Bereich ist es notwendig, biologisch-ökologische Sachverhalte kartographisch darzustellen. Um dieser Anforderung gerecht zu werden, haben wir EVA als Modul an das GIS LÖKAS (Landschaftsökologisch-kartographisches Auswertungssystem) angeschlossen. Damit besteht die Möglichkeit, verschiedene vegetationskundliche Themenkarten (z.B. für einen Pflege- und Entwicklungsplan) zu erzeugen. Zum Beispiel können mittlere Zeigerwerte für verschiedene Vegetationseinheiten durch Schraffuren oder die Verteilung der Einwanderungstypen als einer Fläche zugeordnetes Balkendiagramm dargestellt werden.

Die Kopplung von EVA an das GIS bringt außerdem Vorteile für den gesamten Planungsprozeß. Während der Bearbeitung entstehen zum einen Themenkarten, zum anderen ein Gutachtenrumpf, der Geländedatenlisten, Auswertungsergebnisse, Graphiken, Tabellen und Datenbankinformationen enthält. Außerdem wird der Anwender während des Arbeitsprozesses ständig durch die vom Programm gelieferten Informationen in seinen Überlegungen unterstützt.

Um das vegetationskundliche Planungsmedium noch besser auf Planungsfragen auszurichten, erarbeiten wir zur Zeit ein Modul, das pflanzensoziologische Tabellenarbeit ermöglicht. Außerdem wollen wir eine Biotoptypendatenbank aufbauen, die auch Angaben zu Gefährdung, Wert, Schutz, Pflege und Entwicklung enthält. Die Zuordnung vom Programm eindeutig erkannter Pflanzengesellschaften zu den entsprechenden Biotoptypen soll automatisch erfolgen.Langfristig streben wir an, alle wichtigen Planungsmedien modular an das GIS anzukoppeln, damit ein universeller Einsatz des Systems möglich wird.

5.   Möglichkeiten und Grenzen von EVA

Ein Programm wie EVA, das eigenständig weitreichende Ergebnisse ausgibt, wenn man es mit den
nötigen Grundinformationen gefüttert hat, bringt immer die Gefahr des kritiklosen Umgangs mit
sich. So kann z.B. das Ergebnis der soziologischen Auswertung fraglos hingenommen werden,
obwohl es einer kritischen Interpretation bedarf. Das Programm ist auch nicht in der Lage,
Fehlbestimmungen zu erkennen oder die richtigen Folgerungen aus einem Ökogramm abzuleiten.
Mit anderen Worten: ein Computerprogramm kann das Erlernen und die Anwendung von
Fachkenntnissen und vor allem die Geländepraxis nicht ersetzen.

Literaturverzeichnis

Auhagen, A. (1982):
> Vorschlag für ein Bewertungsverfahren der Roten-Liste-Arten, aufgezeigt am Beispiel der
> Farn- und Blütenpflanzen von Berlin (West). - Landschaftsentwicklung und Umweltforschung

Durwen, K.J. (1982):
> Zur Nutzung von Zeigerwerten und artspezifischen Merkmalen der Gefäßpflanzen Mitteleu-
> ropas für Zwecke der Landschaftsökologie und -planung mit Hilfe der EDV - Voraussetzun-
> gen, Instrumentarien, Methoden und Möglichkeiten. - Arbeitsber. Lehrst. Landschaftsökologie
> Münster

Ellenberg, H. (1979/1991):
> Zeigerwerte der Gefäßpflanzen Mitteleuropas. - Scripta Geobotanica 9, 2. Aufl./(3. Auflage)

Frank, D. + Klotz, S. (1990):
> Biologisch-ökologische Daten zur Flora der DDR.- Wiss.Beitr. Martin-Luther-Universität
> Halle 32 (P41)

Haeupler, H. (1982):
> Evenness als Ausdruck der Vielfalt in der Vegetation - Untersuchungen zum Diversitätsbegriff.
> Diss. Bot 65, 1-268

Haeupler & Grave, E. (1983a):
> Programm zur Erfassung von Pflanzenarten in Niedersachsen. - Gött. Flor. Rundbr. 17,
> 63-99

Kowarik, I. (1988):
> Zum menschlichen Einfluß auf Flora und Vegetation - Theoretische Konzepte und ein
> Quantifizierungsansatz am Beispiel von Berlin (West). - Landschaftsentwicklung und
> Umweltforschung 56, 1-280

Oberdorfer, E. (1990):

Pflanzensoziologische Exkursionsflora. - 5. Aufl., Stuttgart.

Zahlheimer, W. A. (1985):

Artenschutzgemäße Dokumentation und Bewertung floristischer Sachverhalte. Beih. Ber. ANL 4, 1-143

B A U M K A T A S T E R - ein Umweltinformationssystem für stadtnahe Baumbestände

Prof. Dr. Rolf Puruckherr

1.   Einleitung

Das "Baumkataster" ist ein PC-System zur Darstellung und Verwaltung aller Daten über die in einer Stadt oder einem Biotop vorhandenen Bäume. Es ist möglich, die Art der Daten den Wünschen des Nutzers anzupassen.

Die Zielgruppe sind kommunale Behörden und Forstbehörden, die nicht über die für umfassende Umweltinformationssysteme üblichen, sehr aufwendigen Großrechenanlagen verfügen, oder die einer kostengünstigen, ohne Vorkenntnisse bedienbaren Alternativlösung den Vorzug geben, bzw. ein einfach zu bedienendes System als Satellitensystem dem Großsystem vorschalten möchten.

Zum Informationssystem "Baumkataster" ist ein Farbprospekt vorrätig, der auf Anfrage zugesandt wird. Eine Schwarz-Weiß-Kopie liegt dieser Beschreibung als Anlage bei. Der nachfogende Text bezieht sich auf die darin enthaltenen Abbildungen. Das System wird in der hier dargestellten Form seit 3 Jahren von der Stadt Düren genutzt und von der Firma U.F.L. in Bonn-Alfter fortentwickelt.

2.   Hardware

Um eine saubere Trennung von graphischer und alphanumerischer Darstellung zu gewährleisten, bedient das Programm zwei Bildschirme, einen **graphischen Monitor** und ein **alphanumerisches Terminal**. Damit die Arbeit mit den Daten, z.B. das Editieren, nicht durch das sonst übliche Einblenden von Menüoberflächen gestört wird, wurden alle Arbeitsmenüs auf ein **DIN-A4 - Digitalisiertablett** gelegt. Werden Daten, z.B. der Straßenverlauf, über einen Digitizer eingegeben, kann das Menü von dessen Digitalisierfläche aus bedient werden. Die Erfahrung hat gezeigt, daß insbesondere nicht in EDV ausgebildete Nutzer diese Dreiteilung wegen der klaren Trennung und der leichten Bedienbarkeit bevorzugen.

3.   Datenerfassung, Dateneingabe

3.1   Hintergrund

Als graphischen Hintergrund für die Anzeige des Baumbestandes kann man digitalisierte Straßenkarten bzw. Katasterkarten wählen oder gescannte Grundkarten, z.B. die Stadtgrundkarte, einlesen. Im Demonstrationsbeispiel sind beide Möglichkeiten dargestellt.

3.2   Standorte der Bäume

Die Koordinaten der Standorte werden am einfachsten mit Hilfe der Luftbildauswertung gewonnen und in den Datenspeicher eingelesen. Eine Eingabe über die Tastatur ist selbstverständlich auch möglich.

Im Demonstrationsbeispiel, das für die Stadt Düren erstellt wurde, sind außer den Koordinaten noch folgende Daten gespeichert worden :

1.   Ordnungsnummer
2.   Art des Baumes
3.   Altersgruppe
4.   Baumhöhe in m
5.   Stammumfang in cm
6.   Kronendurchmesser in m
7.   Wuchsform, z.B. H = Hochstamm
8.   eine Codenummer für die Standortbedingungen
9.   Schädigungsbereiche, z.B. K = Kronenbereich
10. Gefährdungsstufe
11. eine Codenummer für die Vitalitätsbewertung
12. das Pflanzjahr
13. das Jahr der ersten Datenerfassung (Aufnahme)
14. Kürzel für notwendige Maßnahmen
15. Bemerkungen
16. Standortangabe : Stadtteil
17. Standortangabe : Straße
18., 19., 20., Koordinaten Rechts-, Hochwert, NN-Höhe

Die weiteren Informationen beinhalten den Projektnamen, den Namen der Stadt, den Arbeitsbereich, den Maßstab der augenblicklichen Bildschirmdarstellung, den Fangradius des Cursors und weitere Angaben über den zur Zeit gültigen Programmstatus. Diese Angaben können weitgehend gemäß den Wünschen des jeweiligen Nutzers variiert werden.

4   **Gliederung der Daten : "Arbeitsbereiche"**

Wegen der für einen PC doch erheblichen Datenmenge, zumal wenn der Hintergrund gescannt vorliegt, werden nicht alle Daten einer Stadt gleichzeitig in den Arbeitsspeicher geladen, sondern in räumliche Arbeitsbereiche aufgeteilt. Jeder Arbeitsbereich umfaßt etwas mehr als das Gebiet eines Grundkartenblattes. Mit Hilfe des Cursors kann der gewünschte Arbeitsbereich angewählt ("aktiviert") werden. Durch Zoomen können dann Teilbereiche in beliebigem Ausschnitt und Maßstab dargestellt werden.

5   **Anzeigen**

Der Befehl "Anzeigen" bewirkt die Darstellung des Kartenhintergrundes und der Bäume - diese als Kreissymbole mit maßstäblichem Kronendurchmesser - auf dem graphischen Monitor. Mit Hilfe des Cursors kann jeder einzelne Baum angewählt werden. Daraufhin werden auf dem alphanumerischen Bildschirm die diesem Baum zugeordneten Informationen angezeigt.

6   **Editieren**

Auf diesen Befehl hin erscheinen dieselben Bildschirminhalte wie beim "Anzeigen". Sie sind nun einzeln veränderbar.

7 Suchen

Kennt man die Ordnungsnummer und den Standort (Stadtteil, Straße), so kann mit diesem Befehl
jeder erfaßte Baum aus der Datenmenge herausgesucht werden. Der gesuchte Baum wird auf dem
graphischen Monitor genau zentriert dargestellt und durch die Cursorposition hervorgehoben. Das
alphanumerische Terminal zeigt alle diesem Baum zugeordneten Informationen.

8 Statistische Angaben

Alle Informationen können statistisch zusammengestellt und abgefragt werden, z.B. bewirkt der
Befehl "Standortstufen anzeigen", daß alle Bäume in der graphischen Darstellung eine der
Standortstufe entsprechende Farbe erhalten. Die Bedeutung jeder Farbe und der prozentuale Anteil
dieser Standortstufe an allen erfaßten Bäumen werden auf dem alphanumerischen Bildschirm
angezeigt.

Zur Zeit sind folgende statistische Anzeigen realisiert :

1. Vitalität
2. Altersgruppen
3. Schädigungsbereiche
4. Standortstufen
5. Maßnahmen
6. Bemerkungen

Auch diese Angaben können individuell den Wünschen der Nutzer angepaßt werden.

9 Ausgabe

Alle Daten und Darstellungen können über Drucker oder Plotter ausgegeben oder in digitaler Form
an nachgeschaltete bzw. übergeordnete Systeme übergeben werden.

10 Herkunft

Das beschriebene Informationssystem wurde im Fachbereich Vermessungswesen der Fachhochschule Bochum entwickelt. Die Firma Umwelttechnik, Forstinventur, Landschaftsplanung (U.F.L)
in Bonn-Alfter steuerte wertvolle Mitarbeit und das unverzichtbare Fachwissen bei. Datengewinnung
und Abstimmungen mit der Stadt Düren wurden ebenfalls von der genannten Firma erbracht.

Das Altlasten- und Umweltinfomationssystem ALUIS

Der Gedanke liegt nahe, die vorliegende Programmstruktur auf Flächen - belastete Flächen -
anzuwenden. Ein ähnlich aufgebautes "Altlasteninformationssystem" wurde ebenfalls auf der
"Geotechnica" in Köln vorgestellt. Auf dem graphischen Monitor werden die in der Regel durch
Digitalisieren erfaßten Flächen dargestellt. Nach Anwählen einer Fläche wird diese durch Schraffur
deutlich gekennzeichnet und zeigt der alphanumerische Monitor die zugehörigen Merkmale :

- Ordnungsnummer der Fläche
- Altstandort (welche Anlage war auf der Fläche
  vorhanden), z.B. Kokerei, Förderschacht - Jahr der erstmaligen Erfassung
- Jahr der letztmaligen Erfassung
- Erfassungszeitraum in Jahren
- Informationsquelle, z.B. Luftbild   *
- Gefährdungsstufe
- Kurzkommentar, z.B. "höchst gefährdend"

- Eigentümer *
- Lage *
- gegenwärtige Nutzung *
- Schadstoffe (drei Hauptschadstoffe) *
- Bemerkungen *

Außerdem Maßstab, Projektnamen, Arbeitsbereich und weitere programmeigene Angaben. Für die mit * versehenen Zeilen können weitere Informationsseiten aufgerufen werden. So kann man die in der obersten Ebene angegebenen drei Hauptschadstoffe durch die Aufzählung weiterer Schadstoffe in der nächsten Ebene ergänzen. Für diese steht wieder in der nächstunteren Ebene eine Auswahlliste von zur Zeit 250 Stoffen zur Verfügung. Die Liste ist beliebig erweiterbar. Wie im Baumkataster kann die alphanumerische Darstellung entsprechend den Nutzerwünschen beliebig gestaltet werden. Auch die Ausgabemöglichkeiten entsprechen denen des Baumkatasters. Während das Baumkataster ausgetestet und serienreif vorliegt, befindet sich ALUIS noch im Stadium der Ergänzung und Abrundung. Die professionell einsetzbare Version wird im Lauf dieses Jahres fertiggestellt sein.

Autorenverzeichnis

Dipl.-Biol. Werner Ackermann

Projektgruppe ABSP
c/o StMLU
Rosenkavalierplatz 3
81925 München

Dr. Hubert Bischoff

megatel Informations- und
Kommunikationssyteme GmbH
Wiener Str. 3
28359 Bremen

Vermessungsoberrat Ralf Borchert

Hessisches Landesvermessungsamt
Schaperstr. 16
65195 Wiesbaden

Dr. rer. nat. Hans-Walter Borries

Umweltplanungsbüro Dr. Borries
Wolfgang-Reuter-Str. 18
58300 Wetter

Dipl.-Math.,Dipl.-Phys. Hermann Bumb/
Dipl.-Geol. Frank Hirschberger

OVID Beratungsgesellschaft für
optimierte Verfahren der Infor-
mations- und Datentechnik mbH
Gattenhöfer Weg 29
61440 Oberursel

Dipl.-Biol. Armin Doll

Sauerackerweg 1
60529 Frankfurt

Dipl.-Biol. Walter Durka

Universität Bayreuth
BITÖK
CMv-Weberstr. 22
95448 Bayreuth

Dr. Peter Freckmann

PTV Planungsbüro Transport und
Verkehr GmbH
Gerwigstr. 53
76131 Karlsruhe

Dr. Bernhardt Gollan/
Dr. Volker Thiele

Siemens Nixdorf Informationssysteme
BU ES Environment 31
Otto-Hahn-Ring 6
81739 München

Dipl.-Biol. Klaus Mindrup/
Dipl.-Biol. Andreas Otto

ILEX Gesellschaft für angewandte
Ökologie mbH
Westerbreite 7
49084 Osnabrück

Dipl.-Ing. Stefan Orgass

Edelhoff AG & Co.
Hegestück 20
58640 Iserlohn

Prof. Dr. Rolf Puruckherr

Fachhochschule Bochum
Fachbereich Vermessungswesen
Lennershofstr. 140
Gebäude A 0-10
44801 Bochum

Rechtsanwalt Thomas Rahner

Steinmetzstr. 13
65931 Frankfurt

Dr. rer. nat. Achim Schulz

Geo Top GmbH
Kloppenheimer Str. 11 a
65191 Wiesbaden

Dipl.-Biol. Karl Tiller

PSC Project Service Consultans
Gesellschaft für EDV-Beratung und
Entwicklungszusammenarbeit mbH
Curtmannstr. 2
35394 Gießen

Caroline von Arnim

Schlütersche Verlagsanstalt
Hans-Böckler-Allee 7
30173 Hannover

Oberregierungsrat Markus Wahl

Bayerisches Landesamt für
Umweltschutz
Rosenkavalierplatz 3
81925 München

Hans-Jürgen Wohlleben

Wohlleben GmbH
Strackgasse 17
61440 Oberursel

Abfallwirtschaft und Software

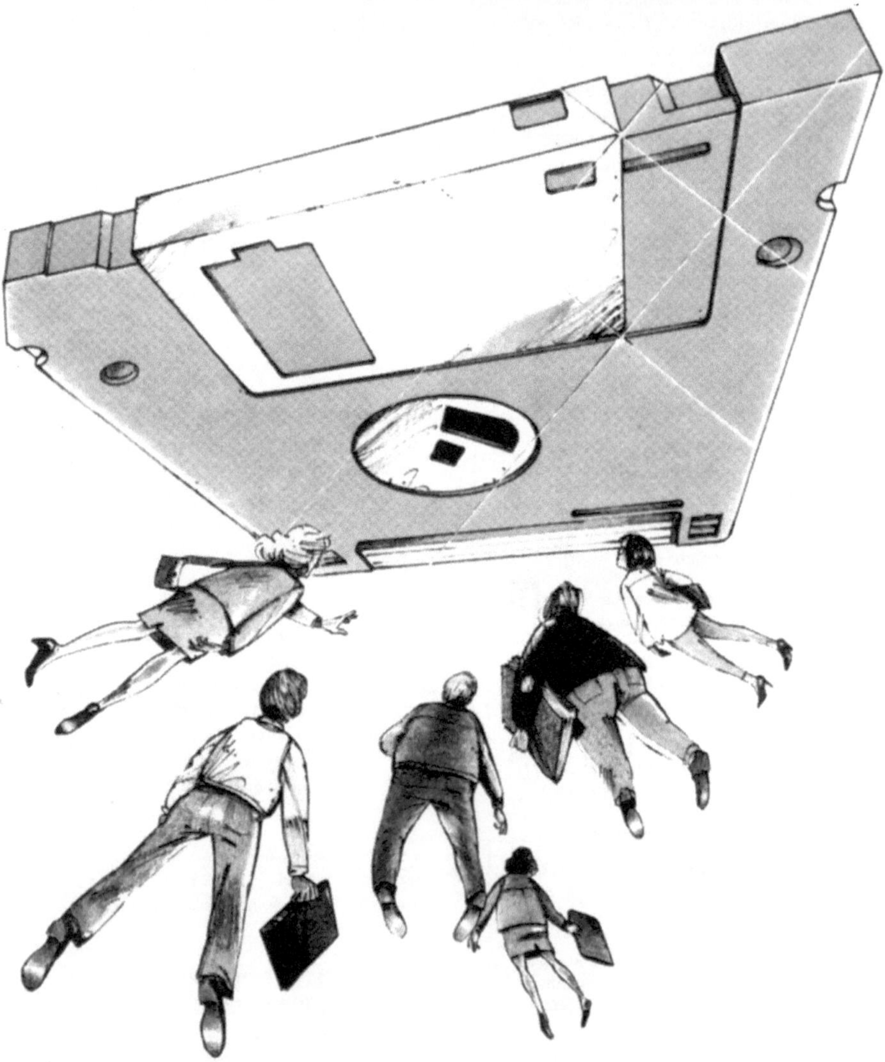

Eine Studie des

ENTSORGA MAGAZIN
Abfall, Abwasser, Luft & Boden

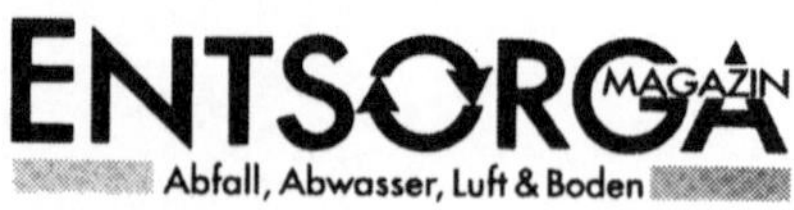

dfv
VERLAGSGRUPPE
DEUTSCHER
FACHVERLAG

Marketing
Verlagsgruppe Deutscher Fachverlag
Mainzer Landstraße 251
60326 Frankfurt am Main

Umweltinformatik

VISOR - GIS für MS-Windows und UNIX

- **Altlastenkataster**
- **Gewerbeflächenkataster**
- **Gefahrgutinformationssystem**
- **Luft/Wasser Überwachungssystem**
- **Abfallinformationssystem**
- **GPS/Routenverfolgung**